2024版全国一级造价工程师(水利工程)职业资格考试用书

建设工程造价案例分析
(水利工程)

中国水利水电勘测设计协会　编

黄河水利出版社
·郑州·

图书在版编目(CIP)数据

建设工程造价案例分析．水利工程/中国水利水电勘测设计协会编．--郑州：黄河水利出版社，2024.8 （2025.6 重印）．

（2024版全国一级造价工程师（水利工程）职业资格考试用书）．

-- ISBN 978-7-5509-3935-6

Ⅰ．TU723.3

中国国家版本馆 CIP 数据核字第 202498PH36 号

策划编辑：陶金志　电话：0371-66025273　E-mail：838739632@qq.com

　　　　　郑佩佩　电话：0371-66025355　E-mail：1542207250@qq.com

责任编辑　郑佩佩　　　　责任校对　兰文峡

封面设计　李思璇　　　　责任监制　常红昕

出版发行　黄河水利出版社

地址：河南省郑州市顺河路 49 号　邮政编码：450003

网址：www.yrcp.com　E-mail：hhslcbs@126.com

发行部电话：0371-66020550

承印单位　河南承创印务有限公司

开　　本　787 mm×1 092 mm　1/16

印　　张　16.75

字　　数　398 千字

版次印次　2024 年 8 月第 1 版　　2025 年 6 月第 2 次印刷

2025 年 6 月修订

定　　价　116.00 元

《建设工程造价案例分析》(水利工程)
编审委员会

编审单位 水利部水利建设经济定额站

长江勘测规划设计研究有限责任公司

三峡大学

武汉大学

主　　编 王朋基　尚友明

副 主 编 华　夏　郭　琦　朱　波　王勤学

审　　查 郭　琦　郭子东　张义俊

编写分工

第一章　李　想　陈　嘉

第二章　肖　宜　李卓玉

第三章　李　想　陈　嘉　李卓玉

第四章　安　慧　李亚娟

第五章　陈志鼎　陈新桃

前　言

党的二十大报告提出了深入实施人才强国战略,培养造就大批德才兼备的高素质人才,是国家和民族长远发展大计。推进中国式现代化,人才是战略性支撑。完善人才战略布局,坚持各方面人才一起抓,建设规模宏大、结构合理、素质优良的人才队伍。加快建设世界重要人才中心和创新高地,促进人才区域合理布局和协调发展,着力形成人才国际竞争的比较优势。党的二十大为我国科技人才的培养指明了方向。

为提高固定资产投资效益,维护国家、社会和公共利益,加强工程造价专业人员队伍建设,提高工程造价专业人员素质,提升建设工程造价管理水平,充分发挥造价工程师在工程建设经济活动中合理确定和有效控制工程造价的作用,根据《国家职业资格目录》,国家设置造价工程师职业资格制度,从事建设工程造价工作的专业技术人员通过职业资格考试取得中华人民共和国造价工程师职业资格证书并注册后方可以造价工程师名义执业。工程造价咨询企业应配备造价工程师,工程建设活动中有关工程造价专业技术岗位按需要配备造价工程师。根据《水利工程造价管理规定》(水建设〔2023〕156 号),水利造价文件应当由水利造价工程师按照规定签字并加盖执业印章。

造价工程师分为一级造价工程师和二级造价工程师。一级造价工程师职业资格考试设《建设工程造价管理》《建设工程计价》《建设工程技术与计量》《建设工程造价案例分析》4 个科目,其中《建设工程造价管理》和《建设工程计价》为基础科目,《建设工程技术与计量》和《建设工程造价案例分析》为专业科目,专业科目分为土木建筑工程、交通运输工程、水利工程和安装工程 4 个专业类别,报考人员可根据实际工作需要选择其中一个专业类别。

为更好地帮助考生复习,中国水利水电勘测设计协会成立了由水利行业资深专家组成的考试辅导教材编审委员会,编写了一级造价工程师(水利工程)专业科目考试的辅导教材。教材包括《建设工程技术与计量》(水利工程)和《建设工程造价案例分析》(水利工程)两册,供选择参加一级造价工程师(水利工程)专业科目考试的考生参考,由黄河水利出版社出版,与中国计划出版社出版的《建设工程造价管理》和《建设工程计价》配套使用。

本教材依据《全国一级造价工程师职业资格考试大纲》编写,以造价工程师应掌握的专业知识为重点,力求准确体现大纲内容,紧密联系工程实践,帮助考生系统掌握专业知识和工程量计算规则,使考生具备对水利工程进行计量与计价、解决水利工程造价实际问题的职业能力。本教材不仅对参加职业资格考试人员有较大帮助,也可作为造价专业技术人员从事勘察设计、施工、招标代理、监理、造价管理等工作的辅导读本。

本教材的编写专家以其强烈的责任感、深厚的理论功底、丰富的工程实践经验,对教材字斟句酌,精心编撰,付出了辛勤劳动。我们对各位编者表示深切的谢意,对编者所在单位给予的关心和支持表示衷心的感谢,对黄河水利出版社展现的专业精神表示敬意。

为了不断提高教材质量,修订人员于 2025 年 5 月,根据近年来国家及行业最新颁布的规范、标准、规定等,结合近年来考试情况,以及读者在使用过程中发现的问题和错误,进行了修订完善。

为及时发布相关教材更新事宜,告知教材中可能存在的问题,传达相关最新规范、标准,方便考生之间沟通交流,黄河水利出版社筹建了一级造价工程师(水利工程)专业资格考试微信交流群,感兴趣的考生、读者可以搜索添加黄河水利出版社编辑微信(贾会珍,18137157973;郑佩佩,15638853056)加入交流群。

中国水利水电勘测设计协会

2025 年 5 月

目　录

第一章　水利工程造价构成

【考试大纲】

1. 水利工程总投资构成。
2. 工程部分造价构成。
3. 建设征地移民补偿、环境保护工程、水土保持工程造价构成。
4. 水文项目和水利信息化项目总投资及造价构成。

案例·　引水工程总投资构成

一、背景

西部某地区以脱贫攻坚为宗旨,为改善当地水环境,解决居民用水难题,拟新建一引水工程,该工程以供水为主,主要任务是渠道改建及饮水安全。

该引水工程目前正处于初步设计阶段,初步设计概算部分成果如表1-1所示。

表1-1　初步设计概算部分成果

序号	项目	建安工程费/万元	设备购置费/万元	合计/万元
1	管道工程	4 070.6		4 070.6
2	建筑物工程	1 984.2		1 984.2
3	运行管理维护道路	42.9		42.9
4	永久对外公路	82.2		82.2
5	施工支洞工程	237.7		237.7
6	房屋建筑工程	101.1		101.1
7	供电设施工程	203.5		203.5
8	施工供电工程	12.5		12.5
9	其他建筑物工程	95.4		95.4
10	导流工程	1.5		1.5
11	其他施工临时工程	222.1		222.1
12	施工仓库	360.0		360.0
13	施工办公、生活及文化福利建筑	138.1		138.1
14	机电设备及安装工程	59.5	477.6	537.1
15	金属结构设备及安装工程	13.1	119.4	132.5

已知:

(1)独立费用包含的内容及计算方法如下:

①建设管理费。建设管理费费率见表1-2。

表1-2　引水工程建设管理费费率

一至四部分建安工作量/万元	费率/%	辅助参数/万元
50 000及以内	4.2	0
50 000~100 000	3.1	550
100 000~200 000	2.2	1 450
200 000~500 000	1.6	2 650
500 000以上	0.5	8 150

注:建设管理费以超额累进方法计算。

简化计算公式为

建设管理费=一至四部分建安工作量×该档费率+辅助参数

②工程建设监理费为137.2万元。

③联合试运转费。本项目不计。

④生产准备费。生产准备费包含的各项费用计算方法如下:

生产及管理单位提前进场费:按一至四部分建安工作量的0.15%~0.35%计算,本工程取上限。

生产职工培训费:按一至四部分建安工作量的0.35%~0.55%计算,本工程取上限。

管理用具购置费:枢纽工程按一至四部分建安工作量的0.04%~0.06%计算,大(1)型工程取小值,大(2)型工程取大值;引水工程按建安工作量的0.03%计算;河道工程按建安工作量的0.02%计算。

备品备件购置费:按占设备费的0.4%~0.6%计算,本工程取上限。

工器具及生产家具购置费:按占设备费的0.1%~0.2%计算,本工程取上限。

⑤科研勘测设计费为205.9万元。

⑥其他。仅计列工程保险费,按一至四部分投资的0.45%计算。

(2)建设征地移民补偿静态投资为9.7万元,环境保护工程静态投资为55.1万元,水土保持工程静态投资为141.4万元。

(3)价差预备费取0,基本预备费根据工程规模、施工年限和地质条件等不同情况,按一至五部分投资合计的百分率计算。初步设计阶段为5%~8%,本工程取下限。

(4)建设期融资利息为1 150万元。

二、问题

1. 计算建筑工程投资。
2. 计算施工临时工程投资。
3. 根据上述资料,完成工程部分总概算,见表1-3。

表 1-3　工程部分总概算

单位:万元

序号	工程或费用名称	建安工程费	设备购置费	独立费用	合计	占一至五部分投资比例
	第一部分　建筑工程					____%
一	主体建筑工程					
	管道工程					
	建筑物工程					
二	交通工程					
三	房屋建筑工程					
四	供电设施工程					
五	其他建筑物工程					
	第二部分　机电设备及安装工程					____%
	第三部分　金属结构设备及安装工程					____%
	第四部分　施工临时工程					____%
一	导流工程					
二	施工交通工程					
三	施工供电工程					
四	施工房屋建筑工程					
五	其他施工临时工程					
	第五部分　独立费用					____%
一	建设管理费					
二	工程建设监理费					
三	生产准备费					
四	科研勘测设计费					
五	其他					
	一至五部分投资合计					____%
	基本预备费					
	静态总投资					

4. 完成工程总概算,见表 1-4。

表 1-4　工程总概算　　单位:万元

序号	工程或费用名称	建安工程费	设备购置费	独立费用	合计
Ⅰ	工程部分投资				
	第一部分　建筑工程				
	第二部分　机电设备及安装工程				
	第三部分　金属结构设备及安装工程				
	第四部分　施工临时工程				
	第五部分　独立费用				
	一至五部分投资合计				
	基本预备费				
	静态投资				
Ⅱ	建设征地移民补偿投资				
Ⅲ	环境保护工程投资				
Ⅳ	水土保持工程投资				
Ⅴ	工程投资总计(Ⅰ~Ⅳ合计)				
	静态总投资				
	价差预备费				
	建设期融资利息				
	总投资				

以上计算结果均保留两位小数。

三、分析要点

本案例考查项目类型的划分、水利工程总投资构成与工程部分造价构成。根据水利部水总〔2014〕429 号文发布的《水利工程设计概(估)算编制规定》,水利工程按工程性质划分为三大类,具体划分如下:

- 水利工程
  - 枢纽工程
    - 水库
    - 水电站
    - 大型泵站
    - 大型拦河水闸
    - 其他大型独立建筑物
  - 引水工程
    - 供水工程
    - 灌溉工程(1)
  - 河道工程
    - 堤防工程
    - 河湖整治工程
    - 灌溉工程(2)

大型泵站、大型拦河水闸的工程等级划分标准参见《水利工程设计概(估)算编制规定》附录1。

灌溉工程(1)指设计流量$\geqslant 5\ m^3/s$的灌溉工程[工程等级标准参见《水利工程设计概(估)算编制规定》附录1],灌溉工程(2)指设计流量$<5\ m^3/s$的灌溉工程和田间工程。

水利工程概算项目划分为工程部分、建设征地移民补偿、环境保护工程、水土保持工程四部分,具体划分如下:

- 水利工程概算
  - 工程部分
    - 建筑工程
    - 机电设备及安装工程
    - 金属结构设备及安装工程
    - 施工临时工程
    - 独立费用
  - 建设征地移民补偿
    - 农村部分补偿
    - 城(集)镇部分补偿
    - 工业企业补偿
    - 专业项目补偿
    - 防护工程
    - 库底清理
    - 其他费用
  - 环境保护工程
  - 水土保持工程

本工程属于引水工程中的供水工程。

建筑工程由主体建筑工程(本工程包括管道工程和建筑物工程)、交通工程、房屋建筑工程、供电设施工程和其他建筑物工程组成。房屋建筑工程包括辅助生产建筑、仓库、办公用房、值班宿舍、文化福利建筑及室外工程;其他建筑物工程则有安全监测设施工程、照明线路、通信线路等以及其余各项。

施工临时工程包括导流工程、施工交通工程、施工供电工程、施工房屋建筑工程和其他施工临时工程。

独立费用包括建设管理费、工程建设监理费、生产准备费、科研勘测设计费和其他。

四、答案

问题1:

主体建筑工程投资=管道工程投资+建筑物工程投资

=4 070.6+1 984.2=6 054.8(万元)

交通工程投资=永久对外公路投资+运行管理维护道路投资

=82.2+42.9=125.1(万元)

房屋建筑工程投资为101.1万元。

供电设施工程投资为203.5万元。

其他建筑物工程投资为95.4万元。

建筑工程投资=主体建筑工程投资+交通工程投资+房屋建筑工程投资+供电设施工程投资+其他建筑物工程投资

=6 054.8+125.1+101.1+203.5+95.4=6 579.9(万元)

问题2:

导流工程投资为1.5万元。

施工交通工程投资=施工支洞工程投资=237.7万元

施工供电工程投资为12.5万元。

施工房屋建筑工程投资=施工仓库投资+施工办公、生活及文化福利建筑投资

=360.0+138.1=498.1(万元)

其他施工临时工程投资为222.1万元。

施工临时工程投资=导流工程投资+施工交通工程投资+施工供电工程投资+施工房屋建筑工程投资+其他施工临时工程投资

=1.5+237.7+12.5+498.1+222.1=971.9(万元)

问题3:

机电设备及安装工程投资为537.1万元,其中建安工程费59.5万元,设备购置费477.6万元。

金属结构设备及安装工程投资为132.5万元,其中建安工程费13.1万元,设备购置费119.4万元。

一至四部分投资=6 579.9+537.1+132.5+971.9=8 221.4(万元)

一至四部分建安工作量=6 579.9+59.5+13.1+971.9=7 624.4(万元)

设备费=477.6+119.4=597.0(万元)

建设管理费=一至四部分建安工作量×该档费率+辅助参数=7 624.4×4.2%+0

=320.22(万元)

工程建设监理费为137.2万元。

生产准备费=生产及管理单位提前进厂费+生产职工培训费+管理用具购置费+备品备件购置费+工器具及生产家具购置费

=0.35%×7 624.4+0.55%×7 624.4+0.03%×7 624.4+0.6%×597.0+0.2%×597.0=75.68(万元)

科研勘测设计费为205.9万元。

其他:

仅计列工程保险费=0.45%×8 221.4=37.0(万元)

独立费用=建设管理费+工程建设监理费+生产准备费+科研勘测设计费+其他

=320.22+137.2+75.68+205.9+37.0=776.0(万元)

一至五部分投资=6 579.9+537.1+132.5+971.9+776.0=8 997.4(万元)

基本预备费=一至五部分投资×5%=8 997.4×5%=449.87(万元)

工程部分静态总投资=一至五部分投资+基本预备费=8 997.4+449.87=9 447.27(万元)

因此，工程部分总概算如表 1-5 所示。

表 1-5　工程部分总概算　单位：万元

序号	工程或费用名称	建安工程费	设备购置费	独立费用	合计	占一至五部分投资比例
	第一部分　建筑工程	6 579.90			6 579.90	73.13%
一	主体建筑工程	6 054.80			6 054.80	
	管道工程	4 070.60			4 070.60	
	建筑物工程	1 984.20			1 984.20	
二	交通工程	125.10			125.10	
三	房屋建筑工程	101.10			101.10	
四	供电设施工程	203.50			203.50	
五	其他建筑物工程	95.40			95.40	
	第二部分　机电设备及安装工程	59.50	477.60		537.10	5.97%
	第三部分　金属结构设备及安装工程	13.10	119.40		132.50	1.47%
	第四部分　施工临时工程	971.90			971.90	10.80%
一	导流工程	1.50			1.50	
二	施工交通工程	237.70			237.70	
三	施工供电工程	12.50			12.50	
四	施工房屋建筑工程	498.10			498.10	
五	其他施工临时工程	222.10			222.10	
	第五部分　独立费用			776.00	776.00	8.62%
一	建设管理费			320.22	320.22	
二	工程建设监理费			137.20	137.20	
三	生产准备费			75.68	75.68	
四	科研勘测设计费			205.90	205.90	
五	其他			37.00	37.00	
	一至五部分投资合计	7 624.40	597.00	776.00	8 997.40	100.00%
	基本预备费				449.87	
	静态总投资				9 447.27	

问题 4：

工程静态总投资＝工程部分静态投资+建设征地移民补偿静态投资+环境保护工程静态

投资+水土保持工程静态投资

=9 447.27+9.7+55.1+141.4=9 653.47(万元)

工程总投资=工程静态总投资+价差预备费+建设期融资利息

=9 653.47+0+1 150=10 803.47(万元)

工程总概算见表 1-6。

表 1-6　工程总概算

单位:万元

序号	工程或费用名称	建安工程费	设备购置费	独立费用	合计
Ⅰ	工程部分投资				
	第一部分　建筑工程	6 579.90			6 579.90
	第二部分　机电设备及安装工程	59.50	477.60		537.10
	第三部分　金属结构设备及安装工程	13.10	119.40		132.50
	第四部分　施工临时工程	971.90			971.90
	第五部分　独立费用			776.00	776.00
	一至五部分投资合计	7 624.40	597.00	776.00	8 997.40
	基本预备费				449.87
	静态投资				9 447.27
Ⅱ	建设征地移民补偿投资				9.70
Ⅲ	环境保护工程投资				55.10
Ⅳ	水土保持工程投资				141.40
Ⅴ	工程投资总计(Ⅰ~Ⅳ合计)				
	静态总投资				9 653.47
	价差预备费				
	建设期融资利息				1 150.00
	总投资				10 803.47

案例二　引水工程的工程部分造价构成

一、背景

西部某地区为改善城市水资源条件,解决居民用水与灌溉用水短缺等问题,促进水资源优化配置,改善流域生态环境,拟新建一引水工程,工程任务以调洪为主。

该引水工程开发任务以调洪为主,兼顾供水、改善水运条件,目前正处于初步设计阶段,其初步设计概算部分成果如下：

主体建筑工程投资 157 114.52 万元，施工交通工程投资 6 542.39 万元，交通工程投资 3 985.66 万元，供电设施工程投资 18 040.00 万元，施工供电工程投资 1 792.00 万元，导流工程投资 31 159.05 万元，房屋建筑工程中辅助生产建筑、仓库及办公用房工程投资 491.80 万元，施工仓库投资 328.00 万元，办公、生活及文化福利建筑投资 5 022.55 万元，其他建筑物工程投资 4 087.55 万元，独立费用 66 064.00 万元。泵站设备及安装工程设备费投资 96 674.34 万元，安装费 4 527.28 万元；水闸设备及安装工程设备费投资 14 549.35 万元，安装费 4 682.51 万元；闸门设备及安装工程设备费投资 98.00 万元，安装费 31.19 万元；启闭设备及安装工程设备费投资 920.00 万元，安装费 59.05 万元；供变电设备及安装工程设备费投资 5 687.69 万元，安装费 216.83 万元；公用设备及安装工程设备费投资 7 580.23 万元，安装费 2 389.57 万元；拦污设备及安装工程设备费投资 420.00 万元，安装费 199.76 万元；压力钢管制作及安装工程投资 12 422.86 万元。

已知：

(1)值班宿舍及文化福利建筑投资按主体建筑工程投资的百分率计算：

枢纽工程	
投资≤50 000 万元	1.0%~1.5%
50 000 万元<投资≤100 000 万元	0.8%~1.0%
投资>100 000 万元	0.5%~0.8%
引水工程	0.4%~0.6%
河道工程	0.4%

注：给定取值范围的，本工程取中间值。

(2)室外工程投资按房屋建筑工程投资（不含室外工程本身）的 15%~20%计算，本工程取上限。

(3)其他施工临时工程按一至四部分建安工作量（不包括其他施工临时工程）之和的百分率计算。

枢纽工程为 3.0%~4.0%。

引水工程为 2.5%~3.0%。一般引水工程取下限，隧洞、渡槽等大型建筑物较多的引水工程及施工条件复杂的引水工程取上限。

河道工程为 0.5%~1.5%。灌溉田间工程取下限，建筑物较多、施工排水量大或施工条件复杂的河道工程取上限。

注：本工程取下限。

(4)基本预备费根据工程规模、施工年限和地质条件等不同情况，按一至五部分投资合计的百分率计算。初步设计阶段为 5%~8%，本工程取下限。

二、问题

1. 简要回答房屋建筑工程的组成。
2. 计算该工程的机电设备及安装工程投资。
3. 计算该工程的金属结构设备及安装工程投资。
4. 计算工程部分总概算，如表 1-7 所示。

表 1-7 工程部分总概算 单位:万元

序号	工程或费用名称	建安工程费	设备购置费	独立费用	合计	占一至五部分投资比例
	第一部分 建筑工程					____%
一	主体建筑工程					
二	交通工程					
三	房屋建筑工程					
四	供电设施工程					
五	其他建筑物工程					
	第二部分 机电设备及安装工程					____%
	第三部分 金属结构设备及安装工程					____%
	第四部分 施工临时工程					____%
一	导流工程					
二	施工交通工程					
三	施工供电工程					
四	施工房屋建筑工程					
五	其他施工临时工程					
	第五部分 独立费用					____%
	一至五部分投资合计					____%
	基本预备费					
	静态总投资					

以上计算结果均保留两位小数。

三、分析要点

本案例重点考查工程部分造价构成,以及机电设备与金属结构设备的区分。

工程部分投资包括建筑工程投资、机电设备及安装工程投资、金属结构设备及安装工程投资、施工临时工程投资、独立费用和基本预备费。

(1)建筑工程由主体建筑工程、交通工程、房屋建筑工程、供电设施工程和其他建筑物工程组成。房屋建筑工程包括辅助生产建筑、仓库、办公用房、值班宿舍及文化福利建筑以及室外工程。

(2)施工临时工程包括导流工程、施工交通工程、施工供电工程、施工房屋建筑工程(施工仓库和办公、生活及文化福利建筑）和其他施工临时工程。

（3）引水工程机电设备及安装工程指构成该工程固定资产的全部机电设备及安装工程。一般包括泵站设备及安装工程、水闸设备及安装工程、电站设备及安装工程（本工程无此部分投资）、供变电设备及安装工程和公用设备及安装工程。

泵站设备及安装工程，包括水泵、电动机、主阀、起重设备、水力机械辅助设备、电气设备等设备及安装工程。

水闸设备及安装工程，包括电气一次设备及安装工程和电气二次设备及安装工程。

电站设备及安装工程，其组成内容可参照枢纽工程的发电设备及安装工程和升压变电设备及安装工程。

供变电设备及安装工程，包括供电、变配电设备及安装工程。

公用设备及安装工程，包括通信设备，通风采暖设备，机修设备，计算机监控系统，工业电视系统，管理自动化系统，全厂接地及保护网，坝（闸、泵站）区供水、排水、供热设备，水文、泥沙监测设备，水情自动测报系统设备，视频安防监控设备，安全监测设备，消防设备，劳动安全与工业卫生设备，交通设备等设备及安装工程。

（4）金属结构设备及安装工程指构成枢纽工程、引水工程和河道工程固定资产的全部金属结构设备及安装工程。包括闸门、启闭机、拦污设备、升船机等设备及安装工程，水电站（泵站等）压力钢管制作及安装工程和其他金属结构设备及安装工程。

四、答案

问题1：

房屋建筑工程包括为生产运行服务的永久性辅助生产建筑、仓库、办公用房、值班宿舍及文化福利建筑等房屋建筑工程和室外工程。

问题2：

根据项目划分，机电设备及安装工程投资＝泵站设备及安装工程投资＋水闸设备及安装工程投资＋供变电设备及安装工程投资＋公用设备及安装工程投资，则

机电设备费＝96 674.34＋14 549.35＋5 687.69＋7 580.23＝124 491.61（万元）

机电安装费＝4 527.28＋4 682.51＋216.83＋2 389.57＝11 816.19（万元）

机电设备及安装工程投资＝124 491.61＋11 816.19＝ 136 307.80（万元）

问题3：

根据项目划分，金属结构设备及安装工程投资＝闸门设备及安装工程投资＋启闭设备及安装工程投资＋拦污设备及安装工程投资＋压力钢管制作及安装工程投资，则

金属结构设备费＝ 98.00＋920.00＋420.00＝1 438.00（万元）

金属结构安装费＝ 31.19＋59.05＋199.76＋12 422.86＝ 12 712.86（万元）

金属结构设备及安装工程投资＝ 1 438.00＋ 12 712.86＝14 150.86（万元）

问题4：

（1）建筑工程。

主体建筑工程投资为157 114.52万元。

交通工程投资为3 985.66万元。

房屋建筑工程投资＝辅助生产建筑、仓库及办公用房投资＋值班宿舍及文化建筑投资＋

室外工程投资

$=491.80+157\ 114.52\times0.5\%+(491.80+157\ 114.52\times0.5\%)\times20\%$

$=1\ 532.85$(万元)

供电设施工程投资为 18 040.00 万元。

其他建筑物工程投资为 4 087.55 万元。

建筑工程投资=主体建筑工程投资+交通工程投资+房屋建筑工程投资+供电设施工程投资+其他建筑物工程投资

$=157\ 114.52+3\ 985.66+1\ 532.85+18\ 040.00+4\ 087.55$

$=184\ 760.58$(万元)

(2)机电设备及安装工程投资为 136 307.80 万元。

(3)金属结构设备及安装工程投资为 14 150.86 万元。

(4)施工临时工程。

导流工程投资为 31 159.05 万元。

施工交通工程投资为 6 542.39 万元。

施工供电工程投资为 1 792.00 万元。

施工房屋建筑工程投资=施工仓库投资+办公、生活及文化福利建筑投资

$=328.00+5\ 022.55=5\ 350.55$(万元)

一至四部分建安工作量(不包括其他施工临时工程)

=建筑工程建安工作量+机电设备及安装工程建安工作量+金属结构设备及安装工程建安工作量+施工临时工程建安工作量(不包括其他施工临时工程)

$=184\ 760.58+11\ 816.19+12\ 712.86+31\ 159.05+6\ 542.39+1\ 792.00+5\ 350.55$

$=254\ 133.62$(万元)

其他施工临时工程投资 $=254\ 133.62\times2.5\%=6\ 353.34$(万元)

施工临时工程投资=导流工程投资+施工交通工程投资+施工供电工程投资+施工房屋建筑工程投资+其他施工临时工程投资

$=31\ 159.05+6\ 542.39+1\ 792.00+5\ 350.55+6\ 353.34$

$=51\ 197.33$(万元)

(5)独立费用为 66 064.00 万元。

(6)基本预备费。

一至五部分投资合计=建筑工程投资+机电设备及安装工程投资+金属结构设备及安装工程投资+施工临时工程投资+独立费用

$=184\ 760.58+136\ 307.80+14\ 150.86+51\ 197.33+66\ 064.00$

$=452\ 480.57$(万元)

基本预备费=一至五部分投资合计×5% $=452\ 480.57\times5\%=22\ 624.03$(万元)

工程部分静态总投资=一至五部分投资合计+基本预备费

$=452\ 480.57+22\ 624.03=475\ 104.60$(万元)

因此,工程部分总概算见表 1-8。

表 1-8　工程部分总概算　单位:万元

序号	工程或费用名称	建安工程费	设备购置费	独立费用	合计	占一至五部分投资比例
	第一部分　建筑工程	184 760. 58			184 760. 58	40. 83%
一	主体建筑工程	157 114. 52			157 114. 52	
二	交通工程	3 985. 66			3 985. 66	
三	房屋建筑工程	1 532. 85			1 532. 85	
四	供电设施工程	18 040. 00			18 040. 00	
五	其他建筑物工程	4 087. 55			4 087. 55	
	第二部分　机电设备及安装工程	11 816. 19	124 491. 61		136 307. 80	30. 12%
	第三部分　金属结构设备及安装工程	12 712. 86	1 438. 00		14 150. 86	3. 13%
	第四部分　施工临时工程	51 197. 33			51 197. 33	11. 31%
一	导流工程	31 159. 05			31 159. 05	
二	施工交通工程	6 542. 39			6 542. 39	
三	施工供电工程	1 792. 00			1 792. 00	
四	施工房屋建筑工程	5 350. 55			5 350. 55	
五	其他施工临时工程	6 353. 34			6 353. 34	
	第五部分　独立费用			66 064. 00	66 064. 00	14. 60%
	一至五部分投资合计	260 486. 96	125 929. 61	66 064. 00	452 480. 57	100. 00%
	基本预备费				22 624. 03	
	静态总投资				475 104. 60	

案例三　流域综合治理工程的总投资构成

一、背景

东部某市为加强生态文明建设,提升城市防洪能力,改善流域生态环境,拟对当前水系进行综合治理,工程任务以堤防加固为主,兼顾河道整治。

该工程目前正处于初步设计阶段。其初步设计概算部分成果如下:

堤防加固工程投资 3 962. 15 万元,河道整治工程投资 3 291. 47 万元,建筑物工程投资 5 883. 66 万元,永久道路桥梁工程投资 567. 49 万元,临时道路投资 311. 00 万元,导流工程投资 486. 14 万元,辅助生产厂房、仓库和办公用房投资 232. 75 万元,施工仓库投资 100. 00

万元,施工办公、生活及文化福利建筑投资 305.79 万元,供电设施工程投资 68.52 万元,施工供电工程投资 54.21 万元,其他施工临时工程投资 234.53 万元,机电设备及安装工程投资 177.59 万元,金属结构设备及安装工程投资 420.53 万元,独立费用 2 176.04 万元,基本预备费为一至五部分投资合计的 5%。

已知:

(1)值班宿舍及文化福利建筑工程投资按主体建筑工程投资的百分率计算:

枢纽工程	
投资≤50 000 万元	1.0%~1.5%
50 000 万元<投资≤100 000 万元	0.8%~1.0%
投资>100 000 万元	0.5%~0.8%
引水工程	0.4%~0.6%
河道工程	0.4%

注:给定取值范围的,本工程取中间值。

(2)室外工程投资按房屋建筑工程投资(不含室外工程本身)的 15%~20%计算,本工程取上限。

(3)其他建筑物工程投资按照主体建筑工程投资的 2.5%计算。

(4)建设征地移民补偿静态投资 4 205.47 万元,环境保护工程静态投资 258.14 万元,水土保持工程静态投资 278.47 万元。

(5)该工程价差预备费取 0,建设期融资利息为 3 270 万元。

二、问题

1.计算房屋建筑工程投资和施工房屋建筑工程投资。

2.计算建筑工程投资。

3.计算工程部分静态总投资。

4.计算工程静态总投资和工程总投资。

以上计算结果均保留两位小数。

三、分析要点

本案例重点考查项目类型的划分、各项工程的造价构成,以及房屋建筑工程投资和施工房屋建筑工程投资的区分。本工程属于河道工程中的堤防工程,根据题干信息情况,各项工程费用构成如下。

房屋建筑工程包括辅助生产建筑、仓库、办公用房、值班宿舍及文化福利建筑以及室外工程。

建筑工程包括主体建筑工程(堤防加固工程、河道整治工程和建筑物工程)、交通工程(道路桥梁工程)、房屋建筑工程、供电设施工程和其他建筑工程。

施工临时工程包括导流工程、施工交通工程、施工供电工程、施工房屋建筑工程和其他临时工程。

工程部分静态总投资包括建筑工程投资、机电设备及安装工程投资、金属结构设备及安装工程投资、施工临时工程投资、独立费用和基本预备费。

水利工程概算项目划分为工程部分、建设征地移民补偿、环境保护工程、水土保持工程四部分，具体划分如下：

- 水利工程概算
  - 工程部分
    - 建筑工程
    - 机电设备及安装工程
    - 金属结构设备及安装工程
    - 施工临时工程
    - 独立费用
  - 建设征地移民补偿
    - 农村部分补偿
    - 城（集）镇部分补偿
    - 工业企业补偿
    - 专业项目补偿
    - 防护工程
    - 库底清理
    - 其他费用
  - 环境保护工程
  - 水土保持工程

四、答案

问题 1：

辅助生产厂房、仓库和办公用房投资为 232.75 万元。

主体建筑工程投资＝堤防加固工程投资＋河道整治工程投资＋建筑物工程投资

＝3 962.15＋3 291.47＋5 883.66＝13 137.28（万元）

值班宿舍及文化福利建筑工程投资＝13 137.28×0.4%＝52.55（万元）

室外工程投资＝（232.75＋52.55）×20%＝57.06（万元）

房屋建筑工程投资＝辅助生产厂房、仓库和办公用房投资＋值班宿舍及文化福利建筑工程投资＋室外工程投资

＝232.75＋52.55＋57.06＝342.36（万元）

施工房屋建筑工程投资＝施工仓库投资＋施工办公、生活及文化福利建筑投资

＝100.00＋305.79＝405.79（万元）

问题 2：

交通工程投资＝道路桥梁工程投资＝567.49 万元

供电设施工程投资为 68.52 万元。

其他建筑物工程投资＝13 137.28×2.5%＝328.43（万元）

建筑工程投资＝主体建筑工程投资＋交通工程投资＋房屋建筑工程投资＋供电设施工程投资＋其他建筑物工程投资

＝13 137.28＋567.49＋342.36＋68.52＋328.43＝14 444.08（万元）

问题 3：

施工交通工程投资＝临时道路投资＝311.00 万元

施工临时工程投资＝导流工程投资＋施工交通工程投资＋施工供电工程投资＋施工房屋

建筑工程投资+其他施工临时工程投资

=486.14+311.00+54.21+405.79+234.53=1 491.67(万元)

一至五部分投资=建筑工程投资+机电设备及安装工程投资+金属结构设备及安装工程投资+施工临时工程投资+独立费用

=14 444.08+177.59+420.53+1 491.67+2 176.04

=18 709.91(万元)

基本预备费=一至五部分投资×5%=18 709.91×5%=935.50(万元)

工程部分静态总投资=一至五部分投资+基本预备费

=18 709.91+935.50=19 645.41(万元)

问题4：

工程静态总投资=工程部分静态总投资+建设征地移民补偿静态投资+环境保护工程静态投资+水土保持工程静态投资

=19 645.41+4 205.47+258.14+278.47=24 387.49(万元)

工程总投资=工程静态总投资+价差预备费+建设期融资利息

=24 387.49+0+3 270=27 657.49(万元)

案例四　水利工程类型、堤防工程的造价构成

一、背景

中部某地区为改善水系环境，加强城市防洪能力，拟立项新建一堤防工程，根据可行性研究成果，其投资估算部分成果如下：

建筑工程投资 11 307.93 万元；机电设备及安装工程中，设备费 156.72 万元、安装费 117.56 万元；金属结构设备及安装工程中，设备费 418.20 万元、安装费 68.32 万元；导流工程投资 14.08 万元；施工交通工程投资 258.00 万元；施工供电工程投资 20.00 万元；施工房屋建筑工程投资 222.33 万元；工程勘测设计费 945.81 万元；独立费用中其他为 64.14 万元。

已知：

(1)其他施工临时工程按一至四部分建安工作量(不包括其他施工临时工程)之和的百分率计算，本工程按 1.5%计算。

(2)建设管理费费率见表 1-9～表 1-11。

表 1-9　枢纽工程建设管理费费率

一至四部分建安工作量/万元	费率/%	辅助参数/万元
50 000 及以内	4.5	0
50 000～100 000	3.5	500
100 000～200 000	2.5	1 500
200 000～500 000	1.8	2 900
500 000 以上	0.6	8 900

注：建设管理费以超额累进方法计算。

表 1-10　引水工程建设管理费费率

一至四部分建安工作量/万元	费率/%	辅助参数/万元
50 000 及以内	4.2	0
50 000~100 000	3.1	550
100 000~200 000	2.2	1 450
200 000~500 000	1.6	2 650
500 000 以上	0.5	8 150

注：建设管理费以超额累进方法计算。

表 1-11　河道工程建设管理费费率

一至四部分建安工作量/万元	费率/%	辅助参数/万元
10 000 及以内	3.5	0
10 000~50 000	2.4	110
50 000~100 000	1.7	460
100 000~200 000	0.9	1 260
200 000~500 000	0.4	2 260
500 000 以上	0.2	3 260

注：建设管理费以超额累进方法计算。

简化计算公式为

建设管理费＝一至四部分建安工作量×该档费率＋辅助参数

(3)工程建设监理费采用的计算公式为

工程建设监理费＝监理费收费基价×专业调整系数×复杂程度调整系数×附加调整系数

本工程专业调整系数为0.90，复杂程度调整系数为0.85，附加调整系数为1.00。

监理费收费基价见表1-12。

表 1-12　监理费收费基价

计费额/万元	收费基价/万元
500	16.5
1 000	30.1
3 000	78.1
5 000	120.8
8 000	181.0
10 000	218.6
20 000	393.4
40 000	708.2
60 000	991.4

续表 1-12

计费额/万元	收费基价/万元
80 000	1 255.8
100 000	1 507.0
200 000	2 712.5
400 000	4 882.6
600 000	6 835.6
800 000	8 658.4
1 000 000	10 390.1

注:收费基价采用插值法计算,计费额为建筑安装工程费。

(4)生产准备费中包含的各项目及计算方法如下:

生产及管理单位提前进厂费:枢纽工程按一至四部分建安工作量的0.15%~0.35%计算,大(1)型工程取小值,大(2)型工程取大值;引水工程视工程规模参照枢纽工程计算;河道工程、除险加固工程、田间工程原则上不计此项费用,若工程含有新建大型泵站、泄洪闸、船闸等建筑物,按建筑物投资参照枢纽工程计算。

生产职工培训费:按一至四部分建安工作量的0.35%~0.55%计算,枢纽工程、引水工程取中上限,河道工程取下限。

管理用具购置费:枢纽工程按一至四部分建安工作量的0.04%~0.06%计算,大(1)型工程取小值,大(2)型工程取大值;引水工程按一至四部分建安工作量的0.03%计算;河道工程按一至四部分建安工作量的0.02%计算。

备品备件购置费:按占设备费的0.4%~0.6%计算,本工程取上限。

工器具及生产家具购置费:按占设备费的0.1%~0.2%计算,本工程取上限。

(5)科研勘测设计费中工程科学研究试验费按一至四部分建安工作量的百分率计算,其中枢纽工程和引水工程取0.7%,河道工程取0.3%。

(6)本工程不包含联合试运转费。

二、问题

1. 水利工程按工程性质划分为哪三类?本工程属于哪一类?
2. 简要回答施工临时工程和独立费用的组成。
3. 计算施工临时工程投资。
4. 计算独立费用。

以上计算结果均保留两位小数。

三、分析要点

本案例重点考查项目类型的划分、概算的构成及其计算方法,该工程属于河道工程中的堤防工程。

水利工程按工程性质划分为三大类,具体划分如下:

- 水利工程
  - 枢纽工程
    - 水库
    - 水电站
    - 大型泵站
    - 大型拦河水闸
    - 其他大型独立建筑物
  - 引水工程
    - 供水工程
    - 灌溉工程(1)
  - 河道工程
    - 堤防工程
    - 河湖整治工程
    - 灌溉工程(2)

工程部分投资包括建筑工程投资、机电设备及安装工程投资、金属结构设备及安装工程投资、施工临时工程投资和独立费用。

施工临时工程包括导流工程、施工交通工程、施工供电工程、施工房屋建筑工程和其他施工临时工程。

独立费用包括建设管理费、工程建设监理费、联合试运转费、生产准备费、科研勘测设计费和其他(工程保险费及其他税费)。

生产准备费包括生产及管理单位提前进厂费、生产职工培训费、管理用具购置费、备品备件购置费和工器具及生产家具购置费。

科研勘测设计费包括工程科学研究试验费和工程勘测设计费。

四、答案

问题1:

水利工程按工程性质划分为枢纽工程、引水工程和河道工程。本工程属于河道工程中的堤防工程。

问题2:

施工临时工程由导流工程、施工交通工程、施工供电工程、施工房屋建筑工程和其他施工临时工程组成。

独立费用由建设管理费、工程建设监理费、联合试运转费、生产准备费(包括生产及管理单位提前进厂费、生产职工培训费、管理用具购置费、备品备件购置费和工器具及生产家具购置费)、科研勘测设计费(包括工程科学研究试验费和工程勘测设计费)和其他(包括工程保险费和其他税费)组成。

问题3:

一至四部分建安工作量(不包括其他施工临时工程)

=建筑工程建安工作量+机电设备及安装工程建安工作量+金属结构设备及安装工程建安工作量+施工临时工程建安工作量(不包括其他施工临时工程)

=11 307.93+117.56+68.32+14.08+258.00+20.00+222.33=12 008.22(万元)

其他施工临时工程投资=一至四部分建安工作量(不包括其他施工临时工程)×1.5%

=12 008.22×1.5%=180.12(万元)

施工临时工程投资=导流工程投资+施工交通工程投资+施工供电工程投资+施工房屋

建筑工程投资+其他施工临时工程投资

=14.08+258.00+20.00+222.33+180.12=694.53(万元)

问题 4:

一至四部分建安工作量=建筑工程建安工作量+机电设备及安装工程建安工作量+金属结构设备及安装工程建安工作量+施工临时工程建安工作量

=11 307.93+117.56+68.32+694.53=12 188.34(万元)

一至四部分设备费=机电设备及安装工程设备费+金属结构设备及安装工程设备费

=156.72+418.20=574.92(万元)

建设管理费=一至四部分建安工作量×该档费率+辅助参数

=12 188.34×2.4%+110=402.52(万元)

工程建设监理费=监理费收费基价×专业调整系数×复杂程度调整系数×附加调整系数

=[218.6+(12 188.34−10 000)÷(20 000−10 000)×(393.4−218.6)]×0.90×0.85×1.00

=196.49(万元)

生产及管理单位提前进厂费不计。

生产职工培训费=0.35%×12 188.34=42.66(万元)

管理用具购置费=0.02%×12 188.34=2.44(万元)

备品备件购置费=0.6%×574.92=3.45(万元)

工器具及生产家具购置费=0.2%×574.92=1.15(万元)

生产准备费=生产及管理单位提前进厂费+生产职工培训费+管理用具购置费+备品备件购置费+工器具及生产家具购置费

=0+42.66+2.44+3.45+1.15=49.70(万元)

工程科学研究试验费=0.3%×12 188.34=36.57(万元)

科研勘测设计费=工程科学研究试验费+工程勘测设计费

=36.57+945.81=982.38(万元)

独立费用=建设管理费+工程建设监理费+联合试运转费+生产准备费+科研勘测设计费+其他

=402.52+196.49+0+49.70+982.38+64.14=1 695.23(万元)

案例五　建设征地移民补偿造价构成(一)

一、背景

中部某省为提高当地某流域水资源的利用效率,增强水资源的调节能力,拟建设一座大型水库工程,该水库工程以供水和灌溉为主要任务,兼顾防洪。初步设计研究阶段征地实物调查报告部分成果如下:

移民人口 8 900 人,其中农村人口 5 000 人,城(集)镇人口 3 900 人。

计算得到的相关项目投资见表 1-13。

表 1-13　相关项目投资

序号	项目	投资/万元
一	农村移民安置补偿费	68 532.38
二	城(集)镇迁建补偿费	34 548.58
三	工业企业迁建补偿费	25 144.62
四	专业项目恢复改建补偿费	28 189.01
五	防护工程费	67 767.94
六	库底清理费	9 621.07

《水利工程设计概(估)算编制规定(建设征地移民补偿)》中的相关内容如下:

(1)前期工作费的计算公式为

前期工作费=[农村部分+城(集)镇部分+工业企业+专业项目+防护工程+库底清理]×A

式中:A 为取费费率,取 1.5%~2.5%。

(2)综合勘测设计科研费的计算公式为

综合勘测设计科研费=[农村部分+城(集)镇部分+库底清理]×B_1+(工业企业+专业项目+防护工程)×B_2

式中:B_1、B_2 为取费费率,B_1 取 3%~4%,B_2 取 1%。

(3)实施管理费包括地方政府实施管理费和建设单位实施管理费。

地方政府实施管理费计算公式为

地方政府实施管理费=[农村部分+城(集)镇部分+库底清理]×C_1+(工业企业+专业项目+防护工程)×C_2

式中:C_1、C_2 为取费费率,C_1 取 4%,C_2 取 2%。

建设单位实施管理费计算公式为

建设单位实施管理费=[农村部分+城(集)镇部分+工业企业+专业项目+防护工程+库底清理]×D

式中:D 为取费费率,取 0.6%~1.2%。

(4)实施机构开办费计算方法见表 1-14,采用内插值法计算。

表 1-14　实施机构开办费

移民人数/人	<1 000	1 000~10 000	10 000~25 000	25 000~50 000	>50 000
开办费/万元	<200	200~300	300~500	500~800	800~1 000

(5)技术培训费计算公式为

技术培训费=农村部分×E

式中:E 为取费费率,取 0.5%。

(6)监督评估费计算公式为

监督评估费=[农村部分+城(集)镇部分+库底清理]×G_1+(工业企业+专业项目+防护工程)×G_2

式中:G_1、G_2 为取费费率,G_1 取 1.5%~2%,G_2 取 0.5%~1%。

(7)初步设计概算的基本预备费的计算公式为

基本预备费=[农村部分+城(集)镇部分+库底清理+其他费用]×H_1+(工业企业+专业项目+防护工程)×H_2

式中:H_1、H_2 为取费费率,H_1 取 10%,H_2 取 6%。

本工程不计价差预备费,上述所有存在取值区间的费率,均取最小值。

二、问题

1. 计算前期工作费。
2. 计算综合勘测设计科研费。
3. 计算实施管理费。
4. 计算实施机构开办费。
5. 计算技术培训费。
6. 计算监督评估费。
7. 计算其他费用。
8. 若有关税费为 18 000 万元,根据上述内容,完成征地移民补偿投资总概算(见表 1-15)。

表 1-15　征地移民补偿投资总概算

序号	项目	投资/万元	比重/%
一	农村移民安置补偿费		
二	城(集)镇迁建补偿费		
三	工业企业迁建补偿费		
四	专业项目恢复改建补偿费		
五	防护工程费		
六	库底清理费		
	一至六项小计		
七	其他费用		
八	预备费		
	其中:基本预备费		
	价差预备费		
九	有关税费		
十	总投资		

金额单位为万元，计算过程和计算结果均保留两位小数。

三、分析要点

水利工程建设征地移民补偿投资是总投资的重要组成部分，《水利工程设计概（估）算编制规定（建设征地移民补偿）》（水利部水总〔2014〕429号）对水利工程建设征地移民补偿投资概算的编制进行了规定。

征地移民补偿投资包括农村部分、城（集）镇部分、工业企业、专业项目、防护工程、库底清理、其他费用以及预备费和有关税费。

按照费用划分可以分为补助补偿费、工程建设费、其他费用、预备费、有关税费等。其中，工程建设费包括建筑工程费、机电设备及安装工程费、金属结构设备及安装工程费、施工临时工程费等。

涉及专业工程的，单价应按照该专业所属行业的相关标准规定计算。

本题主要涉及水利工程建设征地移民补偿造价构成，问题1至问题7主要考查其他费用各项目的计算，熟悉计算方法。问题8主要考查基本预备费的计算，了解造价的总体构成，水利工程建设征地移民补偿对于其他费用和预备费计算主要是针对一至六部分进行分类计算。

四、答案

问题1：

前期工作费=[农村部分+城(集)镇部分+工业企业+专业项目+防护工程+库底清理]×A

=(68 532.38+34 548.58+25 144.62+28 189.01+67 767.94+9 621.07)×1.5%

=3 507.05(万元)

问题2：

综合勘测设计科研费=[农村部分+城(集)镇部分+库底清理]×B_1+(工业企业+专业项目+防护工程)×B_2

=(68 532.38+34 548.58+9 621.07)×3%+(25 144.62+28 189.01+67 767.94)×1%

=4 592.08(万元)

问题3：

地方政府实施管理费=[农村部分+城(集)镇部分+库底清理]×C_1+(工业企业+专业项目+防护工程)×C_2

=(68 532.38+34 548.58+9 621.07)×4%+(25 144.62+28 189.01+67 767.94)×2%

=6 930.11(万元)

建设单位实施管理费=[农村部分+城(集)镇部分+工业企业+专业项目+防护工程+库底清理]×D

=(68 532.38+34 548.58+25 144.62+28 189.01+67 767.94+9 621.07)×0.6%

=1 402.82(万元)

实施管理费=地方政府实施管理费+建设单位实施管理费

=6 930.11+1 402.82=8 332.93(万元)

问题4：

本工程移民人数为8 900人,实施机构开办费采用内插法计算。

实施机构开办费=(8 900−1 000)÷(10 000−1 000)×(300−200)+200

=287.78(万元)

问题5：

技术培训费=农村部分×E=68 532.38×0.5%=342.66(万元)

问题6：

监督评估费=[农村部分+城(集)镇部分+库底清理]×G_1+(工业企业+专业项目+防护工程)×G_2

=(68 532.38+34 548.58+9 621.07)×1.5%+(25 144.62+28 189.01+67 767.94)×0.5%

=2 296.04(万元)

问题7：

其他费用=前期工作费+综合勘测设计科研费+实施管理费+实施机构开办费+技术培训费+监督评估费

=3 507.05+4 592.08+8 332.93+287.78+342.66+2 296.04

=19 358.54(万元)

问题8：

一至六项小计=68 532.38+34 548.58+25 144.62+28 189.01+67 767.94+9 621.07

=233 803.60(万元)

其他费用由问题7可知为19 358.54万元。

基本预备费=[农村部分+城(集)镇部分+库底清理+其他费用]×H_1+(工业企业+专业项目+防护工程)×H_2

=(68 532.38+34 548.58+9 621.07+19 358.54)×10%+(25 144.62+28 189.01+67 767.94)×6%

=20 472.15(万元)

本工程不计价差预备费。

预备费=基本预备费+价差预备费=20 472.15+0=20 472.15(万元)

有关税费为18 000.00万元。

总投资=一至六项小计+其他费用+预备费+有关税费

=233 803.60+19 358.54+20 472.15+18 000.00=291 634.29(万元)

对应项目的比重=该项目投资/总投资,依次计算各项目比重,计算结果见表1-16。

表 1-16　征地移民补偿投资总概算

序号	项目	投资/万元	比重/%
一	农村移民安置补偿费	68 532.38	23.50
二	城(集)镇迁建补偿费	34 548.58	11.85
三	工业企业迁建补偿费	25 144.62	8.62
四	专业项目恢复改建补偿费	28 189.01	9.67
五	防护工程费	67 767.94	23.24
六	库底清理费	9 621.07	3.30
	一至六项小计	233 803.60	80.17
七	其他费用	19 358.54	6.64
八	预备费	20 472.15	7.02
	其中:基本预备费	20 472.15	7.02
	价差预备费	0	0
九	有关税费	18 000.00	6.17
十	总投资	291 634.29	100.00

案例六　建设征地移民补偿造价构成(二)

一、背景

西部某省为缓解地区水资源供需矛盾,促进省内水资源优化配置,改善流域生态环境,促进地区社会经济可持续发展,拟建设一大型跨流域调水工程,由两座水利枢纽和一条引水隧洞组成。

其龙头水利枢纽开发任务以供水为主,兼顾发电、改善水运条件。该龙头水利枢纽目前正开展可行性研究,建设征地移民安置的主要调查成果如下。

本工程永久占地 1 900 亩(1 亩 = 1/15 hm^2,全书同),临时用地 2 500 亩,临时用地的使用年限为 5 年,所有永久占地和临时用地均为耕地,耕地上作物的种植方式为单作,该地区目前人均分配耕地为 0.8 亩。另据相关资料测算,本地区土地复垦工程费为每亩 14 000 元。

中华人民共和国国务院令第 679 号《国务院关于修改〈大中型水利水电工程建设征地补偿和移民安置条例〉的决定》做出如下修改:

将第二十二条修改为:大中型水利水电工程建设征收土地的土地补偿费和安置补助费,实行与铁路等基础设施项目用地同等补偿标准,按照被征收土地所在省、自治区、直辖市规定的标准执行。

据悉,该省关于征收土地补偿费和安置补助费的相关规定如下:

大中型水利水电工程建设征收耕地的,征收耕地的补偿补助单价应按该耕地被征收前三年平均年亩产值和相应的倍数计算。土地补偿单价倍数为 10,安置补助单价倍数为 9。

征收土地补偿费=被征收地亩数×平均年亩产值×补偿倍数

安置补助费=需要安置的人数×平均年亩产值×补偿倍数

征用耕地的:

征用土地补偿费=被征用地亩数×平均年亩产值×征用年限

当地政府相关部门公布的近三年本地区耕地年产值资料见表 1-17。

表 1-17　近三年本地区耕地年产值资料

年份	第 1 年	第 2 年	第 3 年
年产值/(元/亩)	2 079	2 187	2 319

二、问题

1. 计算本工程征收土地补偿费。
2. 计算本工程安置补助费。
3. 计算本工程征用土地补偿费。
4. 计算本工程征用土地复垦费。
5. 计算本工程青苗补偿费。
6. 计算本工程永久占地综合单价。
7. 计算本工程临时用地综合单价。

金额单位为万元,计算过程和计算结果均保留两位小数。

三、分析要点

移民问题是许多大中型水利水电工程的关键控制性问题,涉及政治、经济、社会稳定等多个方面。党中央、国务院对于大中型水利水电工程移民工作极为重视,2006 年中华人民共和国国务院令第 471 号颁布了《大中型水利水电工程建设征地补偿和移民安置条例》,2017 年又颁布中华人民共和国国务院令第 679 号对相关内容进行了修改,其中删除了“征收耕地的土地补偿费和安置补助费之和为该耕地被征收前三年平均年产值的 16 倍”等条款。

水利水电工程大多处于偏远地区,农村部分是移民安置的重点部分,涉及征地补偿补助,房屋及附属建筑物补偿,居民点新址征地及基础设施建设,农副业设施补偿,小型水利水电设施补偿,农村工商企业补偿,文化、教育、医疗卫生等单位迁建补偿,搬迁补助,其他补偿补助,过渡期补助。

征地补偿补助费是水利工程建设征地移民补偿的重点部分,本案例主要涉及其中的征收土地补偿和安置补助费、征用土地补偿费、征用土地复垦费、青苗补偿费等。

工程征地按征地年限可划分为永久占地和临时用地,对应征收土地和征用土地;按征地类别可分为耕地、园地、林地、草地、水域及水利设施用地、其他用地等,其中耕地较为特殊,对于耕地的征收或征用,各省、直辖市、自治区都有较为严苛的规定,本案例选用耕地作为代表。

对于征收土地,其费用包括征收土地补偿费、安置补助费和青苗补偿费。目前土地补偿费和安置补助费按照各省、直辖市、自治区规定的相关标准执行。各省、直辖市、自治区的规定不尽相同,主要有固定单价、固定倍数、变化倍数等方法。本案例选取一种代表性的方法,即安置补助费为固定倍数按人均亩数调整。青苗补偿费单价按照一季亩产值确定。

对于征用土地,其费用包括征用土地补偿费和征用土地复垦费。征用土地补偿费与土地征用的年限有关。本案例考查了主要征收、征用土地的区别,考查其基本概念、费用组成和相关计算方法。

四、答案

问题 1:

根据当地政府相关部门公布的近三年本地区耕地年产值资料,计算本工程被征收土地征收前三年的平均年亩产值。

平均年亩产值=(第 1 年年产值+第 2 年年产值+第 3 年年产值)÷3

=(2 079+2 187+2 319)÷3=2 195.00(元/亩)

本工程永久占地 1 900 亩,因此被征收地亩数为 1 900。

征收土地补偿费=被征收地亩数×平均年亩产值×补偿倍数

=1 900×2 195.00×10=4 170.50(万元)

问题 2:

由题意可知,该地区土地被征收前人均分配耕地为 0.8 亩,可据此计算需要安置的人数。

需要安置的人数=被征收地亩数÷被征收前人均分配耕地亩数

因此,公式修改如下:

安置补助费=需要安置的人数×平均年亩产值×补偿倍数

=被征收地亩数÷被征收前人均分配耕地亩数×平均年亩产值×补偿倍数

=1 900÷0.8×2 195.00×9=4 691.81(万元)

问题 3:

本工程临时用地 2 500 亩,因此被征用地亩数为 2 500 亩。

征用土地补偿费=被征用地亩数×平均年亩产值×征用年限

=2 500×2 195.00×5=2 743.75(万元)

问题 4:

征用土地复垦费=被征用地亩数×(土地复垦工程费单价+恢复期补助费单价)

=2 500×(14 000+2 195.00)=4 048.75(万元)

问题 5:

已知本工程被征收耕地上作物的种植方式为单作,因此一季亩产值等于年亩产值。

青苗补偿费=被征收地亩数×青苗补偿费单价=1 900×2 195.00=417.05(万元)

问题 6:

永久占地总价=征收土地补偿费+安置补助费+青苗补偿费

=4 170.50+4 691.81+417.05=9 279.36(万元)

永久占地综合单价=永久占地总价÷被征收地亩数=9 279.36÷1 900=4.88(万元/亩)

问题7:

临时用地总价=征用土地补偿费+征用土地复垦费=2 743.75+4 048.75
=6 792.50(万元)

临时用地综合单价=临时用地总价÷被征用地亩数=6 792.50÷2 500=2.72(万元/亩)

案例七　环境保护工程造价构成

一、背景

中部某市为进一步恢复湖泊功能,提升区域面貌,拟对当前水系进行治理改造,工程任务包括河湖整治及堤防加固。该工程目前正处于初步设计阶段,其环境保护投资的相关概算成果见表1-18。

表1-18　环境保护投资概算成果

序号	项目名称	投资/万元
1	水环境(水质、水温)保护	39.43
2	景观保护及绿化	1.21
3	大气监测	0.75
4	固体废物处置	2.14
5	生态监测	0.58
6	卫生防疫监测	4.36
7	污水处理	26.12
8	噪声防治	2.87
9	噪声监测	0.45
10	简易洒水车	2.93
11	水质监测	3.14
12	环境保护仪器设备及安装费用	3.97
13	环境保护独立费用	34.99

已知:

(1)环境保护仪器设备及安装费用为3.97万元。

(2)环境保护独立费用为34.99万元。

(3)基本预备费费率6%,价差预备费不计。

二、问题

1. 简要回答环境保护独立费用的组成。
2. 计算预备费。
3. 完成环境保护工程投资费用汇总,如表1-19所示。

表1-19　环境保护工程投资费用汇总

序号	项目名称	投资/万元
第Ⅰ部分	环境保护措施	
第Ⅱ部分	环境监测措施	
第Ⅲ部分	环境保护仪器设备及安装	
第Ⅳ部分	环境保护临时措施	
第Ⅰ至Ⅳ部分合计		
第Ⅴ部分	环境保护独立费用	
第Ⅰ至Ⅴ部分合计		
预备费		
环境保护专项投资		

以上计算结果均保留两位小数。

三、分析要点

本案例重点考查环境保护工程的造价构成及划分。根据《水利水电工程环境保护概估算编制规程》(SL 359—2006),水利水电工程环境保护项目应划分为:第一部分环境保护措施,第二部分环境监测措施,第三部分环境保护仪器设备及安装,第四部分环境保护临时措施,第五部分环境保护独立费用,以及这五部分之外的环境保护预备费。

环境保护措施应包括防止、减免或减缓工程对环境不利影响和满足工程环境功能要求而采取的环境保护措施,主要有水环境(水质、水温)保护、土壤环境保护、陆生植物保护、陆生动物保护、水生生物保护、景观保护及绿化、人群健康保护、生态需水以及其他如移民安置环境保护措施等。

环境监测措施应包括水质监测、大气监测、噪声监测、卫生防疫监测、生态监测等。

环境保护仪器设备及安装应包括为了保护环境和开展监测工作所需的仪器设备及安装。主要有环境保护设备、环境监测仪器设备。其中,环境保护设备应包括污水处理,噪声防治,粉尘防治,垃圾收集、处理及卫生防疫等设备;环境监测仪器设备应包括水环境监测、大气监测、噪声监测、卫生防疫监测、生态监测等仪器设备。

环境保护临时措施应包括工程施工过程中,为保护施工区及其周围环境和人群健康采取的临时措施。环境保护临时措施应分为废(污)水处理、噪声防治、固体废物处置、环境空气质量控制、人群健康保护等临时措施。

环境保护独立费用应包括建设管理费、环境监理费、科研勘测设计咨询费和工程质量监督费等。

四、答案

问题1:

环境保护独立费用包括建设管理费、环境监理费、科研勘测设计咨询费和工程质量监督费等。

问题 2：

根据环境保护投资的相关概算成果,将其进行分类划分,见表 1-20。

表 1-20　环境保护投资分类

序号	项目名称	投资/万元
第Ⅰ部分	环境保护措施	40.64
	水环境(水质、水温)保护	39.43
	景观保护及绿化	1.21
第Ⅱ部分	环境监测措施	9.28
	大气监测	0.75
	生态监测	0.58
	卫生防疫监测	4.36
	噪声监测	0.45
	水质监测	3.14
第Ⅲ部分	环境保护仪器设备及安装	3.97
第Ⅳ部分	环境保护临时措施	34.06
	固体废物处置	2.14
	污水处理	26.12
	噪声防治	2.87
	简易洒水车	2.93
第Ⅰ至Ⅳ部分合计		87.95
第Ⅴ部分	环境保护独立费用	34.99
第Ⅰ至Ⅴ部分合计		122.94

预备费:122.94×6%=7.38(万元)。

问题 3：

该工程的环境保护工程投资费用汇总见表 1-21。

表 1-21　环境保护工程投资费用汇总

序号	项目名称	投资/万元
第Ⅰ部分	环境保护措施	40.64
第Ⅱ部分	环境监测措施	9.28
第Ⅲ部分	环境保护仪器设备及安装	3.97
第Ⅳ部分	环境保护临时措施	34.06
第Ⅰ至Ⅳ部分合计		87.95
第Ⅴ部分	环境保护独立费用	34.99
第Ⅰ至Ⅴ部分合计		122.94
预备费		7.38
环境保护专项投资		130.32

案例八　水土保持工程造价构成(一)

一、背景

某地区为加强生态文明建设,提升当地生态文明水平,拟对当地某流域开展水土保持生态建设综合治理,目前该项目正处于可行性研究阶段。

水土保持生态建设工程按治理措施划分为工程措施、林草措施及封育措施三大类。水土保持生态建设工程投资估算由工程措施费、林草措施费、封育措施费和独立费用四部分组成。

已知由某设计单位完成的项目可行性研究投资估算部分成果如下:第一部分工程措施为1 635.91万元,第二部分林草措施为2 463.05万元,第三部分封育措施为918.77万元。

《水土保持工程概(估)算编制规定》中的相关内容如下:

第四部分独立费用:

(1)建设管理费:

项目经常费,按一至三部分之和的0.8%~1.6%计算。

技术支持培训费,按一至三部分之和的0.4%~0.8%计算。

(2)科学研究试验费,按一至三部分之和的0.2%~0.4%计算,本项目不列此项费用。

(3)水土流失监测费,按一至三部分之和的0.3%~0.6%计算。

(4)工程建设监理费为85.00万元,勘测设计费为130.00万元,征地及淹没补偿费为350.00万元。工程质量监督费根据工程所在省的相关规定,按一至三部分之和的1%计列。

本工程基本预备费,按一至四部分合计的6%计取,不计价差预备费和建设期融资利息。

对于上述所有存在取值区间且取值不明确的费率,均取最小值。

二、问题

1. 计算建设管理费。
2. 计算科研勘测设计费。
3. 计算水土流失监测费。
4. 计算工程质量监督费。
5. 计算独立费用。
6. 完成表1-22,并写出计算过程。

计算过程和计算结果均保留两位小数。

三、分析要点

《中华人民共和国水土保持法》规定水土保持工作的主管部门是水行政主管部门。水土保持既是水利工程的组成部分,也是水利工作的组成部分。党的十八大以来,党中央、国务院对全面推进生态文明建设作出了一系列重大决策部署,水土保持是生态文明建设的重要内容。

表 1-22　总概算

序号	工程或费用名称	金额/万元
	第一部分　工程措施	
	第二部分　林草措施	
	第三部分　封育措施	
	第四部分　独立费用	
	一至四部分合计	
	基本预备费	
	静态总投资	
	价差预备费	
	建设期融资利息	
	工程总投资	

水土保持工程分为开发建设项目水土保持工程和水土保持生态建设工程两大类,本案例涉及水土保持生态建设工程。水土保持生态建设工程是指以水土保持工程为主体,不同于开发建设的项目。水土保持生态建设工程的首要目标就是治理水土流失、修复生态环境。其投资主体以政府投资为主,是惠及子孙后代的社会公益性项目,具有很多特殊性。

水土保持生态建设工程的造价构成同一般水利水电项目类似,计价体系也基本相同,按治理措施划分为工程措施、林草措施及封育措施三大类。治理措施的技术相对简单,单价编制相对容易。本案例重点考查独立费用的编制和总体造价构成。

水土保持生态建设工程投资主体以政府投资为主,价差预备费和建设期融资利息一般不计取。

四、答案

问题 1:

本工程一至三部分投资之和:

工程措施+林草措施+封育措施=1 635.91+2 463.05+918.77=5 017.73(万元)

项目经常费=一至三部分投资之和×0.8%=5 017.73×0.8%=40.14(万元)

技术支持培训费=一至三部分投资之和×0.4%=5 017.73×0.4%=20.07(万元)

建设管理费=项目经常费+技术支持培训费=40.14+20.07=60.21(万元)

问题 2:

科学研究试验费不计列。

由题可知,勘测设计费为 130.00 万元。

科研勘测设计费=科学研究试验费+勘测设计费=0+130.00=130.00(万元)

问题 3:

水土流失监测费=一至三部分投资之和×0.3%=5 017.73×0.3%=15.05(万元)

问题4:

工程质量监督费=一至三部分投资之和×1%=5 017.73×1%=50.18(万元)

问题5:

由题可知,征地及淹没补偿费为350.00万元,工程建设监理费为85.00万元。

第四部分独立费用=建设管理费+工程建设监理费+科研勘测设计费+征地及淹没补偿费+水土流失监测费+工程质量监督费

=60.21+85.00+130.00+350.00+15.05+50.18=690.44(万元)

问题6:

经计算,完成总概算表,结果见表1-23。

表1-23　总概算

序号	工程或费用名称	金额/万元
	第一部分　工程措施	1 635.91
	第二部分　林草措施	2 463.05
	第三部分　封育措施	918.77
	第四部分　独立费用	690.44
	一至四部分合计	5 708.17
	基本预备费	342.49
	静态总投资	6 050.66
	价差预备费	0
	建设期融资利息	0
	工程总投资	6 050.66

计算过程如下:

由问题5可知,第四部分独立费用为690.44万元。

一至四部分合计=一至三部分投资之和+第四部分独立费用

=5 017.73+690.44=5 708.17(万元)

基本预备费=一至四部分合计×基本预备费费率=5 708.17×6%=342.49(万元)

静态总投资=一至四部分合计+基本预备费=5 708.17+342.49=6 050.66(万元)

本工程不计价差预备费和建设期融资利息。

工程总投资=静态总投资+价差预备费+建设期融资利息

=6 050.66+0+0=6 050.66(万元)

案例九　水土保持工程造价构成(二)

一、背景

在水利建设项目施工过程中,为防止水土流失,需采取专项水土保持工程,应在开挖边坡、路堤路堑边坡、堆料场、弃渣场等区域种植草皮,以恢复植被、美化环境。

某工程计划在平整场地后,采取人工撒播草籽的绿化措施,草籽选用高羊茅,播种量为 80 kg/hm^2,绿化面积为 15 hm^2,征占用地总面积为 25 hm^2。

编制初步设计概算相关基础资料如下:

人工预算单价为 2.23 元/工时,其他直接费费率为 1.5%,现场经费费率为 4%,高羊茅草籽除税价为 50 元/kg,利润率为 5%,增值税税率为 9%。

植物措施中须考虑材料补差的材料为苗木、草、种子,分别为 15 元/株、10 元/m^2 和 60 元/kg。当计算的预算价格超过基价时,应按基价计入工程单价参与取费,预算价与基价的差值以材料补差形式计算,列入单价表并计取税金。

水土保持工程间接费费率见表 1-24。

表 1-24　水土保持工程间接费费率

序号	工程类别	计算基础	间接费费率/%
一	开发建设项目		
(一)	工程措施		
1	土石方工程	直接工程费	3.3~5.5
2	混凝土工程	直接工程费	4.3
3	基础处理工程	直接工程费	6.5
4	其他工程	直接工程费	4.4
(二)	植物措施	直接工程费	3.3
二	生态建设工程		
(一)	工程措施	直接费	5.5~7.6
(二)	林草措施	直接费	5.5
(三)	封育治理措施	直接费	4.4

本工程涉及《水土保持工程概算定额》中的相关内容见表 1-25。

表 1-25　八-9 直播种草

工作内容：种子处理、人工撒播草籽、不覆土。　单位：hm^2

项目	单位	撒播不覆土
人工	工时	15.0
草籽	kg	10~80
其他材料费	%	3
定额编号		08056

本案例中草籽用量取上限。

《水土保持工程概(估)算编制规定》中的相关内容如下。

第三部分　施工临时工程：

仅包含其他临时工程，按第一部分　工程措施和第二部分　植物措施投资的 1%~2%编制(大型工程、植物保护措施工程取下限)。

第四部分　独立费用：

(1)建设管理费按一至三部分之和的 1%~2%计算。

(2)工程科学研究试验费，遇大型、特殊水土保持工程可列此项费用，按一至三部分之和的 0.2%~0.5%计列，一般情况不列此项费用。

(3)水土流失监测费按一至三部分之和的 1%~1.5%计列。不包括主体工程中具有水土保持功能项目的水土流失监测费用。

基本预备费按一至四部分合计的 3%计取。

已知：

本工程建设单位已与工程监理单位和勘测设计单位签订了合同，工程建设监理费为 6 000 元，勘测设计费为 9 000 元。

工程质量监督费根据工程所在省省级人民政府相关部门的规定，按一至三部分之和的 1%计列。

水土保持设施补偿费根据工程所在省省级人民政府相关部门的规定，征收标准为 1.0 元/m^2。

本工程不计工程科学研究试验费、价差预备费和建设期融资利息。

对于上述所有存在取值区间且取值不明确的费率，均取最大值。

二、问题

1. 编制人工撒播高羊茅草籽概算单价。
2. 计算本工程的植物措施费。
3. 计算本工程的施工临时工程费。
4. 计算本工程的独立费用。
5. 完成表 1-26，并在表后写出计算过程。

表 1-26　总概算

序号	工程或费用名称	金额/元
	第一部分　工程措施	
	第二部分　植物措施	
	第三部分　施工临时工程	
	第四部分　独立费用	
	一至四部分合计	
	基本预备费	
	静态总投资	
	价差预备费	
	建设期融资利息	
	工程总投资	
	水土保持设施补偿费	

问题 1 计算过程和计算结果保留两位小数,其余各问题的计算过程和计算结果均保留整数。

三、分析要点

水土保持工程分为开发建设项目水土保持工程和水土保持生态建设工程两大类,本案例涉及开发建设项目水土保持工程。开发建设项目水土保持工程是指一些开发建设项目在建设过程中因造成水土流失而采取的水土保持措施。

《中华人民共和国水土保持法》中规定开办生产建设项目或者从事其他生产建设活动造成水土流失的,应当进行治理。开发建设项目水土保持工程是开发建设项目的一部分,其主要目的是落实法律规定的水土流失防治义务,其防治目标专一,工程标准高,可与项目工程相互协调。

开发建设项目水土保持工程治理措施主要包括工程措施和植物措施两大类。工程措施指为减轻或避免因开发建设造成植被破坏和水土流失而兴建的永久性水土保持工程,包括拦渣工程、护坡工程、土地整治工程、防洪工程、机械固沙工程、泥石流防治工程、设备及安装工程。植物措施指为防治水土流失而采取的植物防护工程、植物恢复工程及绿化美化工程等。其中,工程措施与一般水利水电工程工程部分项目类似,本案例重点考查了植物措施。

2016 年,财政部、国家税务总局全面推开营业税改征增值税工作,水利工程也进行了营业税改征增值税计价依据调整。2019 年,财政部、国家税务总局深化增值税改革,进一步减税降负,根据《水利部办公厅关于调整水利工程计价依据增值税计算标准的通知》(水利部办财务函〔2019〕448 号),水利工程计价依据进一步调整,建筑安装工程增值税税率降至 9%,本案例考查了增值税计价体系下的单价编制。

开发建设项目水土保持工程造价构成与一般水利水电工程有所不同,本案例重点考查独立费用的编制和总体造价的构成。开发建设项目水土保持工程独立费用包括水土流失监测费和工程质量监督费等一般水利水电项目没有的项目。另外,水土保持设施补偿费属于独有项目,其属于行政性收费项目,由当地省一级政府负责收取。

四、答案

问题 1:

人工撒播高羊茅草籽概算单价=直接工程费+间接费+利润+材料补差+税金

直接工程费=直接费+其他直接费+现场经费

由题已知人工预算单价为 2.23 元/工时,高羊茅草籽除税价为 50 元/kg,高羊茅草籽播种量为 80 kg/hm^2。

人工费=定额劳动量×人工预算单价=15×2.23=33.45(元)

高羊茅草籽合价=定额材料用量×材料预算单价=80×50=4 000(元)

其他材料费=高羊茅草籽合价×3%=4 000×3%=120(元)

材料费=高羊茅草籽合价+其他材料费=4 000+120=4 120(元)

直接费=人工费+材料费+施工机械使用费=33.45+4 120+0=4 153.45(元)

计算结果见表 1-27。

表 1-27　人工撒播高羊茅草籽

工作内容:种子处理、人工撒播草籽、不覆土。　单位:hm^2

项目	单位	撒播不覆土	单价/元	合价/元
直接费				4 153.45
人工	工时	15.0	2.23	33.45
高羊茅草籽	kg	80	50	4 000
其他材料费	%	3	4 000	120
定额编号		08056		

其他直接费=直接费×其他直接费费率=4 153.45×1.5%=62.30(元)

现场经费=直接费×现场经费费率=4 153.45×4%=166.14(元)

直接工程费=直接费+其他直接费+现场经费

=4 153.45+62.30+166.14=4 381.89(元)

本工程开发建设项目水土保持工程中的植物措施,由题可知,间接费费率为 3.3%。

间接费=直接工程费×间接费费率=4 381.89×3.3%=144.60(元)

利润=(直接工程费+间接费)×利润率=(4 381.89+144.60)×5%=226.32(元)

当高羊茅草籽材料预算单价小于材料基价时,则材料补差为 0。

税金=(直接工程费+间接费+利润+材料补差)×增值税税率

=(4 381.89+144.60+226.32+0)×9%=427.75(元)

人工撒播高羊茅草籽概算单价=直接工程费+间接费+利润+材料补差+税金

=4 381.89+144.60+226.32+0+427.75

=5 180.56(元)

计算完毕,编制概算单价,如表 1-28 所示。

表 1-28　人工撒播高羊茅草籽

工作内容:种子处理、人工撒播草籽、不覆土。　　单位:hm^2

序号	项目	单位	数量	单价/元	合价/元
一	直接工程费				4 381.89
1	直接费				4 153.45
	人工	工时	15.0	2.23	33.45
	高羊茅草籽	kg	80	50	4 000
	其他材料费	%	3	4 000	120
2	其他直接费	%	1.5	4 153.45	62.30
3	现场经费	%	4	4 153.45	166.14
二	间接费	%	3.3	4 381.89	144.60
三	利润	%	5	4 526.49	226.32
四	材料补差				
五	税金	%	9	4 752.81	427.75
	单价				5 180.56
	定额编号		08056		

问题 2:

本工程采取的绿化措施是人工撒播草籽,草籽选用高羊茅,因此本工程的植物措施费为:

高羊茅撒播面积×高羊茅撒播单价=15×5 180.56=77 708(元)

问题 3:

本工程仅有植物保护措施,因此其他临时工程费率取下限。

施工临时工程费=其他临时工程=植物措施费×1%=77 708×1%=777(元)

问题 4:

本工程一至三部分之和=工程措施费+植物措施费+施工临时工程费

=0+77 708+777=78 485(元)

建设管理费=一至三部分之和×2%=78 485×2%=1 570(元)

工程建设监理费为 6 000 元。

工程科学研究试验费不计列。

勘测设计费为 9 000 元。

科研勘测设计费=工程科学研究试验费+勘测设计费=0+9 000=9 000(元)

水土流失监测费=一至三部分之和×1.5%=78 485×1.5%=1 177(元)

工程质量监督费=一至三部分之和×1%=78 485×1%=785(元)

独立费用=建设管理费+工程建设监理费+科研勘测设计费+水土流失监测费+工程质量监督费

=1 570+6 000+9 000+1 177+785=18 532(元)

问题 5:

一至四部分合计=一至三部分之和+第四部分独立费用=78 485+18 532=97 017(元)

基本预备费＝一至四部分合计×基本预备费费率＝97 017×3%＝2 911(元)
静态总投资＝一至四部分合计+基本预备费＝97 017+2 911＝99 928(元)
本工程不计价差预备费和建设期融资利息。
工程总投资＝静态总投资+价差预备费+建设期融资利息＝99 928+0+0＝99 928(元)
水土保持设施补偿费＝水土保持设施补偿面积×征收标准＝250 000×1.0＝250 000(元)
计算完毕,将上述结果填入表 1-29 中。

表 1-29　总概算

序号	工程或费用名称	金额/元
	第一部分　工程措施	0
	第二部分　植物措施	77 708
	第三部分　施工临时工程	777
	第四部分　独立费用	18 532
	一至四部分合计	97 017
	基本预备费	2 911
	静态总投资	99 928
	价差预备费	0
	建设期融资利息	0
	工程总投资	99 928
	水土保持设施补偿费	250 000

案例十　水文项目和水利信息化项目总投资及造价构成

一、背景

某省一水闸工程建设管理单位,为了提高管理现代化水平,拟对该水闸进行水利信息化升级改造。目前正开展初步设计,工程的主要内容包括各系统的硬件及软件升级,同时在自动化的基础上进行信息化、智慧化提升,并对中控室和机房进行重新设计及装修布置。

设计单位完成初步设计报告部分成果如下:
水文站 A 建筑装饰改建扩建工程建筑工程费为 21.62 万元;
水文站 B 建筑装饰改建扩建工程建筑工程费为 24.48 万元;
水文站 C 建筑装饰改建扩建工程建筑工程费为 27.85 万元;
水文站 D 建筑装饰改建扩建工程建筑工程费为 29.33 万元;
中心机房建筑装饰改建扩建工程建筑工程费为 53.79 万元;
闸门计算机监控系统安装工程费为 131.96 万元,设备购置费为 42.32 万元;
水雨情测报系统安装工程费为 16.21 万元,设备购置费为 142.86 万元;
视频监控系统安装工程费为 15.54 万元,设备购置费为 29.95 万元;

IT 基础构架升级工程安装工程费为 37.92 万元,设备购置费为 235.90 万元;
网络安全系统安装工程费为 53.85 万元,设备购置费为 82.97 万元;
管理信息化系统安装工程费为 3.23 万元,设备购置费为 138.25 万元;
施工临时工程投资为 28.81 万元,全部为建筑工程费。

已知:

(1)建设管理费。建设管理费以一至四部分建安工作量为计算基数,费率为 3.5%。

(2)工程建设监理费。本项目的工程建设监理费为 20.00 万元。

(3)生产准备费:

生产及管理单位提前进场费不计;
生产职工培训费:按一至四部分建安工作量的 0.35%计算;
管理用具购置费:按一至四部分建安工作量的 0.2%计算;
备品备件购置费:按设备购置费的 0.6%计算;
工器具及生产家具购置费:按设备购置费的 0.2%计算。

(4)科研勘测设计费:

工程科学研究试验费按一至四部分建安工作量的 0.3%计算;
本工程的勘测设计费为 30.00 万元。

(5)其他。工程保险费按一至四部分投资的 0.45%计算。

(6)基本预备费。基本预备费费率取 5%。

二、问题

1. 按照水利工程设计概算项目划分方法,根据上述二级项目的资料,完成表 1-30。

表 1-30　一至四部分投资总概算　　单位:万元

序号	工程或费用名称	建安工程费	设备购置费
	第一部分　建筑工程		
	⋮		
	第二部分　机电设备及安装工程		
	⋮		
	第三部分　金属结构设备及安装工程		
	⋮		
	第四部分　施工临时工程		

2. 根据上述资料,完成表 1-31。

表 1-31　独立费用概算　单位:万元

序号	工程或费用名称	金额
	第五部分　独立费用	
一	建设管理费	
二	工程建设监理费	
三	联合试运转费	
四	生产准备费	
五	科研勘测设计费	
六	其他	

3. 根据上述资料,完成表 1-32。

表 1-32　工程部分总概算　单位:万元

序号	工程或费用名称	建安工程费	设备购置费	独立费用
	第一部分　建筑工程			
	第二部分　机电设备及安装工程			
	第三部分　金属结构设备及安装工程			
	第四部分　施工临时工程			
	第五部分　独立费用			
	一至五部分投资合计			
	基本预备费			
	静态总投资			

计算过程和计算结果均保留两位小数。

三、分析要点

水利信息化利用现代化信息技术,深入开发和利用水利信息资源,实现水利信息的采集、输送、存储、处理和服务,能够全面提升水利事业的活动效率和效能。水利部党组把智慧水利作为水利现代化的切入点和突破口,已启动智慧水利总体方案编制,水利信息化项目将越来越普遍。

本案例重点考查水利信息化项目的造价构成、项目划分、费用划分、独立费用及静态总投资的计算。项目划分中考查了常规概念,费用划分则重点考查了建筑工程费、安装工程费和设备购置费之间的区别。

水利信息化项目包括通信系统、计算机监控系统、工业电视系统、管理自动化系统、水文与泥沙监测系统、水情自动测报系统、安全监测系统等,以各类电子设备及相应的软件应用为主,外加相应的土建机房等设施。其费用不同于一般的水利水电项目,以设备购置费为主。设备购置费由于市场价格差异大,价格较难确定,涉及的相应安装工程费,多数无定额标准,概估算文件的编制工作与一般水利水电项目有所差异。

四、答案

问题 1:

由题可知,本工程包括二级项目水文站 A 建筑装饰改建扩建工程、水文站 B 建筑装饰改建扩建工程、水文站 C 建筑装饰改建扩建工程、水文站 D 建筑装饰改建扩建工程、中心机房建筑装饰改建扩建工程、闸门计算机监控系统、水雨情测报系统、视频监控系统、IT 基础构架升级工程、网络安全系统、管理信息化系统。

根据《水利工程设计概(估)算编制规定中》(工程部分)关于项目组成的规定,属于第一部分　建筑工程的有水文站 A 建筑装饰改建扩建工程、水文站 B 建筑装饰改建扩建工程、水文站 C 建筑装饰改建扩建工程、水文站 D 建筑装饰改建扩建工程、中心机房建筑装饰改建扩建工程,剩余项目属于第二部分　机电设备及安装工程,本工程无金属结构设备及安装工程项目。

据此进行项目划分,并对相应的一级项目进行求和计算,计算过程略。完成见表 1-33。

表 1-33　一至四部分投资总概算　　单位:万元

序号	工程或费用名称	建安工程费	设备购置费
	第一部分　建筑工程	157.07	
1	水文站 A 建筑装饰改建扩建工程	21.62	
2	水文站 B 建筑装饰改建扩建工程	24.48	
3	水文站 C 建筑装饰改建扩建工程	27.85	
4	水文站 D 建筑装饰改建扩建工程	29.33	
5	中心机房建筑装饰改建扩建工程	53.79	
	第二部分　机电设备及安装工程	258.71	672.25
1	闸门计算机监控系统	131.96	42.32
2	水雨情测报系统	16.21	142.86
3	视频监控系统	15.54	29.95
4	IT 基础构架升级工程	37.92	235.90
5	网络安全系统	53.85	82.97
6	管理信息化系统	3.23	138.25
	第三部分　金属结构设备及安装工程		
	第四部分　施工临时工程	28.81	

问题 2:

一至四部分建安工作量=建筑工程建安工作量+机电设备及安装工程建安工作量+金属结构设备及安装工程建安工作量+施工临时工程建安工作量

=157.07+258.71+0+28.81=444.59(万元)

一至四部分设备购置费=672.25万元

一至四部分投资=一至四部分建安工作量+一至四部分设备购置费

=444.59+672.25=1116.84(万元)

(1)建设管理费。

建设管理费=一至四部分建安工作量×3.5%=444.59×3.5%=15.56(万元)

(2)工程建设监理费。

由题可知,工程建设监理费为20.00万元。

(3)联合试运转费。

本工程无联合试运转费。

(4)生产准备费。

由题可知,生产及管理单位提前进厂费不计。

生产职工培训费=一至四部分建安工作量×0.35%=444.59×0.35%=1.56(万元)

管理用具购置费=一至四部分建安工作量×0.2%=444.59×0.2%=0.89(万元)

备品备件购置费=设备购置费×0.6%=672.25×0.6%=4.03(万元)

工器具及生产家具购置费=设备购置费×0.2%=672.25×0.2%=1.34(万元)

生产准备费=生产及管理单位提前进厂费+生产职工培训费+管理用具购置费+备品备件购置费+工器具及生产家具购置费

=0+1.56+0.89+4.03+1.34=7.82(万元)

(5)科研勘测设计费。

工程科学研究试验费=一至四部分建安工作量×0.3%=444.59×0.3%=1.33(万元)

由题可知,勘测设计费为30.00万元。

科研勘测设计费=工程科学研究试验费+勘测设计费=1.33+30.00=31.33(万元)

(6)其他。

工程保险费=一至四部分投资×0.45%=1116.84×0.45%=5.03(万元)

第五部分独立费用=建设管理费+工程建设监理费+联合试运转费+生产准备费+科研勘测设计费+其他

=15.56+20.00+0+7.82+31.33+5.03=79.74(万元)

计算完毕,将上述结果填入表1-34中。

表1-34　独立费用概算　　单位:万元

序号	工程或费用名称	金额
	第五部分　独立费用	79.74
一	建设管理费	15.56
二	工程建设监理费	20.00
三	联合试运转费	0
四	生产准备费	7.82
五	科研勘测设计费	31.33
六	其他	5.03

问题 3:

一至五部分各项投资由问题 2 可知,根据表中费用类型分别填入相应的单元格中,再进行合计计算,计算过程略。

一至五部分投资合计=一至四部分投资+第五部分投资

=1 116.84+79.74=1 196.58(万元)

基本预备费=一至五部分投资合计×基本预备费费率=1 196.58×5%=59.83(万元)

静态总投资=一至五部分投资合计+基本预备费=1 196.58+59.83=1 256.41(万元)

计算完毕,将上述结果填入表 1-35 中。

表 1-35　工程部分总概算　　单位:万元

序号	工程或费用名称	建安工程费	设备购置费	独立费用	合计
	第一部分　建筑工程	157.07			157.07
	第二部分　机电设备及安装工程	258.71	672.25		930.96
	第三部分　金属结构设备及安装工程				
	第四部分　施工临时工程	28.81			28.81
	第五部分　独立费用			79.74	79.74
	一至五部分投资合计	444.59	672.25	79.74	1 196.58
	基本预备费				59.83
	静态总投资				1 256.41

第二章　工程经济

【考试大纲】

1. 资金的时间价值理论。
2. 水利建设项目经济评价。
3. 不确定性分析与风险分析。
4. 水利工程设计、施工方案比选与优化。

案例一　资金的时间价值理论(一)

一、背景

某大型水闸工程的建筑工程投资为 11 000 万元,分年度完成工作量情况见表 2-1。

表 2-1　某水闸工程建筑工程分年度完成工作量　单位:万元

项目名称	合计	建设工期			
		第 1 年	第 2 年	第 3 年	第 4 年
建筑工程	11 000	1 200	2 400	4 800	2 600

(1)工程预付款为全部建筑投资的 10%,并安排在前两年等额支付。在第 2 年起按当年完成工作量的 20%回扣预付款,直至扣完。

(2)保留金最高为建筑工程投资的 3%计算,每年扣留当年完成建筑工作量的 5%,直至扣完。最后一年偿还全部保留金。

(3)基本预备费费率取 10%。

二、问题

1. 计算建筑工程资金流量,填入表 2-2 中。

表 2-2　资金流量计算　单位:万元

项目名称	合计	建设工期			
		第 1 年	第 2 年	第 3 年	第 4 年
1　建筑工程					
1.1　分年完成工作量					
1.2　工程预付款					
1.3　扣回工程预付款					
1.4　保留金					
1.5　偿还保留金					
基本预备费					
静态总投资					

2. 计算建筑工程静态投资。

3. 本建设项目中每年的贷款额度见表 2-3,贷款利率为 6%,按月计息,建设期只计息不还款,计算各年利息。

表 2-3　分年度贷款额度　　单位:万元

项目名称	合计	建设工期			
		第 1 年	第 2 年	第 3 年	第 4 年
建筑工程	5 120	720	960	2 400	1 040

计算结果保留两位小数。

三、分析要点

此类型案例属于常见题型,主要考查水利工程项目建设期的资金流量过程,此处较为简单,仅仅讨论建筑工程部分;较为复杂的案例在本书后面章节会涉及。

对于工期长、投资大的工程,资金的时间价值的考虑是不可或缺的,在经济评价中,考虑资金的时间价值的动态分析已成为重要内容。要正确评价技术方案的经济效果,就必须研究资金的时间价值。

知识点 1:掌握时间价值概念及其影响因素;资金在扩大再生产和流通过程中,资金随着时间周转使用的结果。资金随时间的推移而增值,其增值的这部分资金就是原有资金的时间价值(利息是时间价值的一种)。

计算资金的时间价值,对资金流量的正确分析非常重要,包括资金量大小、资金流入还是资金流出、发生的时间点及利率大小。

知识点 2:静态总投资与动态总投资的差别。动态投资是指完成一个建设项目预计所需投资的总和,包括静态投资、价差预备费以及预计所需的利息支出。静态投资是动态投资最主要的组成部分和计算基础。

知识点 3:建设期利息的计算。建设期利息是按贷款是否当年投放分别 YF 息的。①当年借款在年中使用,不分月考虑,即当年贷款按半年计息。②上年结转下来的贷款则按全额计息。将建设期分别计算出的各年贷款利息累加,就是建设期贷款的全部利息支出。

知识点 4:单利及复利的计算。利息是使用资金的机会成本。

计息方式:

单利(利不生利)

$$F = P(1 + ni) \tag{2-1}$$

复利(利生利)

$$F = P(1 + i)^n \tag{2-2}$$

式中:F 为本息和;P 为本金;n 为年数;i 为利率。

工程经济分析中一般采用复利计算。

知识点 5:名义利率和有效利率的概念。在复利计算中,利率周期通常以年为单位,它可以与计息周期相同,也可以不同。当利率周期与计息周期不一致时,就出现了名义利率和实际利率的概念。

名义利率 r 是指计息周期利率 i 乘以一年内的计息周期数 m 所得的年利率。

$$r = i \times m \tag{2-3}$$

有效利率是指资金在计息中所发生的实际利率，包括计息周期有效利率和年有效利率两种情况。

计息周期有效利率，即计息周期利率 i：

$$i = r/m \tag{2-4}$$

若用计息周期利率来计算年有效利率，并将年内的利息再生因素考虑进去，这时所得的年利率称为年有效利率（又称年实际利率）。

$$i = (1 + r/m)^m - 1 \tag{2-5}$$

年有效利率和名义利率的关系实质上与复利和单利的关系一样。

四、答案

问题 1：

建筑工程资金流量按以下分项进行计算。

工程预付款：

预付款总额：　　11 000×10% = 1 100（万元）

第 1 年：　　1 100×50% = 550（万元）

第 2 年：　　1 100×50% = 550（万元）

扣回工程预付款：

第 2 年：　　2 400×20% = 480（万元）

第 3 年：　　4 800×20% = 960（万元）

因加上第 3 年预计回扣额超过了工程预付款需扣回余额，故

第 3 年扣回额：　　1 100−480 = 620（万元）

保留金：

保留金总额：　　11 000×3% = 330（万元）

第 1 年：　　1 200×5% = 60（万元）

第 2 年：　　2 400×5% = 120（万元）

第 3 年：　　4 800×5% = 240（万元）

因加上第 3 年保留金预留额超过了工程保留金尚需计提的余额，故

第 3 年：　　330−60−120 = 150（万元）

偿还保留金：

保留金合计 330 万元在最后 1 年偿还，计入第 4 年。

将结果填入表 2-4 中。

问题 2：

基本预备费，按分年度投资额（完成工作量）的 10%计算：

基本预备费：　　11 000×10% = 1 100（万元）

第 1 年：　　1 200×10% = 120（万元）

第 2 年：　　2 400×10% = 240（万元）

第 3 年：　　4 800×10% = 480（万元）

第 4 年：　2 600×10% = 260(万元)

静态投资：

静态投资合计：　11 000+1 100 = 12 100(万元)

第 1 年：　1 690+120 = 1 810(万元)

第 2 年：　2 350+240 = 2 590(万元)

第 3 年：　4 030+480 = 4 510(万元)

第 4 年：　2 930+260 = 3 190(万元)

将计算结果填入表 2-4 中。

表 2-4　资金流量计算结果　单位：万元

项目名称	合计	建设工期			
		第 1 年	第 2 年	第 3 年	第 4 年
1　建筑工程	11 000	1 690	2 350	4 030	2 930
1.1　分年完成工作量	11 000	1 200	2 400	4 800	2 600
1.2　工程预付款	1 100	550	550		
1.3　扣回工程预付款	-1 100		-480	-620	
1.4　保留金	-330	-60	-120	-150	
1.5　偿还保留金	330				330
2　基本预备费	1 100	120	240	480	260
3　静态投资	12 100	1 810	2 590	4 510	3 190

问题 3：

建设期贷款分年度额度已列表给出，因计息周期为月，因此需要将名义年利率换算成实际年利率：

$$\left(1+\frac{6\%}{12}\right)^{12}-1=6.17\%$$

故建设期各年利息：

第 1 年：　$\frac{1}{2}\times720\times6.17\%=22.21$(万元)

第 2 年：　$\left(\frac{1}{2}\times960+720+22.21\right)\times6.17\%=75.41$(万元)

第 3 年：　$\left(\frac{1}{2}\times2\ 400+720+22.21+960+75.41\right)\times6.17\%=183.72$(万元)

第 4 年：　$\left(\frac{1}{2}\times1\ 040+2\ 400+183.72+720+22.21+960+75.41\right)\times6.17\%$

$=301.18$(万元)

建设期利息：　22.21+75.41+183.72+301.18 = 582.52(万元)

案例二　资金的时间价值理论(二)

一、背景

拟建经营性水利工程项目建设投资 3 000 万元,建设期 2 年,根据合同约定,生产运营期取 8 年。其他有关资料和基础数据如下:

建设投资预计全部形成固定资产,固定资产使用年限为 8 年,残值率为 5%,采用直线法折旧。

建设投资来源于资本金和贷款。其中贷款本金为 1 800 万元,贷款年利率为 6%,按年计息。贷款在两年内均衡投入。

在生产运营期前 4 年按照等额还本付息的方式偿还贷款。

生产运营期第 1 年由资本金投入 300 万元,作为生产运营期间的流动资金。

项目生产运营期正常营业收入 1 500 万元,经营成本 680 万元。生产运营期第 1 年营业收入和经营成本均为正常年份的 80%,第 2 年起各年营业收入和经营成本均达到正常年份水平。

项目所得税税率取 25%,税金及附加税率取 6%(假设情况)。

二、问题

1. 列式计算项目的年折旧额。

2. 列式计算项目生产运营期第 1 年、第 2 年应偿还的本息额。

3. 列式计算项目生产运营期第 1 年、第 2 年总成本费用。

4. 判断项目生产运营期第 1 年末项目还款资金能否满足约定的还款方式要求,并通过列式计算说明理由。

5. 列式计算项目正常年份的总投资收益率。

计算结果均保留两位小数。

三、分析要点

本案例主要考查经济分析中的经济要素的部分概念性问题和知识点。

知识点 1:建设期贷款利息的计算,案例一分析要点已经概述。

知识点 2:考查固定资产的形成和固定资产折旧。固定资产原值包括建设期利息,常用的固定资产的折旧方法有 4 种,即年限平均法(直线法折旧)、工作量法、年数总和法、双倍余额递减法。其中,年限平均法最为简单和常用。

知识点 3:等额还本付息方式本息额的计算。还本付息方式有等额本息、等额本金、一次还本付息三种,其中等额本息即先计算出从资金借贷之日起至还款到期日本金和总利息之和,然后把总和等分算出每期应还的本息额。

多用到资金等值计算公式中的等额分付资金回收公式,现金流量图如图 2-1 所示。

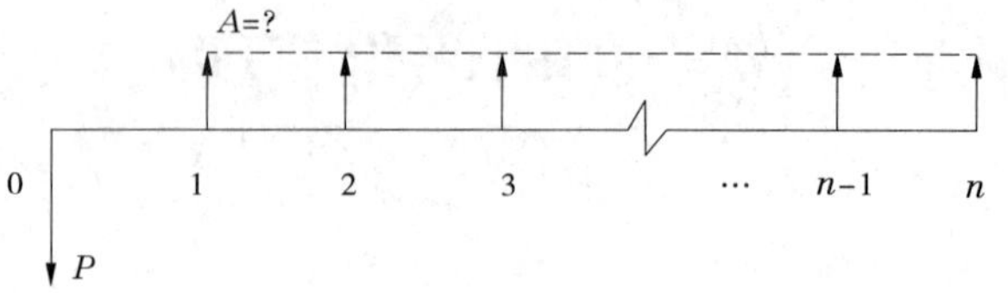

图 2-1　现金流量图

$$A = P\frac{i(1+i)^n}{(1+i)^n - 1} \tag{2-6}$$

式中：$\frac{i(1+i)^n}{(1+i)^n - 1}$ 为资金回收系数，用$(A/P,i,n)$表示。

在计算时需要特别注意资金发生的时间点问题。

知识点 4：考查总成本费用的概念和构成。总成本费用=经营成本+折旧费+摊销费+利息支出。本案例没有涉及摊销费的计算。

知识点 5：考查总投资收益率的计算。投资收益率是衡量技术方案获利水平的评价指标。总投资收益率又称投资报酬率(return on investment, ROI)，是指达产期正常年份的年息税前利润或运营期年平均息税前利润占项目总投资的百分比。

$$\text{ROI} = \text{EBIT/TI} \times 100\% \tag{2-7}$$

式中：EBIT 为年息税前利润或经营期内年平均息税前利润；TI 为技术方案总投资(包括建设投资、建设期利息、全部流动资金)。

四、答案

问题 1：

项目借款金额为 1 800 万元。

首先计算建设期的利息：

第 1 年：$\frac{1}{2}\times 900\times 6\% = 27$(万元)

第 2 年：$\left(\frac{1}{2}\times 900+900+27\right)\times 6\% = 82.62$(万元)

建设期利息总额：　27+82.62=109.62(万元)

固定资产投资总额：　3 000+109.62=3 109.62(万元)

直线法折旧计算折旧额：

$$\frac{3\ 109.62-3\ 109.62\times 5\%}{8} = 369.27\text{(万元)}$$

项目的年折旧额为 369.27 万元。

问题 2：

生产运营期第 1 年：

期初贷款的总额：　1 800+27+82.62=1 909.62(万元)

因运营期前 4 年进行等额偿还，故第 1、2 年应偿还的本息额：

$$P(A/P,i,n)=1\ 909.62\times(A/P,6\%,4)=1\ 909.62\times\frac{6\%\times(1+6\%)^4}{(1+6\%)^4-1}$$

$$=1\ 909.62\times0.288\ 6=551.12(\text{万元})$$

问题 3：

生产运营期第 1 年：

利息： 1 909.62×6%＝114.58(万元)

偿还本金： 551.12－114.58＝436.54(万元)

生产运营期第 2 年：

期初应偿还本利和： 1 909.62－436.54＝1 473.08(万元)

利息： 1 473.08×6%＝88.38(万元)

偿还本金： 551.12－88.38＝462.74(万元)

生产运营期第 1 年，经营成本为正常年份的 80%：

680×80%＝544(万元)

总成本费用： 544+114.58+369.27＝1 027.85(万元)

生产运营期第 2 年，经营成本为 680 万元。

总成本费用： 680+88.38+369.27＝1 137.65(万元)

问题 4：

项目第 1 年运营期的利润总额：

1 500×80%×(1－6%)－1 027.85＝100.15(万元)

所得税： 100.15×25%＝25.04(万元)

净利润： 100.15－25.04＝75.11(万元)

项目生产运营期第 1 年末项目还款资金总额：

75.11+369.27＝444.38(万元)

可用于偿还本金的金额大于运营期第 1 年需要偿还本金的金额 436.54 万元，故项目生产运营期第 1 年末项目还款资金能满足约定的还款方式要求。

问题 5：

项目正常年份的总投资收益率：

$$ROT=\frac{EBIT}{TI}\times100\%=\frac{1\ 500-(680+1\ 500\times6\%+369.27)}{3\ 000+109.62+300}\times100\%=10.58\%$$

案例三 水利建设项目经济评价(一)

一、背景

某经营性水利工程项目建设期为 2 年，第 1 年投资 1 000 万元，第 2 年投资 1 500 万元。第 3 年开始生产，生产能力为设计能力的 90%，第 4 年开始达到设计生产能力。正常年份每年销售收入 2 000 万元，经营成本为 1 200 万元(可变成本)，销售税金等支出为销售收入的 10%，基础贴现率为 8%。假设建设期投资发生在年初，生产期现金流发生在年末。

二、问题

计算该项目的动态投资回收期。

三、分析要点

能够确定正确的现金流量是进行经济评价的基础。本案例给出的项目投资现金流量表已经非常简化。

知识点 1：动态投资回收期的计算。投资回收期是考察项目投资回收能力的综合性指标，概念应清楚明确，不仅能反映项目的经济性，还能反映项目风险的大小。投资回收期分为静态投资回收期和动态投资回收期。

动态投资回收期 P_t' 计算公式：

$$P_t' = (\text{累计净现金流量现值出现正值的年数} - 1) + \frac{\text{上一年累计净现金流量现值的绝对值}}{\text{出现正值年份净现金流量的现值}} \tag{2-8}$$

$P_t' \leqslant P_c$(基准投资回收期)时，说明项目(或方案)能在要求的时间内收回投资，是可行的；

$P_t' > P_c$ 时，则项目(或方案)不可行，应予拒绝。

四、答案

正常年份每年的现金流入 = 销售收入 − 经营成本 − 销售税金

= 2 000 − 1 200 − 2 000×10% = 600(万元)

第 3 年的现金流入 = 600×90% = 540(万元)

计算得出累计净现金流量见表 2-5。

表 2-5　累计净现金流量　　单位：万元

年份	0	1	2	3	4	5	6	7	8	9
现金流入	0	0		540	600	600	600	600	600	600
现金流出	1 000	1 500	0	0	0	0	0	0	0	0
净现金流量	−1 000	−1 500	0	540	600	600	600	600	600	600
现值系数	1	0. 925 9	0. 857 3	0. 793 8	0. 735 0	0. 680 6	0. 630 2	0. 583 5	0. 540 3	0. 500 2
净现金流量现值	−1 000	−1 388. 85	0	428. 65	441. 00	408. 36	378. 12	350. 10	324. 18	300. 12
累计净现金流量现值	−1 000	−2 388. 85	−2 388. 85	−1 960. 2	−1 519. 2	−1 110. 84	−735. 72	−382. 62	−58. 44	241. 68

由表 2-5 可见，首次出现正值的年份为第 9 年，代入公式有：

$$P_t' = 9 - 1 + 58.44/300.12 = 8.19(\text{年})$$

案例四　水利工程建设项目经济评价

一、背景

某水库位于某县东北部,以防洪为主要任务,水库主体主要由大坝、放水泄洪兼导流隧洞、溢流坝等建筑物组成。该工程建设期为5年,于2022年建成。水库各年的投资、年运行费及年效益列于表2-6中。其中,假设投资、年运行费及年效益均发生在年末,经济寿命取50年。水库下游地区防洪效益年增长率$j=3\%$,社会折现率取12%。

表2-6　某水库防洪效益及费用现值计算(以2018年初为计算基础)　　单位:万元

年份	2018	2019	2020	2021	2022	2023	2024	…	2072
投资	2 100	4 200	4 800	6 000	5 000			…	
年运行费						410	410	…	410
年效益						$1\ 900\times1.03$	$1\ 900\times1.03^2$	…	$1\ 900\times1.03^{50}$

二、问题

1. 计算该工程项目的投资现值、投资年值、年费用和年效益。计算结果保留一位小数。

2. 计算经济净现值ENPV、经济效益费用比EBCR评价指标的值,给出国民经济分析的结论。

三、分析要点

水利工程项目的国民经济评价较为复杂,难点在于效益与费用的识别。不同类型的水利工程经济效益的计算有不同的方法,本案例对效益及费用计算已经进行了简化。

知识点1:基准点的问题。根据《水利建设项目经济评价规范》(SL 72—2013)的规定,资金的时间价值计算的基准点应定在建设期的第1年初。投入物和产出物除当年借款利息外,均按年末发生和结算。

知识点2:将现值折算成年值的问题。关键是如何正确套用年金公式进行等值计算。

知识点3:国民经济评价指标的计算。水利建设项目国民经济评价的费用效益分析,可根据经济内部收益率、经济净现值及经济效益费用比等评价指标和评价准则进行。经济内部收益率(EIRR)应以项目计算期内各年净效益现值累计等于0时的折现率表示,按式(2-9)计算:

$$\sum_{t=1}^{n}(B-C)_t(1+\mathrm{EIRR})^{-t}=0 \tag{2-9}$$

式中:EIRR为经济内部收益率;B为年效益;C为年费用;n为计算期,年;t为计算期各年的序号,基准年的序号为1。

项目的经济合理性应按经济内部收益率与社会折现率的对比分析确定,当经济内部收益率大于或等于社会折现率时,该项目在经济上是合理的。

经济净现值(ENPV)应用社会折现率将项目计算期内各年的净效益折算到计算期初的现值之和表示,按式(2-10)计算:

$$\mathrm{ENPV} = \sum_{t=1}^{n}(B-C)_t(1+i_s)^{-t} \tag{2-10}$$

式中:i_s 为社会折现率。

项目的经济合理性应根据经济净现值的大小确定。当经济净现值大于或等于 0 时,该项目在经济上是合理的。

经济效益费用比(EBCR)应以项目计算期内效益现值与费用现值之比表示,按式(2-11)计算:

$$\mathrm{EBCR} = \frac{\sum_{t=1}^{n} B_t(1+i_s)^{-t}}{\sum_{t=1}^{n} C_t(1+i_s)^{-t}} \tag{2-11}$$

式中:B_t 为第 t 年的效益;C_t 为第 t 年的费用。

项目的经济合理性应根据经济效益费用比的大小确定。当经济效益费用比大于或等于 1.0 时,该项目在经济上是合理的。

知识点 4:该水利工程项目的防洪效益属于每年增长一个百分比的情况,属于等比系列,可以用等比系列的现值公式进行计算。

四、答案

问题 1:

投资现值:

$$K = 2\,100\times1.12^{-1} + 4\,200\times1.12^{-2} + 4\,800\times1.12^{-3} + 6\,000\times1.12^{-4} + 5\,000\times1.12^{-5} = 15\,290.0(\text{万元})$$

投资年值:

$$k = K\times(A/P,i,n) = 15\,290.0\times(A/P,12\%,55) = 15\,290.0\times0.120\,24 = 1\,838.4(\text{万元})$$

年运行费的现值:

$$U = 410\times(P/A,i,n)\times(P/F,i,n_1) = 410\times(P/A,12\%,50)\times(P/F,12\%,5) = 410\times8.304\,5\times0.567\,4 = 1\,931.9(\text{万元})$$

年运行费的年值:

$$u' = U\times(A/P,12\%,55) = 1\,931.9\times0.120\,24 = 232.3(\text{万元})$$

防洪效益现值:

$$B = \left[\sum_{221}^{50}(1\,900\times1.03^{i}\times1.12^{-i})\right]\times(P/F,12\%,5) = (1\,900\times1.03\times1.12^{-1} + 1\,900\times1.03^{2}\times1.12^{-2} + \cdots + 1\,900\times1.03^{50}\times1.12^{-50})\times(P/F,12\%,5)$$

$$= 1\,900\times1.03\times\frac{1.12^{50}-1.03^{50}}{(1.12-1.03)\times1.12^{50}}\times(P/F,12\%,5)$$

$$= 1\,900\times1.03\times10.942\,6\times0.567\,4 = 12\,150.7(\text{万元})$$

防洪效益年值：

$$A_b = B \times (A/P,12\%,55) = 12\ 150.7 \times 0.120\ 24 = 1\ 461.0(\text{万元})$$

问题 2：

效益现值：

$$B=12\ 150.7\ \text{万元}$$

费用现值：

$$C=15\ 290.0+1\ 931.9=17\ 221.9(\text{万元})$$

经济净现值：

$$\text{ENPV}=B-C=12\ 150.7-17\ 221.9=-5\ 071.2(\text{万元})$$

经济效益费用比：

$$\text{EBCR}=B/C=12\ 150.7/17\ 221.9=0.705\ 5$$

根据经济净现值小于 0，效益费用比小于 1，故该项目国民经济评价结果为经济上不合理。

案例五　不确定性分析——盈亏平衡分析

一、背景

某小型水电站装机容量为 2 万 kW，全年处在基荷运行。若上网售价为 0.35 元/kW·h，单位可变成本为 0.14 元/kW·h，销售税金及附加按 0.06 元/kW·h 计，年固定成本为 1 800 万元，总变动成本与发电量成正比关系。

二、问题

1. 求出以年发电量表示的盈亏平衡点。
2. 求出以生产能力利用率表示的盈亏平衡点。一年按 365 d，每天按 24 h 发电计算。计算结果保留一位小数。

三、分析要点

经济评价中所采用的数据大多数属于测算和估算，因此带有不确定性。项目在实际运行中由于多种因素的作用，会产生与原来预期不一致的情况。分析这些不确定因素对经济指标的影响，考察经济评价结果的可靠程度，称为不确定性分析。

不确定性分析包括盈亏平衡分析、敏感性分析和风险分析（概率分析）。

知识点 1：盈亏平衡分析法又称量本利分析法，适用于财务评价阶段，是通过盈亏平衡点（BEP）分析项目成本与收益的平衡关系的一种方法。各种不确定因素（如投资、成本、销售量、产品价格、项目寿命期等）的变化会影响投资方案的经济效果，当这些因素的变化达到某一临界值时，就会影响方案的取舍。盈亏平衡分析的目的就是找出这种临界值，即盈亏平衡点（BEP），判断投资方案对不确定因素变化的承受能力，为决策提供依据。

知识点 2：盈亏平衡点（BEP）可以用产品产量、产品销售价格、生产能力利用率、单位产品变动成本等表示。

四、答案

问题 1：

年发电量盈亏平衡点Q^*：

(售价 - 税金) × 平衡产量 = 固定成本 + 单位可变成本 × 平衡产量

$$(P - T_u) \times Q^* = C_F + C_v \times Q^*$$

$$Q^* = \frac{C_F}{P - T_u - C_v} = \frac{1\ 800}{0.35 - 0.06 - 0.14} = 12\ 000(\text{万 kW} \cdot \text{h})$$

问题 2：

生产能力利用率盈亏平衡点E^*：

$$E^* = \frac{Q^*}{Q_0} = \frac{12\ 000}{2 \times 365 \times 24} = 68.5\%$$

案例六　不确定性分析——敏感性分析

一、背景

某水电站装机容量为 21 000 kW，工程投资 1.71 亿元，建设期 3 年，运行期 24 年。财务基准收益率采用 8%，财务评价结果及敏感性分析结果见表 2-7。

表 2-7　财务评价敏感性分析

序号	项目	财务内部收益率/%	财务净现值/万元	贷款偿还期/年
1	基本方案	9.49	1 972.0	12.0
2	投资变化			
2.1	+20%	7.38	-956.6	16.0
2.2	+10%	8.35	500.1	14.0
3	有效电量变化			
3.1	+10%	10.77	3 738.5	11.0
3.2	-20%	6.78	-1 537.8	16.0

二、问题

1. 计算不确定性因素的敏感度系数，给出最敏感因素。
2. 根据敏感性分析结果，进一步评价该项目财务上是否可行。

三、分析要点

敏感性分析是投资项目的经济评估中常用的分析不确定性的方法之一。从多个不确定性因素中逐一找出对投资项目经济效益指标有重要影响的敏感性因素，并分析、测算其对项目经济效益指标的影响程度和敏感性程度，进而判断项目承受风险的能力。

$$SAF = \frac{\Delta A/A}{\Delta F/F} \tag{2-12}$$

式中：$\Delta A/A$ 为评价指标的变动比率；$\Delta F/F$ 为不确定性因素的变化率，如建设投资、工期等。

SAF>0 表示评价指标与不确定性因素同方向变化；SAF<0 表示评价指标与不确定性因素反方向变化。|SAF|越大，表明评价指标 A 对于不确定性因素 F 越敏感；反之，则不敏感。

四、答案

问题 1：

敏感度系数：

$$SAF_{投资} = \frac{(7.38-9.49)/9.49}{20\%} = -1.1117$$

$$SAF_{电量} = \frac{(6.78-9.49)/9.49}{-20\%} = 1.4278$$

根据 SAF 的绝对值比较，有效电量是最敏感因素。

问题 2：

根据敏感性分析结果，水电站投资增加 20%时，将使财务内部收益率减少到 7.38%，财务净现值为-956.6 万元，项目财务评价不可行；有效电量减少 20%时，将使财务内部收益率减少到 6.78%，财务净现值为-1 537.8 万元，项目财务评价不可行。

综上敏感性分析，需要对水电站投资、有效电量进行深入论证。

案例七　风险分析

一、背景

某径流式水电站的年发电量与当年来水量的大小密切相关，而天然来水量逐年发生随机变化，通过水能计算并且考虑类似电站的运行情况和上网电价的预测分析，得到年发电效益及相应的概率如表 2-8 所示。该电站投资为 7 600 万元，当年投资当年收益，假设投资发生在年初，运行费与效益发生在年末。水电站的年运行费用为 100 万元，工程预计使用年限为 20 年，社会折现率取 12%。

表 2-8　水电站发电效益概率分析

年发电效益/万元	800	1 100	1 210	1 320	1 500
发生概率	0.1	0.25	0.30	0.25	0.10

二、问题

1. 对该工程进行概率分析，计算净现值的期望值和净现值大于或等于 0 的累计概率。计算结果保留一位小数。

2. 计算净现值的方差，并且给出抗风险能力的分析结论。计算结果保留一位小数。

三、分析要点

概率分析是使用概率预测分析不确定性因素和风险因素对项目经济效果的影响的一种定量分析方法。其实质是研究和计算各种影响因素的变化范围,以及在此范围内出现的概率和期望值。

概率分析常用于对大中型重要项目的评估和决策之中。通过计算项目目标值(如净现值)的期望值及方差来测定项目风险大小,为投资者决策提供依据。

四、答案

问题 1:

首先计算不同概率下的 NPV 值,计算结果如表 2-9 所示。

$$\mathrm{NPV}_i = (B_i - 100)(P/A,i,n) - 7\,600$$

表 2-9 不同概率下的 NPV 值

年发电效益	800	1 100	1 210	1 320	1 500
净现值 NPV	-2 372.22	-131.74	689.77	1 511.28	2 855.56
发生概率	0.1	0.25	0.30	0.25	0.10
累计概率	0.10	0.35	0.65	0.90	1.00

$$E(\mathrm{NPV}) = (-2\,372.22)\times 0.1 + (-131.74)\times 0.25 + 689.77\times 0.3 + 1\,511.28\times 0.25 + 2\,855.56\times 0.1 = 600.2(\text{万元})$$

或者

$$E(\mathrm{NPV}) = E(B-K-U) = E(B) - E(K) - E(U)$$

$$E(B) = (800\times 0.10 + 1\,100\times 0.25 + 1\,210\times 0.30 + 1\,320\times 0.25 + 1\,500\times 0.1)\times (P/A,12\%,20) = 1\,198\times 7.468\,3 = 8\,947.02(\text{万元})$$

$$E(\mathrm{NPV}) = (1\,198 - 100)(P/A,12\%,20) - 7\,600 = 1\,098\times 7.468\,3 - 7\,600 = 600.2(\text{万元})$$

计算净现值大于或等于 0 的累计概率为

$$P\{\mathrm{NPV} < 0\} = 0.10 + 0.25 = 35\%$$

$$P\{\mathrm{NPV} \geqslant 0\} = 1 - P\{\mathrm{NPV} < 0\} = 1 - 35\% = 65\%$$

该项目净现值大于或等于 0 的累计概率为 65%,抗风险能力不强。

问题 2:

计算方差:

$$D(\mathrm{NPV}) = (-2\,372.22-600.2)^2\times 0.1+(-131.74-600.2)^2\times 0.25+(689.77-600.2)^2\times 0.3+(1\,511.28-600.2)^2\times 0.25+(2\,855.56-600.2)^2\times 0.1 = 1\,736\,050.51$$

$$\sigma(\mathrm{NPV}) = \sqrt{D(\mathrm{NPV})} = 1\,317.59(\text{万元})$$

案例八　水利建设项目经济评价(二)

一、背景

某生产加工工厂现由于生产工艺的改变,年需水量增加 1 200 万 m^3。水价根据市场预测为 0.34 元/m^3,现根据资料分析有三个替代方案可供选择:①项目附近修建水库工程进行引水;②跨流域进行调水;③修建一个污水回收处理系统,进行水资源再利用。各个方案建设期均为 1 年,建设期期初一次性投资。各方案的投资和年运行费数据如表 2-10 所示。假设基准投资回收期为 10 年,行业基准收益率为 8%,项目运行期为 15 年。

表 2-10　替代方案投资及年运行费　　单位:万元

方案	投资	年运行费
修建水库工程	1 900	180
修建调水工程	3 200	150
修建污水回收处理系统	1 400	190

二、问题

1. 采用静态投资回收期选择最优方案。

2. 绘制最优方案的现金流量图,并计算财务净现值 FNPV 判别该方案的可行性。计算结果保留两位小数。

三、分析要点

投资方案比选是寻求合理的经济和技术决策的必要手段,替代方案应具有可比性,其中互斥方案比选应根据方案寿命周期是否一致采取不同的评价指标进行分析。

本案例属于寿命期相同的互斥方案比选问题。

四、答案

问题 1:

工程效益:

$$1\ 200\times0.34=408(\text{万元})$$

修建水库工程方案静态投资回收期:

$$\frac{1\ 900}{408-180}=8.33(\text{年})$$

修建调水工程方案静态投资回收期:

$$\frac{3\ 200}{408-150}=12.40(\text{年})$$

修建污水回收处理系统方案静态投资回收期:

$$\frac{1\ 400}{408-190}=6.42(\text{年})$$

三个替代方案中,修建污水回收处理系统方案最优,但该方案的可行性还需要进一步论证分析。

问题 2:

现金流量图如图 2-2 所示。

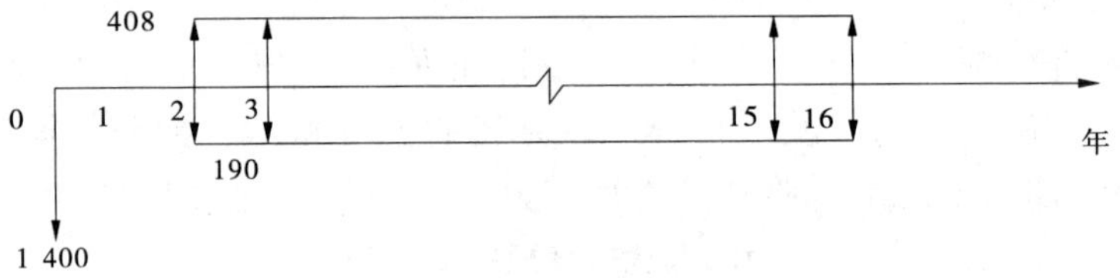

图 2-2　现金流量图

$$\begin{aligned}FNPV &= (408-190)(P/A,i,n)(P/F,i,n)-1\ 400\\ &= 218\times(P/A,8\%,15)(P/F,8\%,1)-1\ 400\\ &= 218\times 8.559\ 5\times 0.925\ 9-1\ 400=327.70(\text{万元})\end{aligned}$$

因为 FNPV>0,故该方案在财务上是可行的。

案例九　水利工程施工方案比选(一)

一、背景

对于某水利施工企业而言,现有两套可供选择的机械。A 套机械:投资 10 000 万元,使用寿命为 5 年,残值为 2 000 万元,使用后年收入为 5 000 万元,年支出为 2 200 万元;B 套机械:投资 15 000 万元,使用寿命为 10 年,残值为 0,使用后年收入为 7 000 万元,年支出为 4 300 万元。基准折现率为 10%。

二、问题

用最小公倍数法和年值法比较施工机械选择方案。

三、分析要点

本案例属于不同寿命周期的互斥方案比选问题。最小公倍数法即以备选方案寿命期的最小公倍数作为公共计算期,并假设各个方案在该公共计算期中进行重复实施,将其现金流量进行叠加计算,利用公共计算期内的方案 NPV 值进行方案的优选,NPV 值大者为优。

年值法是经常用来进行寿命期不同的互斥方案比选的方法,通常选择 NAV 进行,NAV 大者为优。

四、答案

(1)最小公倍数法。

两个方案计算期的最小公倍数为10年，所以方案A进行2次，方案B进行1次。其现金流量见表2-11。

表2-11　现金流量

方案	年末净现金流量/万元					
	0	1、2、3、4	5	6	7、8、9	10
A	-10 000	2 800	2 800+2 000 -10 000	2 800	2 800	2 800+2 000
B	-15 000	2 700	2 700	2 700	2 700	2 700

方案A：

$NPV_A=-10\ 000+(-10\ 000)\times(P/F,10\%,5)+2\ 800\times(P/A,10\%,10)+2\ 000\times(P/F,10\%,5)+2\ 000\times(P/F,10\%,10)=3\ 023.2$（万元）

方案B：

$NPV_B=-15\ 000+2\ 700\times(P/A,10\%,10)=-15\ 000+2\ 700\times6.144=1\ 588.8$（万元）

由于$NPV_A>NPV_B$，所以方案A优于方案B。

（2）年值法。

$$\begin{aligned}NAV_A&=[-10\ 000+2\ 000\times(P/F,10\%,5)]\times(A/P,10\%,5)+2\ 800\\&=[-10\ 000+\frac{2\ 000}{(1+10\%)^5}]\times\frac{10\%\times(1+10\%)^5}{(1+10\%)^5-1}+2\ 800=489.6\text{（万元）}\end{aligned}$$

$NAV_B=-15\ 000\times(A/P,10\%,10)+2\ 700=-15\ 000\times0.162\ 7+2\ 700=259.5$（万元）

由于$NAV_A>NAV_B$，所以方案A优于方案B。

案例十　水利工程设计方案优化（一）

一、背景

某水利管理部门为了防止某河某段单一圆砾层堤基堤身出现渗透破坏并减少渗流量，现拟订了不同的A、B、C、D四个防渗方案进行比较。

A：坡面防渗膜与黏土防渗墙结合方案；

B：坡面防渗膜与斜向铺塑结合方案；

C：坡面防渗膜与混凝土防渗墙结合方案；

D：坡面防渗膜与高喷灌浆防渗墙结合方案。

经过专家商议，从四个功能F1、F2、F3、F4分别对各方案进行了评价。

根据造价估算，A、B、C、D四个方案的造价分别为7 600万元、8 300万元、9 130万元、6 580万元。在A、B、C、D四个方案中，F1的优劣排序是B、A、C、D；F2的优劣排序是A、C、D、B；F3的优劣排序是C、B、A、D；F4的优劣排序是A、B、C、D。专家对方案的功能打分及方案造价情况如表2-12所示。

表 2-12 方案功能得分及方案造价

方案功能	方案功能得分			
	A	B	C	D
F1	9	10	8	7
F2	10	7	9	8
F3	8	9	10	7
F4	10	9	8	7
造价/万元	7 600	8 300	9 130	6 580

二、问题

1. 如果对四个功能直接的重要性关系进行排序,其结果为 F3>F1>F2>F4。采用 0−1 评分法确定各功能的权重,U 并把结果填入表 2-13 中。

表 2-13 四个功能重要性系数计算(0−1 评分法)

功能	F1	F2	F3	F4	功能总分	修正得分	功能重要性系数
F1							
F2							
F3							
F4							
合计							

2. 请根据问题 1 的 0−1 评分法给出 A、B、C、D 四个方案的价值指数,并分析何为最优方案。

3. 如果四个功能之间的档次划分如下:F1 比 F2 重要,F1 与 F3 同等重要,F4 比 F1 重要。采用 0−4 评分法计算功能重要性系数,并将结果填入表 2-14 中。

表 2-14 评分法计算功能重要性系数

功能	F1	F2	F3	F4	得分	功能重要性系数
F1						
F2						
F3						
F4						
合计						

功能重要性系数和价值指数的计算结果保留四位小数。

三、分析要点

本案例考查两个知识点：功能指数和价值指数。

（1）0－1 评分法：按照功能重要程度一一对比打分，重要的打 1 分，相对不重要的打 0 分，自己与自己相比不得分，用“×”表示。四个功能直接的重要性关系进行排序的结果为 F3>F1>F2>F4，因此得到对比打分。为了避免不重要的功能得 0 分，可将各功能累计得分加 1 分进行修正，用修正后的总分分别去除各功能累计得分，即得到功能重要性系数。

（2）价值指数：

$$价值指数(VI)=功能指数(FI)/成本指数(CI)$$

价值指数越大，对于方案选择来说，该方案越优。如为优化改进问题，该分析对象改进排序越排后。

四、答案

问题 1：

采用 0－1 评分法确定各功能的权重，如表 2-15 所示。

表 2-15　四个功能重要性系数计算（0－1 评分法）

功能	F1	F2	F3	F4	功能总分	修正得分	功能重要性系数
F1	×	1	0	1	2	3	0.3
F2	0	×	0	1	1	2	0.2
F3	1	1	×	1	3	4	0.4
F4	0	0	0	×	0	1	0.1
合计					6	10	1.0

问题 2：

价值指数越高的方案越优，改进方案则越排后。

首先，计算功能指数。

方案 A 得分：　$9\times0.3+10\times0.2+8\times0.4+10\times0.1=8.9$

方案 B 得分：　$10\times0.3+7\times0.2+9\times0.4+9\times0.1=8.9$

方案 C 得分：　$8\times0.3+9\times0.2+10\times0.4+8\times0.1=9.0$

方案 D 得分：　$7\times0.3+8\times0.2+7\times0.4+7\times0.1=7.2$

各方案得分合计：　$8.9+8.9+9.0+7.2=34$

方案 A 的功能指数：　$8.9\div34=0.2618$

方案 B 的功能指数：　$8.9\div34=0.2618$

方案 C 的功能指数：　$9.0\div34=0.2647$

方案 D 的功能指数： 7.2 ÷ 34 = 0.211 8

其次,计算成本指数。

各方案的成本合计： 7 600+8 300+9 130+6 580=31 610(万元)

方案 A 成本指数： 7 600÷31 610= 0.240 4

方案 B 成本指数： 8 300÷31 610= 0.262 6

方案 C 成本指数： 9 130÷31 610= 0.288 8

方案 D 成本指数： 6 580÷31 610= 0.208 2

最后,计算价值指数。

方案 A 的价值指数： 0.261 8 ÷ 0.240 4 = 1.089 0

方案 B 的价值指数： 0.261 8 ÷ 0.262 6 = 0.997 0

方案 C 的价值指数： 0.264 7 ÷ 0.288 8 = 0.916 6

方案 D 的价值指数： 0.211 8 ÷ 0.208 2 = 1.017 3

根据价值指数方案排序为 A、D、B、C。

注意:各方案成本指数修约到小数点后四位,其和需要为 1。

问题 3：

0-4 评分法,即将分档扩大为 4 级,档次划分如下：

F1 比 F2 重要得多:F1 得 4 分,F2 得 0 分；

F1 比 F2 重要:F1 得 3 分,F2 得 1 分；

F1 与 F2 同等重要:F1 得 2 分,F2 得 2 分；

F1 不如 F2 重要:F1 得 1 分,F2 得 3 分；

F1 远不如 F2 重要:F1 得 0 分,F2 得 4 分。

第 i 个评价对象的功能重要性系数 F1=第 i 个评价对象的功能得分值 F1/全部功能得分值;功能重要性系数越大,说明功能越重要。

本题中 F1 比 F2 重要;F1 与 F3 同等重要;F4 比 F1 重要。

因此,F1∶F2=3∶1,F1∶F3=2∶2,F4∶F1=3∶1,F2∶F3=1∶3,F2∶F4=0∶4,结果见表 2-16。

表 2-16 评分法计算功能重要性系数

功能	F1	F2	F3	F4	得分	功能重要性系数
F1		3	2	1	6	0.250 0
F2	1		1	0	2	0.083 3
F3	2	3		1	6	0.250 0
F4	3	4	3		10	0.416 7
合计					24	1

案例十一　水利工程中价值工程的应用

一、背景

现准备建设实施某水闸项目，主要功能是排泄淮河洪水或沂、泗河洪水入海，同时为控制废黄河入海水量的建筑物，设计标准为中型水工建筑物，最大泄量 750 m^3/s，汛期开闸放水入海，枯水季节关闸蓄水，以供中运河、里运河航运及灌溉。

功能定义为挡水和泄水（引水），根据功能的组成，具有以下五项功能：A、B、C、D、E。

河道疏浚工程 A：河道疏浚、挖泥，提供一定的排水空间，保证泄量；

主体工程 B：闸身上部结构以及闸底板、闸墩、止水设施和门槽，达到设计要求；

大型土石方工程 C：场地回填，提供装卸、库场布置场地，便于生产与生活设施布置；

护岸工程 D：护岸抛石，反滤层；

其他设施 E：服务、供水电、机修、环保等生活辅助设施，提供正常生产的辅助设施。

其功能重要性系数分别为 0. 25、0. 42、0. 08、0. 04、0. 21。

二、问题

假定当前 A、B、C、D、E 的成本分别为 1 250 万元、2 556 万元、240 万元、42 万元、890 万元，目标成本降低总额为 320 万元，试计算各子项的目标成本及其可能的降低额，并确定各子项功能的改进顺序。计算结果填入表 2-17。

表 2-17　计算结果

功能区	功能现实成本 C/万元	功能重要性系数	成本指数	价值指数	目标成本/万元	成本降低额 ΔC/万元
FA						
FB						
FC						
FD						
FE						
合计						

注：成本指数和价值指数的计算结果均保留三位小数。

三、分析要点

考查运用价值工程进行设计方案优化和工程造价控制的方法。

各功能的目标成本等于工程总目标成本与该功能的功能指数（功能重要性系数）的乘积。

四、答案

(1) 当前工程总现实成本为 4 978 万元。

子项 A 成本指数：　1 250÷4 978＝0.251

子项 B 成本指数：　2 556÷4 978＝0.514

子项 C 成本指数：　240÷4 978＝0.048

子项 D 成本指数：　42÷4 978＝0.008

子项 E 成本指数：　890÷4 978＝0.179

(2)计算价值指数。

子项 A 价值指数：　0.25÷0.251＝0.996

子项 B 价值指数：　0.42÷0.514＝0.817

子项 C 价值指数：　0.08÷0.048＝1.667

子项 D 价值指数：　0.04÷0.008＝5.000

子项 E 价值指数：　0.21÷0.179＝1.173

(3)项目的目标成本：　4 978－320＝4 658(万元)

子项 A 的目标成本：　4 658×0.25＝1 165(万元)

子项 B 的目标成本：　4 658×0.42＝1 956(万元)

子项 C 的目标成本：　4 658×0.08＝373(万元)

子项 D 的目标成本：　4 658×0.04＝186(万元)

子项 E 的目标成本：　4 658×0.21＝978(万元)

(4)成本降低额：成本降低额＝现实成本－目标成本，经过计算将结果填入表 2-18 中。

子项 A 的成本降低额：　1 250－1 165＝85(万元)

子项 B 的成本降低额：　2 556－1 956＝600(万元)

子项 C 的成本降低额：　240－373＝－133(万元)

子项 D 的成本降低额：　42－186＝－144(万元)

子项 E 的成本降低额：　890－978＝－88(万元)

改进的顺序为 B、A、E、C、D。

表 2-18　计算结果

功能区	功能现实成本 C/万元	功能重要性系数	成本指数	价值指数	目标成本/万元	成本降低额 ΔC/万元
FA	1 250	0.25	0.251	0.996	1 165	85
FB	2 556	0.42	0.514	0.817	1 956	600
FC	240	0.08	0.048	1.667	373	－133
FD	42	0.04	0.008	5.000	186	－144
FE	890	0.21	0.179	1.173	978	－88
合计	4 978	1	1		4 658	320

成本降低额为负值，表示现实成本低于目标成本的情况，该情况客观存在。

案例十二　水利工程设计方案优化(二)

一、背景

某河治理工程的首要任务是通过对现有河道的清淤、岸墙的整修满足县城段50年一遇防洪标准要求;在此基础上对河道防渗处理,形成蓄水区景观和两岸滩地园林景观。工程建设内容包括采取工程措施进行河底的防渗、防冲处理。防渗形式及方案选择要根据地质条件确定其适用性,其工程设计方案部分资料如下:

A方案:防渗膜料防渗方案,选择0.4 mm聚乙烯防渗膜加黏性土、砂卵石保护层。单方造价为14.5元/m²。

B方案:现浇混凝土板防渗方案,选择80 mm厚防渗混凝土防渗加砂卵石保护层。单方造价为18.9元/m²。

C方案:黏土铺盖防渗方案,选择500 mm厚黏土防渗加中细砂、砂卵石保护层。单方造价为11.2元/m²。

各方案功能权重及得分见表2-19。

表2-19　各方案功能权重及得分

功能项目		结构体系	使用寿命	防渗效果	适应变形
功能权重		0.30	0.25	0.30	0.15
各方案得分	A方案	8	9	9	8
	B方案	8	7	9	7
	C方案	9	7	8	7

二、问题

1. 简述价值工程中所述的"价值"的含义,对于大型复杂的价值工程分析对象,应用价值工程的重点是在其寿命周期的哪些阶段?

2. 应用价值工程原理进行计算,将计算结果分别填入表2-20~表2-22中,并选择最佳设计方案。

各步骤计算结果保留三位小数。

表2-20　各方案功能指数计算

	结构体系	使用寿命	防渗效果	适应变形	得分	功能指数
功能权重						
A方案						
B方案						
C方案						

表 2-21　各方案成本指数计算

方案	单方造价	成本指数
A 方案		
B 方案		
C 方案		
合计		

表 2-22　各方案价值指数计算

方案	功能指数	成本指数	价值指数
A 方案			
B 方案			
C 方案			
合计			

三、分析要点

对设计方案的优选,如果从侧重技术经济相结合的角度来进行分析和评价,可以采用价值工程法。

四、答案

问题 1:

价值工程中所述的“价值”是指作为某种产品(或作业)所具有的功能与获得该功能的全部费用的比值。

价值工程活动的重点在产品的研究、设计阶段。

问题 2:

各计算结果如表 2-23~表 2-25 所示,根据价值指数计算结果,推荐 C 方案:黏土铺盖防渗方案,选择 500 mm 厚黏土防渗加中细砂、砂卵石保护层为最佳设计方案。

表 2-23　各方案功能指数计算

	结构体系	使用寿命	防渗效果	适应变形	得分	功能指数
功能权重	0. 30	0. 25	0. 30	0. 15	1	
A 方案	8×0. 30=2. 400	9×0. 25=2. 250	9×0. 30=2. 700	8×0. 15=1. 200	8. 550	0. 352
B 方案	8×0. 30=2. 400	7×0. 25=1. 750	9×0. 30=2. 700	7×0. 15=1. 050	7. 900	0. 324
C 方案	9×0. 30=2. 700	7×0. 25=1. 750	8×0. 30=2. 400	7×0. 15=1. 050	7. 900	0. 324

表 2-24　各方案成本指数计算

方案	单方造价/(元/m^2)	成本指数
A 方案	14.5	0.325
B 方案	18.9	0.424
C 方案	11.2	0.251
合计	44.6	1

表 2-25　各方案价值指数计算

方案	功能指数	成本指数	价值指数
A 方案	0.352	0.325	1.083
B 方案	0.324	0.424	0.764
C 方案	0.324	0.251	1.291

案例十三　水利工程施工方案优化(一)

一、背景

某水利工程涉及场地平整(二期土石方开挖及回填)工程,该标段水文地质条件简单,总工期为 720 d,控制性工期 107 d,控制性工期期间爆破石方装运施工指标为 10 000 m^3/d,运距 5 km。针对工程有大量爆破石方装运的情况,正常施工阶段拟选择斗容 5.4 m^3 的装载机或斗容 2.0 m^3 的装载机,或使用斗容 1.3 m^3 的反铲挖掘机进行装载作业,按每天工作 2 班,时间利用系数取 0.75,充满系数、松散系数见表 2-26、表 2-27。

表 2-26　挖装设备的铲斗充满系数取值

挖装设备	普通土	爆破岩石
正铲挖掘机	0.95	0.40
反铲挖掘机	0.90	0.40
装载机	1.00	0.85

表 2-27　物料松散系数

松实系数	自然方	松方	实方	码方
土方	1.00	1.33	0.85	
石方	1.00	1.53	1.31	
混合料	1.00	1.19	0.88	
块石	1.00	1.75	1.43	1.67

该公司现有 5 t、8 t 和 15 t 的自卸汽车各 25 台、40 台、50 台,自卸汽车时间利用系数按

1.0 计,其主要参数见表 2-28、表 2-29。

表 2-28　挖装设备主要参数

挖装设备	斗容 1.3 m^3 的反铲挖掘机	斗容 2.0 m^3 的装载机	斗容 5.4 m^3 的装载机
工作循环时间/s	20	23	23
台班单价/(元/台班)	1 400	1 732	2 400

表 2-29　自卸汽车主要参数

载重能力	5 t	8 t	15 t
运距 5 km 时的台班产量/自然方	35	54	78
台班单价/(元/台班)	360	550	790
工作循环时间/min	42	42	42

二、问题

1. 如果挖装设备与自卸汽车只能选取一种,而且数量没有限制,如何组合最经济?说明理由。

2. 若工程每天安排的挖掘机和自卸汽车的型号数量不变,需要安排几台何种型号的挖掘机和几台何种型号的自卸汽车可以完成工作任务?

计算结果精确到小数点后两位。

三、分析要点

本案例讨论施工机械配套组合的经济性问题。《水利水电工程施工组织设计规范》(SL 303—2017)给出施工机械设备配套组合时,应首先确定起主导控制作用的机械设备,其他与之配套的机械设备需要量,应根据主导机械设备而定。如土石方明挖机械设备应优先选用挖掘机作为开挖的主要机械设备,与土石方开挖、装载机械设备配套的运输机械设备宜选用不同类型和规格的自卸汽车。自卸汽车的装载容量应与挖装机械设备相匹配,其容量宜取挖装机械设备铲斗斗容的 3~5 倍。

国外在为大中型水电工程施工进行施工机械选型和配套计算时,已经采用计算机系统仿真技术。

知识点 1:物料松散系数的应用。石方是不规则的自然石方,块石是经过加工比较规则的石料。

知识点 2:挖掘机、装载机和铲运机生产率和需要量可按下式计算:

$$P=\frac{TVK_{ch}K_t}{K_k t} \tag{2-13}$$

式中:P 为单机小时生产率,m^3/h(自然方);V 为铲斗容量,m^3;K_{ch} 为铲斗充满系数;K_k 为物料松散系数;K_t 为时间利用系数;t 为每次作业循环时间,min;T 为 60 min。

$$N=\frac{Q}{MP} \tag{2-14}$$

式中：N 为机械设备需要量，台；Q 为由工程总进度确定的每班开挖强度，m^3/班；M 为单机班工作小时数。

知识点 3：配备自卸汽车的数量除满足生产率的要求外，还应充分注意开挖工程的特点，如装车面、作业时间利用率、运渣道路条件、台阶高度等。本案例进行了简化处理，没有运用到作业循环时间。

解题过程中应注意，如挖掘机与自卸汽车的配比有小数，不能修约，在后续计算中要代入。计算的机械台数如有小数，在最后选取机械台数的时候需要整数部分加 1，而不是四舍五入。另外，不能按总的石方工程量分别独立计算挖装设备和自卸汽车的需要量。运输机械的生产能力应略大于生产指标，避免因运输机械不足而造成挖装机械停工。

四、答案

问题 1：

挖掘机和装载机生产率计算：

$$P_{装5.4}=\frac{TVK_{ch}K_t}{K_k t}=\frac{3\ 600\times5.4\times0.85\times0.75}{1.53\times23}=352.17(m^3/h)$$

$$P_{装2.0}=\frac{TVK_{ch}K_t}{K_k t}=\frac{3\ 600\times2.0\times0.85\times0.75}{1.53\times23}=130.43(m^3/h)$$

$$P_{反1.3}=\frac{TVK_{ch}K_t}{K_k t}=\frac{3\ 600\times1.3\times0.40\times0.75}{1.53\times20}=45.88(m^3/h)$$

计算每立方米石方的开挖直接费：

斗容 1.3 m^3 反铲挖掘机的挖装直接费：

$$1\ 400/(45.88\times8)=3.81(元/m^3)$$

斗容 2.0 m^3 装载机的挖装直接费：

$$1\ 732/(130.43\times8)=1.66(元/m^3)$$

斗容 5.4 m^3 装载机的挖装直接费：

$$2\ 400/(352.17\times8)=0.85(元/m^3)$$

按单价最低原则选择斗容 5.4 m^3 装载机。

计算每立方米石方的自卸汽车的运输直接费：

5 t 自卸汽车的运输直接费：

$$360/35=10.29(元/m^3)$$

8 t 自卸汽车的运输直接费：

$$550/54=10.19(元/m^3)$$

15 t 自卸汽车的运输直接费：

$$790/78=10.13(元/m^3)$$

按单价最低原则选择 15 t 自卸汽车。

最终选择的最经济的机械组合为斗容 5.4 m^3 装载机配 15 t 自卸汽车。

问题 2：

每天需要斗容 5.4 m^3 装载机的数量：

$$N = \frac{Q}{MP} = \frac{10\ 000 \div 2}{8 \times 352.17} = \frac{5\ 000}{2\ 817.36} = 1.77 \approx 2(\text{台})$$

按前面推荐的机械组合,每天需要挖掘机和自卸汽车的台数比例为:352. 17×8/78 = 36. 12,则每天应安排 15 t 自卸汽车 2×36. 12≈73(台)。

目前,该公司仅拥有 15 t 自卸汽车的数量为 50 台,超出部分[73−50=23(台)]只能另外选择其他型号的自卸汽车。

每天不能完成的爆破石运输方量:

$$10\ 000-78\times50\times2=2\ 200(\text{m}^3)$$

为了完成工作任务,可选择 8 t 和 5 t 的自卸汽车组合,运输量应大于 2 200 m^3,详见表 2-30。

表 2-30　8 t 和 5 t 自卸汽车组合计算表

组合	1	2	3	4	5	6	7	8	9	10	11
8 t 自卸汽车数量	21	20	19	18	17	16	15	14	13	12	11
5 t 自卸汽车数量	0	1	3	4	6	7	9	10	12	13	15
每天产量/自然方	2 268	2 230	2 262	2 224	2 256	2 218	2 250	2 212	2 244	2 206	2 238
每天相应费用/元	23 100	22 720	23 060	22 680	23 020	22 640	22 980	22 600	22 940	22 560	22 900
组合	12	13	14	15	16	17	18	19	20	21	
8 t 自卸汽车数量	10	9	8	7	6	5	4	3	2	1	
5 t 自卸汽车数量	17	18	20	21	23	24	26	27	29	30	
每天产量/自然方	2 270	2 232	2 264	2 226	2 258	2 220	2 252	2 214	2 246	2 208	
每天相应费用/元	23 240	22 860	23 200	22 820	23 160	22 780	23 120	22 740	23 080	22 700	

表 2-30 计算过程举例如下:

组合 1:21 台 8 t 自卸汽车。

运土量:　$21\times54\times2=2\ 268(\text{m}^3)>2\ 200\ \text{m}^3$

对应费用:　$550\times21\times2=23\ 100(\text{元})$

组合 10:12 台 8 t 自卸汽车加 13 台 5 t 自卸汽车。

运土量:　$12\times54\times2+13\times35\times2=2\ 206(\text{m}^3)>2\ 200\ \text{m}^3$

对应费用:　$550\times12\times2+360\times13\times2=22\ 560(\text{元})$

组合 17:5 台 8 t 自卸汽车加 24 台 5 t 自卸汽车。

运土量:　$5\times54\times2+24\times35\times2=2\ 220(\text{m}^3)>2\ 200\ \text{m}^3$

对应费用:　$550\times5\times2+360\times24\times2=22\ 780(\text{元})$

根据表 2-30,组合 10 费用最低,故另外安排 12 台 8 t 自卸汽车加 13 台 5 t 自卸汽车。

最终完成全部工作任务,每天需要安排 2 台斗容 5. 4 m^3 装载机、50 台 15 t 自卸汽车、12 台 8 t 自卸汽车和 13 台 5 t 自卸汽车。

案例十四 水利工程施工方案优化(二)

一、背景

某水利施工企业根据以往导流隧洞开挖的机械配置方案以及成本信息,分析得出两种不同机械设备配置和开挖方式情况下各方案的固定成本和变动成本。分别是:

方案 A:风钻钻孔爆破,装载机装载,汽车运输出渣,其固定成本为 100 000 元,单位变动成本为 60 元。

方案 B:四臂液压凿岩台车钻孔爆破,装载机装载,汽车运输出渣,其固定成本为 200 000 元,单位变动成本为 55 元。

二、问题

1. 假设总成本与工程量(Q)呈线性关系,写出两种方案的成本曲线方程。
2. 如果只以成本作为施工方案决策的因素,应该如何选择施工方案?
3. 如果只以工期作为施工方案决策的因素,假设方案 A 每天产量为 300 m^3,方案 B 每天产量为 315 m^3,应该如何选择施工方案?

三、分析要点

盈亏平衡法主要用于研究产量、价格、变动成本和固定成本之间的关系。变动成本是指与产量密切相关的成本,如消耗在建筑产品中的材料费用,一般与产量呈线性关系。固定成本是指与产量无关的成本,如大型机械的进、出场费用等。不同的施工方案具有不同的变动成本和固定成本,因此一定产量下的总成本不同,其经济效益也会不同。由此,可以构建施工方案的成本模型:

$$C = C_f + C_v Q \tag{2-15}$$

式中:C 为总成本;C_f 为固定成本;C_v 为单位变动成本。

在施工中,某项工程可能有多种施工方案,每种方案有不同的成本。假设有三种可供选择的施工方案,分别为Ⅰ、Ⅱ、Ⅲ,其总成本如下:

Ⅰ方案: $C_{\mathrm{I}} = C_{f\mathrm{I}} + C_{v\mathrm{I}} Q$

Ⅱ方案: $C_{\mathrm{II}} = C_{f\mathrm{II}} + C_{v\mathrm{II}} Q$

Ⅲ方案: $C_{\mathrm{III}} = C_{f\mathrm{III}} + C_{v\mathrm{III}} Q$

假设 $C_{v\mathrm{I}} > C_{v\mathrm{II}} > C_{v\mathrm{III}}$,$C_{f\mathrm{I}} < C_{f\mathrm{II}} < C_{f\mathrm{III}}$,三种方案的成本曲线如图 2-3 所示。

显然,当 $Q<Q_1$ 时,C_{I} 最小;当 $Q_1<Q<Q_3$ 时,C_{II} 最小;当 $Q>Q_3$ 时,C_{III} 最小。因此,当所承包的工程量 $Q<Q_1$ 时,应该采用Ⅰ方案施工;当所承包的工程量大于 Q_1 小于 Q_3 时,应该采用Ⅱ方案施工;当所承包的工程量大于 Q_3 时,应该采用Ⅲ方案施工,这样可以使成本最小而获得更多的利润。

在选定的机械设备方案条件下,设方案的固定成本为 C_f,单位变动成本为 C_v,产量定额为 q,工程量为 Q,则:

工期 t 为

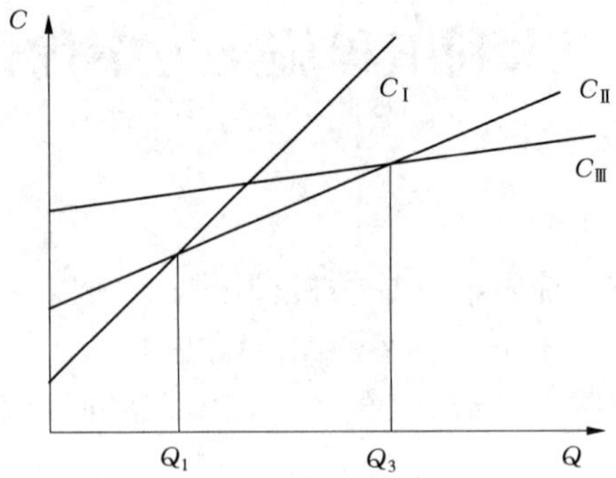

图 2-3　成本曲线

$$t = \frac{Q}{q} \tag{2-16}$$

总成本函数为

$$C = C_f + C_v q t \tag{2-17}$$

设有两种机械设备方案，则总成本函数分别为

$$C_1 = C_{f1} + C_{v1} q_1 t$$
$$C_2 = C_{f2} + C_{v2} q_2 t$$

由于两种方案的单位变动成本和产量定额不同，两条函数曲线必然相交，如图 2-4 所示。

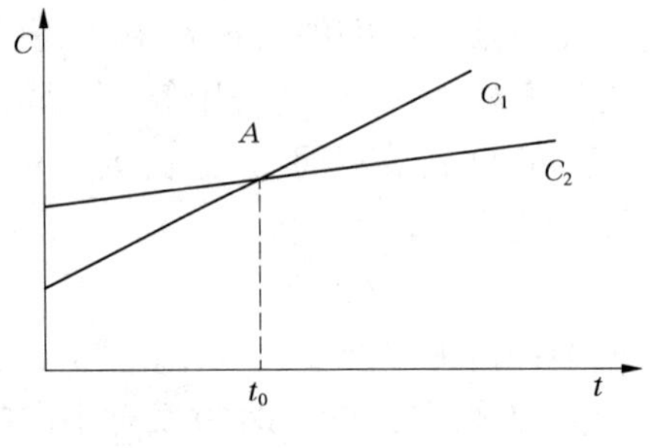

图 2-4　两种方案的成本曲线

四、答案

问题 1：

根据题意列两种方案的成本曲线方程为

$$C_A = 100\ 000 + 60Q \tag{1}$$
$$C_B = 200\ 000 + 55Q \tag{2}$$

问题 2：

根据题意解方程(1)、方程(2)，即 $C_A = C_B$。

$$100\ 000+60Q = 200\ 000+55Q$$

则

$$Q = 20\ 000\ m^3$$

当工程量小于 20 000 m^3 时采用方案 A,此时成本较低;

当工程量大于 20 000 m^3 时采用方案 B,此时成本较低。

问题 3:

已知方案 A 每天的产量为 300 m^3,方案 B 每天的产量为 315 m^3,则 t 时间方案 A 完成工程量为 $Q=300\ t$,方案 B 完成工程量为 $Q=315\ t$。

将 Q 代入方程(1)、方程(2)得:

方案 A:　$C_A = 100\ 000 + 60 \times 300\ t$　(3)

方案 B:　$C_B = 200\ 000 + 55 \times 315\ t$　(4)

解方程(3)、方程(4)

$$100\ 000 + 60 \times 300\ t = 200\ 000 + 55 \times 315\ t$$

得:

$$t = 148.15\ d$$

当工期小于 148.15 d 时采用方案 A,此时成本较低;

当工期大于 148.15 d 时采用方案 B,此时成本较低。

案例十五　水利工程施工方案比选(二)

一、背景

某企业拟获得一施工设备,有两种方案:方案 A 利用自有资金 100 万元购买,设备折旧年限为 8 年,残值率 5%;方案 B 为租赁该种设备,每年初支付租金 16 万元,租赁期 5 年。贴现率为 12%。

二、问题

1. 如果采用直线折旧,每年的折旧费为多少?
2. 试比较两种方案的优劣。
3. 根据上述比较结果,分析贴现率的变动对结果的影响。

三、分析要点

知识点 1:两种获得施工设备的途径虽然不同,但都能完成同样的任务,可以认为两种方案的收益相同,因此可以采用费用比较的方法。

知识点 2:不同的施工设备获得方案产生不同的现金流量,因此经营效果不同。

知识点 3:购买施工设备的折旧年限为 8 年,租赁期则是 5 年,由于寿命期不同,最佳的比较方法是年费用法,当然用最小公倍数法也能比较优劣,只是计算略显复杂。

四、答案

问题 1:

采用直线折旧,每年的折旧费为

$$年折旧额=\frac{固定资产原值\times(1-残值率)}{折旧年限}=\frac{100\times(1-5\%)}{8}=11.88(万元)$$

问题 2：

由于寿命期不同，用年费用比较法（AC）分别计算两种方案的年费用并做比较。

方案 A 的费用年值为

$$AC_A=[100-5\times(1+12\%)^{-8}]\frac{12\%\times(1+12\%)^8}{(1+12\%)^8-1}=19.72(万元)$$

方案 B 的费用年值为

$$AC_B=\left[16+16\times\frac{(1+12\%)^4-1}{12\%\times(1+12\%)^4}\right]\frac{12\%\times(1+12\%)^5}{(1+12\%)^5-1}=17.92(万元)$$

显然，方案 B 优于方案 A。

问题 3：

根据上述比较结果，当贴现率为 12%时，方案 B 优于方案 A，但如果贴现率逐渐减小，令贴现率为 0，则方案 A 的年费用为(100−5)/8＝11.88(万元)；方案 B 的年费用为 16 万元。所以，贴现率减小对方案 A 越来越有利，反之对方案 B 有利。

第三章　水利工程计量与计价应用

【考试大纲】

1. 水利工程设计工程计量的应用。
2. 水利工程定额编制。
3. 水利工程概、估算文件编制。
4. 水利工程工程量清单计价。

案例一　引水工程设计工程量计算

一、背景

某引水隧洞长度为 512 m,设计断面为直径 3. 5 m 的圆形,目前开展初步设计概算编制。隧洞开挖断面为圆形,衬砌厚度 35 cm(见图 3-1)。假设施工超挖为 15 cm,衬砌混凝土采用二级配 C20 混凝土。二级配 C20 混凝土的标准配合比资料如表 3-1 所示。

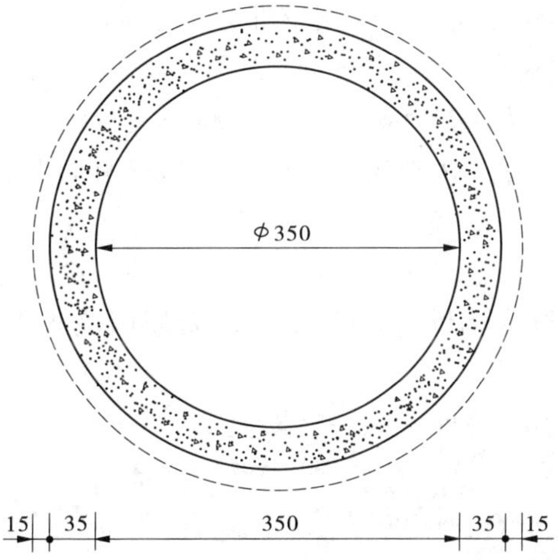

图 3-1　引水隧洞断面　(单位:cm)

表 3-1　C20 混凝土的标准配合比

混凝土强度等级	预算量			
	P. O 42. 5/kg	卵石/m^3	粗砂/m^3	水/m^3
C20	261	0. 81	0. 51	0. 15

二、问题

1. 计算设计开挖量和混凝土衬砌量。

2. 计算预计开挖出渣量。

3. 由于当地环境限制,工地附近无天然卵石,拟采用碎石代替卵石作为混凝土骨料,已知混凝土配合比换算如表 3-2 所示。

表 3-2　混凝土配合比换算

项目	水泥	砂	石子	水
卵石换为碎石	1.10	1.10	1.06	1.10

注:水泥按质量计,砂、石子、水按体积计。

假设混凝土综合损耗率为 5%,则该隧洞混凝土衬砌工作应准备多少水泥(t)、碎石(m^3)、砂(m^3)?

本案例计算中不考虑工程量阶段系数,所有计算结果保留两位小数,π 取 3.14。

三、分析要点

本案例主要考查工程量的计算。

问题 1:首先根据隧洞的设计断面尺寸以及隧洞长度计算设计开挖量和混凝土衬砌量。注意,设计开挖量的计算不包含实际施工超挖部分工程量。

设计开挖量=开挖面积×隧洞长度=(设计断面面积+衬砌面积)×隧洞长度

混凝土衬砌量=衬砌面积×隧洞长度

问题 2 的预计开挖出渣量则需要考虑实际施工超挖的工程量。

预计开挖出渣量=(开挖面积+超挖面积)×隧洞长度

问题 3 考查的是预计混凝土消耗量及根据配合比确定砂石料耗量的计算。注意到对于施工超挖造成的开挖断面与设计断面的尺寸差,需要使用混凝土衬砌以保证最终成洞断面与设计断面一致。

预计的混凝土消耗量需要另外考虑综合损耗率。

预计混凝土消耗量=(衬砌面积+超挖面积)×隧洞长度×(1+综合损耗率)

注意,本案例中将标准配合比中的卵石换为碎石,需将混凝土标准配合比材料耗量乘以相应的换算系数,最后根据换算的混凝土配合比和预计混凝土消耗量计算出水泥、碎石、砂的耗量。

四、答案

问题 1:

设计开挖量 $=3.14\times(3.5\div2+0.35)^2\times512=7\ 089.87(m^3)$

设计混凝土衬砌量 $=3.14\times[(3.5\div2+0.35)^2-(3.5\div2)^2]\times512=2\ 166.35(m^3)$

问题 2:

预计开挖出渣量 $=3.14\times(3.5\div2+0.35+0.15)^2\times512=8\ 138.88(m^3)$

问题3：

施工混凝土衬砌量 $=3.14\times[(3.5\div2+0.35+0.15)^2-(3.5\div2)^2]\times512=3\ 215.36(m^3)$

预计混凝土消耗量 $=3\ 215.36\times(1+5\%)=3\ 376.13(m^3)$

预计水泥耗量 $=3\ 376.13\times261\times1.10\div1\ 000=969.29(t)$

预计碎石耗量 $=3\ 376.13\times0.81\times1.06=2\ 898.75(m^3)$

预计砂耗量 $=3\ 376.13\times0.51\times1.10=1\ 894.01(m^3)$

案例二　水利建筑工程单价分析和投资计算

一、背景

某水利枢纽地下厂房，根据初步设计方案，需修建斜井与外面连接。斜井设计开挖断面 15 m^2，井深 100 m，岩石级别为Ⅸ，斜井水平夹角为 40°。施工采用风钻钻孔爆破自上而下的开挖方法，卷扬机提升出渣。

初步设计概算部分资料如下：

(1)该工程所在地区为一类区，人工预算单价见表3-3。

表3-3　人工预算单价计算标准　　单位：元/工时

类别与等级	一般地区	一类区	二类区	三类区	四类区	五类区 西藏二类	六类区 西藏三类	西藏四类
枢纽工程								
工长	11.55	11.80	11.98	12.26	12.76	13.61	14.63	15.40
高级工	10.67	10.92	11.09	11.38	11.88	12.73	13.74	14.51
中级工	8.90	9.15	9.33	9.62	10.12	10.96	11.98	12.75
初级工	6.13	6.38	6.55	6.84	7.34	8.19	9.21	9.98

(2)材料预算价格见表3-4。

表3-4　材料预算价格(不含增值税进项税额)

序号	项目名称	单位	预算价格/元
1	岩石乳化炸药	t	13 000
2	合金钻头	个	43.69
3	数码电子雷管	个	18
4	导电线	m	0.7

其中，炸药、数码电子雷管分别按 5 150 元/t、3 元/个取基价，当预算价格高于基价时，按基价进入工程单价并取费，预算价格超过基价的部分计算材料补差并计取税金。

(3)施工机械台时费见表3-5，本案例不考虑汽、柴油的材料补差。

表 3-5　施工机械台时费

序号	施工机械	单位	台时费/元
1	卷扬机 双筒快速 5 t	台时	43.09
2	V 型斗车 窄轨 1.0 m^3	台时	0.77
3	风钻 气腿式	台时	90.14
4	风钻 手持式	台时	65.41
5	轴流通风机 37 kW	台时	39.16

(4)其他直接费费率 8.0%。

(5)间接费费率 12.5%。

(6)利润率 7%。

(7)税率 9%。

二、问题

1. 根据工程类别,选择合适的人工单价,并根据设计方案,运输出渣选用编号为 20446 的《水利建筑工程概算定额》,计算运输出渣的基本直接费,完成表 3-6。

表 3-6　运输出渣建筑工程单价

单价编号	①	项目名称	斜井石渣运输(卷扬机提升出渣)		
定额编号	20446		定额单位	100 m^3	
施工方法	卷扬机提升出渣				
序号	名称及规格	单位	数量	单价/元	合价/元
1	基本直接费				
(1)	人工费				
	中级工	工时	57.7		
	初级工	工时	288.4		
(2)	材料费				
	零星材料费	%	2		
(3)	机械使用费				
	卷扬机 双筒快速 5 t	台时	43.26		
	V 型斗车 窄轨 1.0 m^3	台时	50.88		
	其他机械费	%	2		
(4)	其他费用				

注:本定额适用于倾角 6°~30°的斜井。当斜井倾角为 30°~45°时,定额乘以 1.2 的系数计算;当斜井倾角为 45°~75°时,定额乘以 1.5 的系数计算。

2. 根据设计方案,斜井石方开挖选用编号为 20262 的《水利建筑工程概算定额》,计算斜井石方开挖单价，完成表 3-7，并计算该段斜井开挖的建筑工程投资。

表 3-7　斜井石方开挖建筑工程单价

单价编号	②	项目名称	斜井石方开挖——风钻钻孔(下行)(开挖断面 15 m^2)		
定额编号	20262	定额单位	100 m^3		
施工方法	风钻钻孔(下行)(开挖断面 15 m^2)，岩石级别Ⅸ~Ⅹ				
序号	名称及规格	单位	数量	单价/元	合价/元
一	直接费				
1	基本直接费				
(1)	人工费				
	工长	工时	18.90		
	中级工	工时	327.20		
	初级工	工时	598.60		
(2)	材料费				
	合金钻头	个	11.15		
	岩石乳化炸药	kg	219.00		
	数码电子雷管	个	315.00		
	导电线	m	649.00		
	其他材料费	%	6		
(3)	机械使用费				
	风钻 气腿式	台时	23.48		
	风钻 手持式	台时	54.27		
	轴流通风机　37 kW	台时	45.47		
	其他机械费	%	7		
(4)	其他费用				
	斜井石渣运输(卷扬机提升出渣)	m^3	121.00		
2	其他直接费				
二	间接费				
三	利润				
四	材料补差				
五	税金				
	合计				
	单价	元/m^3			

注：本定额适用于水平夹角 45°~75°的井挖工程。水平夹角 6°~45°的斜井，定额乘以 0.9 的系数计算。

以上计算结果均保留两位小数。

三、分析要点

本案例着重考查水利工程建筑工程费的费用构成以及基础单价、建筑工程单价的编制方法和计算标准。

问题 1 和问题 2 主要考查建筑工程单价的计算。

(一)直接费

(1)基本直接费:

$$\text{基本直接费}\begin{cases}\text{人工费}=\text{定额劳动量(工时)}\times\text{人工预算单价(元/工时)}\\ \text{材料费}=\text{定额材料用量}\times\text{材料预算单价}\\ \text{机械使用费}=\text{定额机械使用量(台时)}\times\text{施工机械台时费(元/台时)}\end{cases}$$

(2)其他直接费:

其他直接费=基本直接费×其他直接费费率之和

(二)间接费

间接费=直接费×间接费费率

(三)利润

利润=(直接费+间接费)×利润率

(四)材料补差

材料补差=(材料预算价格-材料基价)×材料消耗量

(五)税金

税金=(直接费+间接费+利润+材料补差)×税率

(六)建筑工程单价

建筑工程单价=直接费+间接费+利润+材料补差+税金

$$\text{建筑工程单价}\begin{cases}①\text{直接费}\begin{cases}\text{基本直接费}\\ \text{其他直接费}=\text{基本直接费}\times\text{其他直接费费率之和}\end{cases}\\ ②\text{间接费}=①\times\text{间接费费率}\\ ③\text{利润}=(①+②)\times\text{利润率}\\ ④\text{材料补差}=(\text{材料预算价格}-\text{材料基价})\times\text{材料消耗量}\\ ⑤\text{税金}=(①+②+③+④)\times\text{税率}\end{cases}$$

本案例已根据《水利工程设计概(估)算编制规定》和《水利建筑工程概算定额》的规定,结合题目背景,选定了定额,并给出了计算所需的基础价格等资料,在此基础上可直接计算出工程单价分析表中的各项费用。

四、答案

问题 1:

本工程斜井倾角为 40°,运输出渣定额需乘以 1.2 的系数再计算。

(1)选择人工单价。

本工程为枢纽工程,所在地为一类区,根据表 3-3 确定人工单价如下:

工长为 11.80 元/工时;

高级工为 10.92 元/工时;

中级工为 9.15 元/工时；

初级工为 6.38 元/工时。

计算定额人工费：

人工费=定额劳动量(工时)×人工预算单价(元/工时)

中级工：　(1.2×57.7)×9.15=69.24×9.15=633.55(元)

注：本题中，因经调整后的定额劳动量须填入相应表格，故其先保留两位小数，然后再与人工预算单价相乘，下同。

初级工：　(1.2×288.4)×6.38=346.08×6.38=2 207.99(元)

人工费合计：　633.55+2 207.99=2 841.54(元)

(2)根据表 3-5 中机械台时费，计算定额机械使用费。

机械使用费=定额机械使用量(台时)×施工机械台时费(元/台时)

卷扬机 双筒快速 5 t：　(1.2×43.26)×43.09=51.91×43.09=2 236.80(元)

V 型斗车 窄轨 1.0 m^3：　(1.2×50.88)×0.77=61.06×0.77=47.02(元)

其他机械费=其他机械费费率×主要机械费之和

因此，计算其他机械费：　2%×(2 236.80+47.02)= 45.68(元)

机械使用费合计：　2 236.80+47.02+45.68=2 329.50(元)

(3)计算定额材料费。

零星材料费=零星材料费费率×(人工费+机械使用费)

零星材料费：　2%×(2 841.54+2 329.50)= 103.42(元)

(4)基本直接费。

2 841.54+2 329.50+103.42=5 274.46(元)

运输出渣建筑工程单价计算结果见表 3-8。

表 3-8　运输出渣建筑工程单价

单价编号	①	项目名称	斜井石渣运输(卷扬机提升出渣)		
定额编号	20446	定额单位	100 m^3		
施工方法	卷扬机提升出渣				
序号	名称及规格	单位	数量	单价/元	合价/元
1	基本直接费				5 274.46
(1)	人工费				2 841.54
	中级工	工时	69.24	9.15	633.55
	初级工	工时	346.08	6.38	2 207.99
(2)	材料费				103.42
	零星材料费	%	2	5 171.04	103.42
(3)	机械使用费				2 329.50
	卷扬机 双筒快速 5 t	台时	51.91	43.09	2 236.80

续表 3-8

序号	名称及规格	单位	数量	单价/元	合价/元
	V 型斗车 窄轨 1.0 m^3	台时	61.06	0.77	47.02
	其他机械费	%	2	2 283.82	45.68
(4)	其他费用				

问题 2:

本工程斜井倾角为 40°,石方开挖定额需乘以 0.9 的系数再计算。

(1)根据表 3-3 中人工预算单价,计算定额人工费。

人工费=定额劳动量(工时)×人工预算单价(元/工时)

工长: (0.9×18.90)×11.80=17.01×11.80=200.72(元)

中级工: (0.9×327.20)×9.15=294.48×9.15=2 694.49(元)

初级工: (0.9×598.60)×6.38=538.74×6.38=3 437.16(元)

人工费合计: 200.72+2 694.49+3 437.16=6 332.37(元)

(2)根据表 3-4 中材料预算价格,计算定额材料费。

材料费=定额材料用量×材料预算单价

合金钻头: (0.9×11.15)×43.69=10.04×43.69=438.65(元)

岩石乳化炸药: (0.9×219.00)×5.15=197.10×5.15=1 015.07(元)

数码电子雷管: (0.9×315.00)×3.0=283.50×3.0=850.50(元)

导电线: (0.9×649.00)×0.7=584.10×0.7=408.87(元)

其他材料费=其他材料费费率×主要材料费之和

因此,计算其他材料费:

6%×(438.65+1 015.07+850.50+408.87)= 162.79(元)

材料费合计:

438.65+1 015.07+850.50+408.87+162.79=2 875.88(元)

(3)根据表 3-5 中机械台时费,计算定额机械使用费。

机械使用费=定额机械使用量(台时)×施工机械台时费(元/台时)

风钻 气腿式: (0.9×23.48)×90.14=21.13×90.14=1 904.66(元)

风钻 手持式: (0.9×54.27)×65.41=48.84×65.41=3 194.62(元)

轴流通风机 37 kW:

(0.9×45.47)×39.16=40.92×39.16= 1 602.43(元)

其他机械费=其他机械费费率×主要机械费之和

因此,计算其他机械费:

7%×(1 904.66+3 194.62+1 602.43)= 469.12(元)

机械使用费合计:

1 904.66+3 194.62+1 602.43+469.12=7 170.83(元)

(4)根据问题 1 中计算得到的运输出渣单价,计算其他费用。

斜井石渣运输：

$$121\times(5\ 274.46\div100)=121\times52.74=6\ 381.54(\text{元})$$

(5)基本直接费。

$$6\ 332.37+2\ 875.88+7\ 170.83+6\ 381.54=22\ 760.62(\text{元})$$

(6)其他直接费。

其他直接费=基本直接费×其他直接费费率之和=8.0%×22 760.62=1 820.85(元)

(7)直接费。

直接费=基本直接费+其他直接费=22 760.62+1 820.85=24 581.47(元)

(8)间接费。

间接费=直接费×间接费费率=24 581.47×12.5%=3 072.68(元)

(9)利润。

利润=(直接费+间接费)×利润率=(24 581.47+3 072.68)×7%=1 935.79(元)

(10)根据表3-4中材料预算价格，计算材料补差。

材料补差=(材料预算价格-材料基价)×材料消耗量

岩石乳化炸药：　(13 000-5 150)÷1 000×(0.9×219)=1 547.24(元)

数码电子雷管：　(18-3)×(0.9×315)=4 252.50(元)

材料补差合计：　1 547.24+4 252.50=5 799.74(元)

(11)税金。

税金=(直接费+间接费+利润+材料补差)×税率

=(24 581.47+3 072.68+1 935.79+5 799.74)×9%=3 185.07(元)

(12)费用合计。

费用合计=直接费+间接费+利润+材料补差+税金

=24 581.47+3 072.68+1 935.79+5 799.74+3 185.07=38 574.75(元)

(13)石方开挖单价。

$$38\ 574.75\div100=385.75(\text{元}/m^3)$$

石方开挖建筑工程单价计算结果见表3-9。

表3-9　石方开挖建筑工程单价

单价编号	②	项目名称	斜井石方开挖——风钻钻孔(下行)(开挖断面15 m^2)		
定额编号	20262	定额单位	100 m^3		
施工方法	风钻钻孔(下行)(开挖断面15 m^2)，岩石级别Ⅸ～Ⅹ				
序号	名称及规格	单位	数量	单价/元	合价/元
一	直接费				24 581.47
1	基本直接费				22 760.62
(1)	人工费				6 332.37

续表 3-9

序号	名称及规格	单位	数量	单价/元	合价/元
	工长	工时	17.01	11.8	200.72
	中级工	工时	294.48	9.15	2 694.49
	初级工	工时	538.74	6.38	3 437.16
(2)	材料费				2 875.88
	合金钻头	个	10.04	43.69	438.65
	岩石乳化炸药	kg	197.10	5.15	1 015.07
	数码电子雷管	个	283.50	3.0	850.50
	导电线	m	584.10	0.7	408.87
	其他材料费	%	6	2 713.09	162.79
(3)	机械使用费				7 170.83
	风钻 气腿式	台时	21.13	90.14	1 904.66
	风钻 手持式	台时	48.84	65.41	3 194.62
	轴流通风机 37 kW	台时	40.92	39.16	1 602.43
	其他机械费	%	7	6 701.71	469.12
(4)	其他费用				6 381.54
	斜井石渣运输(卷扬机提升出渣)	m^3	121	52.74	6 381.54
2	其他直接费			8.0%	1 820.85
二	间接费			12.5%	3 072.68
三	利润			7%	1 935.79
四	材料补差				5 799.74
五	税金			9%	3 185.07
	合计				38 574.75
	单价	元/m^3			385.75

(14)计算该段斜井开挖的建筑工程造价。

建筑工程造价=工程量×开挖单价=(15×100)×385.75=578 625.00(元)

案例三　堤防整治工程单价计算

一、背景

某堤防整治工程目前处于初步设计阶段，工程所在地属于一般地区。为满足防洪要求，部分堤段使用黏土加高培厚，涵闸建筑物需要重建并填筑黏土。最近的料场距施工地点 5 km，主要出产黏土（Ⅲ类土），本料场开采不考虑剥离料。开采使用 2 m^3 液压挖掘机配 15 t 自卸汽车运输。填筑采用轮胎碾压实，设计压实干容重为 15.97 kN/m^3，柴油基价 2 990 元/t。

二、问题

1. 试计算料场取料运输至施工现场的基本直接费（元/m^3），以及这一工序的柴油材料补差（元/m^3）。

2. 试计算堤防段的土方填筑单价（元/m^3）。

3. 试计算该水闸的土方填筑单价（元/m^3）。

相关资料见表 3-10、表 3-11。

所有计算结果保留两位小数。

表 3-10　基础资料一览表

序号	名称及规格	单位	价格/元
一	人工单价（一般地区）		
	工长	工时	8.02
	高级工	工时	7.40
	中级工	工时	6.16
	初级工	工时	4.26
二	材料价格（不含增值税进项税额）		
	柴油	t	6 743
三	取费标准		
	其他直接费	%	5.5
	间接费	%	5.0
	计划利润	%	7.0
	税金	%	9.0

表 3-11　相关机械台时费和柴油耗量(主要材料预算价格按基价计算)

机械名称	单位	台时费/元(柴油取基价)	柴油耗量/kg
单斗液压挖掘机 2 m^3	台时	207.74	20.2
推土机 59 kW	台时	61.62	8.4
推土机 74 kW	台时	84.60	10.6
拖拉机 74 kW	台时	63.67	9.9
轮胎碾 9~16 t	台时	26.08	
刨毛机	台时	46.65	7.4
蛙式夯实机 2.8 kW	台时	15.32	
自卸汽车 柴油型 15 t	台时	111.44	13.1

摘录的相关定额如下:

一-37　2 m^3 挖掘机挖土自卸汽车运输

适用范围:露天作业。

工作内容:挖装、运输、卸除、空回。

(2)Ⅲ类土

单位:100 m^3

项目	单位	运距/km					增运 1 km
		1	2	3	4	5	
工长	工时						
高级工	工时						
中级工	工时						
初级工	工时	4.5	4.5	4.5	4.5	4.5	
合计	工时	4.5	4.5	4.5	4.5	4.5	
零星材料费	%	4	4	4	4	4	
挖掘机 液压 2 m^3	台时	0.67	0.67	0.67	0.67	0.67	
推土机 59 kW	台时	0.33	0.33	0.33	0.33	0.33	
自卸汽车 8 t	台时	6.36	8.34	10.16	11.88	13.52	1.52
10 t	台时	5.79	7.48	9.02	10.48	11.86	1.28
12 t	台时	5.25	6.72	8.06	9.34	10.56	1.12
15 t	台时	4.34	5.51	6.60	7.60	8.58	0.89
18 t	台时	3.97	4.95	5.86	6.70	7.51	0.75
20 t	台时	3.67	4.57	5.40	6.18	6.94	0.69
编号		10640	10641	10642	10643	10644	10645

三-19　**土石坝物料压实**

工作内容：推平、刨毛、压实，削坡、洒水、补夯边及坝面各种辅助工作。

(1)自料场直接运输上坝

①土料

单位：100 m^3 实方

项目	单位	轮胎碾压实		凸块振动碾压实	
		干容重/(kN/m^3)			
		≤16.67	>16.67	≤16.67	>16.67
工长	工时				
高级工	工时				
中级工	工时				
初级工	工时	23.2	25.2	22.1	23.2
合计	工时	23.2	25.2	22.1	23.2
零星材料费	%	10	10	10	10
轮胎碾 9~16 t 拖拉机 74 kW	组时	1.08	1.51		
凸块振动碾 13.5 t	台时			0.86	1.08
推土机 74 kW	台时	0.55	0.55	0.55	0.55
蛙式打夯机 2.8 kW	台时	1.09	1.09	1.09	1.09
刨毛机	台时	0.55	0.55	0.55	0.55
其他机械费	%	1	1	1	1
土料运输(自然方)	m^3	126	126	126	126
编号		30079	30080	30081	30082

注：1. 堤防土料填筑及一般土料压实的土料运输(自然方)为 118 m^3。

2. 本节定额零星材料费计算基数不含土料及砂石料运输费。

3. 本节定额如用于非土石堤、坝的一般土料压实，其人工、机械定额乘以 0.8 系数。

三、分析要点

本案例主要考查水利工程设计工程计量的应用及建筑工程单价计算。

问题 1 主要考查点为基本直接费的计算。

剥离指料场开采时去掉料场表面的覆盖层或其他无法使用的土料。本案例不考虑料场剥离料所产生的附加费用问题。

基本直接费包括人工费、材料费、施工机械使用费三项费用。

$$\text{基本直接费}\begin{cases}\text{人工费}=\text{定额劳动量(工时)}\times\text{人工预算单价(元/工时)}\\\text{材料费}=\text{定额材料用量}\times\text{材料预算单价}\\\text{施工机械使用费}=\text{定额机械使用量(台时)}\times\text{施工机械台时费(元/台时)}\end{cases}$$

柴油按 2 990 元/t 的材料基价计算其他直接费、间接费和利润，材料预算价格与基价的差值部分以补差形式计取税金后计入相应工程单价中。台时费表中已按汽油、柴油基价计算台时费。柴油材料补差则根据定额中机械台时费的柴油耗量以及柴油价格(不含增值税进项税额）与柴油基价的差值相乘计算。

《水利建筑工程概算定额》总说明中规定，各章的运输定额，适用于水利工程施工路程10 km以内的场内运输。运距超过10 km时，超过部分按增运1 km的台时数乘以0.75系数计算。本案例运距为5 km，不需要考虑台时数的折算问题。

问题2主要考查建筑工程单价的计算。

建筑工程单价=直接费+间接费+利润+材料补差+税金

对于本案例的土方填筑单价，问题1中所求的料场取料运输至施工现场的基本直接费对应定额中的土方运输。注意到，该定额零星材料费的计算基数不含土料运输费用。定额备注中的一般土方填筑指的是非坝体填筑的土料运输（自然方）耗量118 m^3。问题2、问题3的主要区别在于水闸属于非堤坝，其土方填筑的人工、机械定额应乘以0.8系数。

建筑工程单价：
- ①直接费
  - 基本直接费
  - 其他直接费=基本直接费×其他直接费费率之和
- ②间接费=①×间接费费率
- ③利润=（①+②）×利润率
- ④材料补差=（材料预算价格−材料基价）×材料消耗量
- ⑤税金=（①+②+③+④）×税率

四、答案

问题1：

料场至施工现场的运输距离为5 km，选用定额编号10644，故料场取料运输至施工现场的基本直接费计算结果见表3-12。

表3-12　基本直接费计算结果

单价编号	①	项目名称	2 m^3 挖掘机挖土自卸汽车运输5 km（Ⅲ类土）		
定额编号	10644	定额单位	100 m^3		
施工方法	2 m^3 挖掘机挖Ⅲ类土，运距5 km				
序号	名称及规格	单位	数量	单价/元	合价/元
1	基本直接费				1 180.24
（1）	人工费				19.17
	初级工	工时	4.50	4.26	19.17
（2）	材料费				45.39
	零星材料费	%	4	1 134.85	45.39
（3）	机械使用费				1 115.68
	单斗挖掘机 液压2.0 m^3	台时	0.67	207.74	139.19
	推土机 59 kW	台时	0.33	61.62	20.33
	自卸汽车 柴油型 15 t	台时	8.58	111.44	956.16
2	材料补差				482.63
	柴油	kg	128.70	3.75	482.63

本工程料场取料运输至施工现场的基本直接费为1 180.24÷100=11.80（元/m^3），该工

序的柴油材料补差为 482.63÷100=4.83(元/m³)。

问题 2:

设计干容重 15.97 kN/m³<16.67 kN/m³,根据施工方法,选用定额编号 30079,并将其中的土料运输耗量调整为 118 m³。

堤防段土方填筑单价计算过程略,其中材料补差中柴油消耗量考虑定额编号 30079 中拖拉机、推土机及刨毛机的柴油消耗量=各机械定额消耗量×柴油耗量之和=1.08×9.9+0.55×10.6+0.55×7.4=20.59(kg)。

堤防段土方填筑单价计算结果见表 3-13。

表 3-13 堤防段土方填筑单价

单价编号	②	项目名称	堤防段土方填筑		
定额编号	30079		定额单位	100 m³ 实方	
施工方法	土方压实,干容重≤16.67 kN/m³				
序号	名称及规格	单位	数量	单价/元	合价/元
一	直接费				1 801.48
1	基本直接费				1 707.56
(1)	人工费				98.83
	初级工	工时	23.2	4.26	98.83
(2)	材料费				28.65
	零星材料费	%	10	286.51	28.65
(3)	机械使用费				187.68
	轮胎碾 9~16 t	台时	1.08	26.08	28.17
	拖拉机 74 kW	台时	1.08	63.67	68.76
	推土机 74 kW	台时	0.55	84.60	46.53
	蛙式夯实机 2.8 kW	台时	1.09	15.32	16.70
	刨毛机	台时	0.55	46.65	25.66
	其他机械费	%	1	185.82	1.86
(4)	其他费用				1 392.40
	土料运输(自然方)(基本直接费)	m³	118.00	11.80	1 392.40
2	其他直接费			5.5%	93.92
二	间接费			5.0%	90.07
三	利润			7.0%	132.41
四	材料补差				647.15
	柴油	kg	20.59	3.75	77.21
	土料运输(自然方)(材料补差)	m³	118.00	4.83	569.94
五	税金			9.0%	240.40
	合计				2 911.51
	单价	元/m³			29.12

堤防段土方填筑单价为 29.12 元/m^3。

问题 3:

水闸土方填筑同样参照定额编号 30079,由于为非堤坝土方填筑,人工、机械耗量在原定额基础上乘以 0.8 系数。水闸土方填筑单价计算过程略,结果见表 3-14。

表 3-14 水闸土方填筑单价计算

单价编号	③	项目名称	水闸土方填筑		
定额编号	30079	定额单位	100 m^3 实方		
施工方法	土方压实,干容重≤16.67 kN/m^3				
序号	名称及规格	单位	数量	单价/元	合价/元
一	直接费				1 734.53
1	基本直接费				1 644.10
(1)	人工费				79.07
	初级工	工时	18.56	4.26	79.07
(2)	材料费				22.88
	零星材料费	%	10	228.82	22.88
(3)	机械使用费				149.75
	轮胎碾 9~16 t	台时	0.86	26.08	22.43
	拖拉机 74 kW	台时	0.86	63.67	54.76
	推土机 74 kW	台时	0.44	84.60	37.22
	蛙式夯实机 2.8 kW	台时	0.87	15.32	13.33
	刨毛机	台时	0.44	46.65	20.53
	其他机械费	%	1	148.27	1.48
(4)	其他费用				1 392.40
	土料运输(自然方)(基本直接费)	m^3	118.00	11.80	1 392.40
2	其他直接费			5.5%	90.43
二	间接费			5.0%	86.73
三	利润			7.0%	127.49
四	材料补差				631.55
	柴油	kg	16.43	3.75	61.61
	土料运输(自然方)(材料补差)	m^3	118.00	4.83	569.94
五	税金			9.0%	232.23
	合计				2 812.53
	单价	元/m^3			28.13

水闸土方填筑单价为 28.13 元/m^3。

案例四　引水隧洞工程通风机械调整及出渣运距计算

一、背景

某大型水资源配置工程包括一段长 3 910 m 的城门洞形引水隧洞。考虑工期要求，设置有一条施工支洞，长 350 m，已先期完成。隧洞施工布置示意见图 3-2。

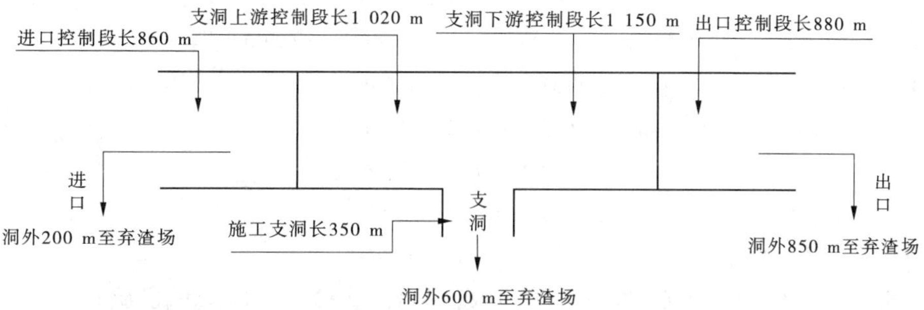

图 3-2　隧洞施工布置示意

根据设计确定的出渣方案，将隧洞分为四段：进口控制段 860 m，施工支洞上游控制段 1 020 m，施工支洞下游控制段 1 150 m，以及出口控制段 880 m。

隧洞开挖设计采用液压凿岩台车施工，根据《水利建筑工程概算定额》规定，洞井石方开挖定额中通风机台时量是按一个工作面长度 400 m 拟订的，如工作面长度超过 400 m，应按表 3-15 调整通风机台时定额量。

表 3-15　通风机调整系数

隧洞工作面长/m	400	500	600	700	800	900
系数	1.00	1.20	1.33	1.43	1.50	1.67
隧洞工作面长/m	1 000	1 100	1 200	1 300	1 400	1 500
系数	1.80	1.91	2.00	2.15	2.29	2.40
隧洞工作面长/m	1 600	1 700	1 800	1 900	2 000	
系数	2.50	2.65	2.78	2.90	3.00	

二、问题

1. 用内插法计算各控制段的通风机调整系数，并加权平均计算整段隧洞的通风机综合调整系数。

2. 用加权平均法计算该段隧洞出渣的综合运距。

以上计算结果均保留两位小数。

三、分析要点

本案例要求按照《水利水电工程设计工程量计算规定》和《水利建筑工程概算定额》中

的相关规定,掌握工程量的计算方法,以及水利概算洞井石方开挖中通风机台时量的计算。

四、答案

问题 1:

(1)计算各段通风机工作面所占权重。

设进口控制段 860 m 为 A 段,施工支洞上游控制段 1 020 m 为 B 段,考虑 350 m 长的施工支洞,该段工作面长度为 1 370 m,施工支洞下游控制段 1 150 m 为 C 段,考虑 350 m 长的施工支洞,该段工作面长度为 1 500 m,出口控制段 880 m 为 D 段,各段通风长度之和为 860+1 020+1 150+880=3 910(m)。则各段通风长度所占权重如下:

A 段:　　860÷3 910=21.99%

B 段:　　1 020÷3 910=26.09%

C 段:　　1 150÷3 910=29.41%

D 段:　　880÷3 910=22.51%

(2)计算通风机定额综合调整系数。

A 段的长度 860 m 在 800~900 m 区间内,用内插法计算该段通风机调整系数:

$$1.50+(1.67-1.50)\times(860-800)\div(900-800)=1.60$$

B 段的长度为 1 020 m,加上 350 m 的施工支洞,通风机工作面长度为 1 020+350=1 370(m),在 1 300~1 400 m 的区间内,用内插法计算该段通风机调整系数:

$$2.15+(2.29-2.15)\times(1\,370-1\,300)\div(1\,400-1\,300)=2.25$$

C 段的长度为 1 150 m,加上 350 m 的施工支洞,通风机工作面长度为 1 150+350=1 500(m),该段通风机调整系数为 2.40。

D 段的长度 880 m 在 800~900 m 区间内,用内插法计算该段通风机调整系数:

$$1.50+(1.67-1.50)\times(880-800)\div(900-800)=1.64$$

用加权平均计算整段隧洞 3 910 m 的综合调整系数:

$$21.99\%\times1.60+26.09\%\times2.25+29.41\%\times2.40+22.51\%\times1.64=2.01$$

综合调整系数计算结果见表 3-16。

表 3-16　综合调整系数计算结果

编号	权重/%	通风长度/m	系数
A	21.99	860	1.60
B	26.09	1 370	2.25
C	29.41	1 500	2.40
D	22.51	880	1.64
综合系数	100		2.01

由计算可知,整段隧洞的通风机综合调整系数为 2.01。

问题 2:

由图 3-2 可知,A 段从隧洞进口出渣,B 段和 C 段由施工支洞出渣,D 段由隧洞出口出渣,计算原理同问题 1,计算权重采用隧洞各段长度,不含施工支洞长度。

据此计算综合运距,见表 3-17。

表 3-17　综合运距

编号	权重/%	运渣计算长度/m	计算式
A	21.99	630	860÷2+200
B	26.09	1 460	1 020÷2+350+600
C	29.41	1 525	1 150÷2+350+600
D	22.51	1 290	880÷2+850
综合	100	1 258.33	

计算洞内综合运渣距离：

21.99%×630+26.09%×1 460+29.41%×1 525+22.51%×1 290=1 258.33(m)

案例五　施工用电和施工用水预算价格计算

一、背景

某水库工程初步设计报告中设计采用 35 kV 电网及自发电两种方式供电，其中电网供电比例 90%，自发电比例 10%。

已知当地发布的电网销售电价如表 3-18 所示，本项目暂按工商业及其他用电类别中单一制电价考虑；自发电采用固定式柴油发电机，额定容量 200 kW，发电机台(组)时费 326.89 元。

表 3-18　某地区电网销售电价　单位：元/kW · h

项目	不满 1 kV	1~10 kV	20 kV	35 kV	110 kV
一般工商业及其他用电	0.870 0	0.850 0	0.845 0	0.830 0	0.825 0

注：以上电价均为除税价。

电价计算公式为

电网供电价格=基本电价÷(1−高压输电线路损耗率)÷(1−35 kV 以下变配电设备及配电线路损耗率)+供电设施维修摊销费

当柴油发电机组采用循环冷却水时：

柴油发电机供电价格=柴油发电机组时总费用÷(柴油发电机组额定容量之和×K)÷(1−厂用电率)÷(1−变配电设备及配电线路损耗率)+单位循环冷却水费+供电设施维修摊销费

式中：K 为发电机出力系数。

该工程编制概算采用的各项数据如下：人工单价为工长 11.98 元/工时，高级工 11.09 元/工时，中级工 9.33 元/工时，初级工 6.55 元/工时，厂用电率 5%，高压输电线路损耗率 5%，变配电设备及配电线路损耗率 7%，发电机出力系数 0.83，单位循环冷却水费 0.07 元/kW · h，供电设施维修摊销费 0.05 元/kW · h。

该工程施工用水采用单级水泵一台,该离心水泵在设计扬程下的额定容量为 100 m^3/h。

施工用水价格=水泵组时总费用÷(水泵额定容量之和×K)÷(1−供水损耗率)+供水设施维修摊销费

式中:K 为能量利用系数。

水泵台时费的一类费用 4.88 元,二类费用中人工消耗量 1.3 h,耗电量 27.4 kW·h。水泵能量利用系数 0.75,供水损耗率 10%,供水设施摊销费 0.05 元/m^3。

二、问题

1. 计算该工程的施工用电电网供电价格。
2. 计算该工程的施工用电综合电价。
3. 计算该工程的施工用水预算价格。

以上计算不考虑自发电中可抵扣增值税,所有计算结果保留两位小数。

三、分析要点

本案例主要考查施工用电价格及施工用水价格的计算。

施工用电由基本电价、电能损耗摊销费和供电设施摊销费组成。根据施工组织实际确定的供电方式以及不同电源的电量所占比例,按国家或工程所在省(直辖市、自治区)规定的电网供电价格规定的加价进行计算。

应注意,根据《水利工程营业税改增值税计价依据调整办法》,电网供电价格中的基本电价应不含增值税进项税额。同时,根据《水利工程施工机械台时费定额》,台时费中人工费按中级工计算。

四、答案

问题 1:

该工程外接 35 kV 供电线路,根据表 3-18 可知,电网电价为 0.830 0 元/kW·h,高压输电线路损耗率 5%,变配电设备及配电线路损耗率 7%,供电设施维修摊销费 0.05 元/kW·h。

电网供电价格=0.830 0÷(1−5%)÷(1−7%)+0.05=0.99(元/kW·h)

问题 2:

柴油发电机供电价格=326.89÷(200×0.83)÷(1−5%)÷(1−7%)+0.07+0.05
=2.35(元/kW·h)

因此,本工程施工用电综合电价:

0.99×90%+2.35×10%=1.13(元/kW·h)

问题 3:

水泵台时费=4.88+1.3×9.33+27.4×1.13=47.97(元/h)

施工用水预算价格=47.97÷(100×0.75)÷(1−10%)+0.05=0.76(元/m^3)

案例六　施工用风预算价格计算

一、背景

根据某水利工程施工组织设计方案,施工供风系统总容量为 38 m^3/min(电动固定式空压机 20 m^3/min 1 台,电动移动式空压机 9 m^3/min 2 台)。已知:高级工 11.38 元/工时,中级工 9.62 元/工时,初级工 6.84 元/工时,施工用电预算单价为 0.90 元/ kW·h,空压机能量利用系数 0.75,供风损耗率 10%,供风设施摊销费 0.004 元/m^3,循环冷却水费 0.007 元/m^3。相关机械台时费定额见表 3-19,其中一类费用需要根据《水利工程营业税改增值税计价依据调整办法》《水利部办公厅关于调整水利工程计价依据增值税计算标准的通知》进行一定调整。具体调整办法如下:施工机械台时费定额的折旧费除以 1.13 调整系数,修理及替换设备费除以 1.09 调整系数,安装拆卸费不变。施工机械台时费按调整后的施工机械台时费定额和不含增值税进项税额的基础价格计算。

表 3-19　相关机械台时费定额

项目		单位	空压机	
			电动移动式	电动固定式
			9 m^3/min	20 m^3/min
(一)	折旧费	元	3.40	5.92
	修理及替换设备费	元	4.91	6.82
	安装拆卸费	元	0.85	1.01
	小计	元	9.16	13.75
(二)	人工	工时	1.3	1.8
	汽油	kg		
	柴油	kg		
	电	kW·h	45.4	98.3
	风	m^3		
	水	m^3		
	煤	kg		
编号			8011	8019

二、问题

1. 计算两种空压机的台时费。
2. 计算该工程施工用风预算价格。

施工用风价格=空压机组时费÷(空压机额定容量之和×60 min×K)÷(1-供风损耗率)+单位循环冷却水费+供风设施维修摊销费

式中:K 为能量利用系数。

所有计算结果保留两位小数。

三、分析要点

本问题主要考查台时费的计算以及施工用风价格的计算。
注意:台时费中的人工按中级工考虑。

四、答案

问题 1:

按题中所述的台时费调整办法调整,见表 3-20。

表 3-20 台时费调整办法

项目		单位	电动移动式空压机 9 m^3/min		
			原定额	调整办法	调整后
(一)	折旧费	元	3.40	3.40÷1.13	3.01
	修理及替换设备费	元	4.91	4.91÷1.09	4.50
	安装拆卸费	元	0.85	不调整	0.85
	小计	元	9.16	按公式计算	8.36
(二)	人工	工时	1.3	不调整	1.3
	汽油	kg			
	柴油	kg			
	电	kW · h	45.4	不调整	45.4
	风	m^3			
	水	m^3			
	煤	kg			

项目		单位	电动固定式空压机 20 m^3/min		
			原定额	调整办法	调整后
(一)	折旧费	元	5.92	5.92÷1.13	5.24
	修理及替换设备费	元	6.82	6.82÷1.09	6.26
	安装拆卸费	元	1.01	不调整	1.01
	小计	元	13.75	按公式计算	12.51
(二)	人工	工时	1.8	不调整	1.8
	汽油	kg			
	柴油	kg			
	电	kW · h	98.3	不调整	98.3
	风	m^3			
	水	m^3			
	煤	kg			

调整后的空压机台时费耗量见表 3-21。

表 3-21　调整后的空压机台时费耗量

项目		单位	空压机	
			电动移动式	电动固定式
			9 m^3/min	20 m^3/min
（一）	折旧费	元	3.01	5.24
	修理及替换设备费	元	4.50	6.26
	安装拆卸费	元	0.85	1.01
	小计	元	8.36	12.51
（二）	人工	工时	1.3	1.8
	汽油	kg		
	柴油	kg		
	电	kW·h	45.4	98.3
	风	m^3		
	水	m^3		
	煤	kg		
编号			8011	8019

电动移动式空压机(9 m^3/min)台时费：

$$8.36+1.3\times9.62+45.4\times0.90=61.73(\text{元/h})$$

电动固定式空压机(20 m^3/min)台时费：

$$12.51+1.8\times9.62+98.3\times0.90=118.30(\text{元/h})$$

问题 2：

供风系统组时费：

$$61.73\times2+118.3=241.76(\text{元/h})$$

施工用风价格：

$$241.76\div(38\times60\times0.75)\div(1-10\%)+0.004+0.007=0.17(\text{元/m}^3)$$

案例七　混凝土材料预算价和工程单价计算

一、背景

根据某引调水工程的可行性研究报告，该工程通过泵站从水库提水引至水厂，工程所在地属于一般地区，该地区冬季天气严寒。泵站工程泵房墙体及取水头部采用 C25 二级配混凝土，抗冻等级为 F100，泵房墙体厚度 60 cm。根据施工组织设计，施工现场配置 0.4 m^3 搅拌机，3 m^3 混凝土搅拌车运输 500 m 至浇筑现场，墙体混凝土浇筑采用泵送入仓，取水头部混凝土采用人工入仓。

水泥、汽油、柴油、砂石料基价分别取 255 元/t、3 075 元/t、2 990 元/t、70 元/m^3。其他已知条件如表 3-22～表 3-25 所示。

二、问题

1. 计算泵房墙体混凝土、取水头部混凝土的材料单价(元/m³)和其中的材料补差(元/m³)。

2. 计算混凝土搅拌和混凝土运输的基本直接费(元/m³)以及相应工序的柴油材料补差(元/m³)。

3. 计算泵房墙体混凝土的浇筑单价(元/m³)。

所有计算结果保留两位小数。

表 3-22　混凝土材料配合比

单位:m³

项目名称	水泥强度等级	水灰比	级配	水泥/kg	粗砂/m³	卵石/m³	水/m³
混凝土 C25 一级配	32.5	0.50	1	353	0.50	0.73	0.170
混凝土 C25 二级配			2	310	0.47	0.81	0.150
混凝土 C25 三级配			3	260	0.38	0.96	0.125
混凝土 C25 四级配			4	230	0.32	1.06	0.110
混凝土 C25 一级配	42.5	0.55	1	321	0.54	0.72	0.170
混凝土 C25 二级配			2	289	0.49	0.81	0.150
混凝土 C25 三级配			3	238	0.40	0.96	0.125
混凝土 C25 四级配			4	208	0.34	1.06	0.110
泵用混凝土 C25 一级配	32.5	0.44	1	461	0.58	0.66	0.195
泵用混凝土 C25 二级配			2	408	0.53	0.79	0.173

表 3-23　混凝土抗冻等级水灰比范围

抗冻等级	F50	F100	F150	F200	F300
一般水灰比	<0.58	<0.55	<0.52	<0.50	<0.45

表 3-24　基础资料一览表

编号	名称及规格	单位	价格/元
一	人工单价(一般地区)		
	工长	工时	9.27
	高级工	工时	8.57
	中级工	工时	6.62
	初级工	工时	4.64
二	材料价格(不含增值税进项税额)		
	电	kW · h	0.89
	风	m³	0.16

续表 3-24

编号	名称及规格	单位	价格/元
	水	m^3	0.62
	汽油	t	9 150
	柴油	t	7 800
	水泥 32.5	t	419
	水泥 42.5	t	429
	粗砂	m^3	160
	卵石	m^3	130
三	取费标准		
	其他直接费	%	7.7
	间接费	%	9.5
	计划利润	%	7.0
	税金	%	9.0

表 3-25　相关机械台时费及柴油耗量(主要材料预算价格按基价计算)

机械名称	单位	台时费/元 (柴油取基价)	柴油耗量/kg
混凝土搅拌机 0.4 m^3	台时	25.23	0
胶轮车	台时	0.82	0
混凝土搅拌车 3 m^3	台时	115.10	10.1
混凝土输送泵 输出量 30 m^3/h	台时	87.92	0
风水枪	台时	35.54	0
振动器 插入式 1.1 kW	台时	2.12	

计算过程中用到的相关建筑工程定额如下：

四-35　搅拌机拌制混凝土

适用范围：各种级配常态混凝土。

单位：100 m^3

项目	单位	搅拌机出料/m^3	
		0.4	0.8
工长	工时		
高级工	工时		
中级工	工时	126.2	93.8
初级工	工时	167.2	124.4
合计	工时	293.4	218.2
零星材料费	%	2	2
搅拌机	台时	18.90	9.07
胶轮车	台时	87.15	87.15
编号		40171	40172

四-45　搅拌车运混凝土

适用范围:搅拌楼(机)给料。

单位:100 m^3

项目	单位	运距/km				增运 0.5 km
		0.5	1	2	3	
工长	工时					
高级工	工时					
中级工	工时	14.9	14.9	14.9	14.9	
初级工	工时	7.0	7.0	7.0	7.0	
合计	工时	21.9	21.9	21.9	21.9	
零星材料费	%	2	2	2	2	
混凝土搅拌车　3 m^3	台时	16.22	19.10	22.96	26.03	1.58
编号		40216	40217	40218	40219	40220

注:1. 如采用 6 m^3 混凝土搅拌车,机械定额乘以 0.52 系数;

2. 洞内运输,人工、机械定额乘以 1.25 系数。

四-13　墙

适用范围:坝体内截水墙、齿墙、心墙、斜墙、挡土墙、板桩墙、导水墙、防浪墙、胸墙、地面板式直墙、污工砌体外包混凝土等。

单位:100 m^3

项目	单位	墙厚/cm					
		20	30	60	90	120	150
工长	工时	18.6	14.5	11.3	8.7	8.1	7.5
高级工	工时	43.3	33.9	26.4	20.4	18.9	17.4
中级工	工时	346.5	270.9	211.1	163.3	151.4	139.4
初级工	工时	210.4	164.4	128.2	99.2	91.9	84.6
合计	工时	618.8	483.7	377.0	291.6	270.3	248.9
混凝土	m^3	107	107	107	107	107	107
水	m^3	191	180	170	149	138	127
其他材料费	%	2	2	2	2	2	2
混凝土泵　30 m^3/h	台时	12.73	11.03	9.56	8.35	6.57	6.57
振动器　1.1 kW	台时	54.05	54.05	43.73	43.73	19.66	19.66
风水枪	台时	13.50	13.50	10.92	10.92	4.91	4.91
其他机械费	%	13	13	13	13	13	13
混凝土拌制	m^3	107	107	107	107	107	107
混凝土运输	m^3	107	107	107	107	107	107
编号		40067	40068	40069	40070	40071	40072

注:本定额按混凝土泵入仓拟定,如采用人工入仓,则按下表增加人工工时并取消混凝土泵台时数。

单位:100 m³

项目	单位	墙厚/cm					
		20	30	60	90	120	150
增加初级工	工时	176.9	170.1	163.2	156.4	149.5	142.7

三、分析要点

本案例主要考查混凝土材料价格的计算和建筑工程单价的编制。

水泥、砂石料分别按 255 元/t、70 元/m³ 的材料基价计入混凝土基础价格,材料预算价格与基价的差值部分计入材料补差部分。

泵房墙体混凝土采用泵送入仓浇筑,因此应该采用泵送混凝土,二级配,C25。对于具有特殊抗冻、抗渗要求的混凝土,应根据设计的抗冻、抗渗等级选择具体的混凝土种类。本案例中抗冻等级为 F100,参照混凝土抗冻等级水灰比范围表可以看出,只有水泥强度等级为 32.5 的 C25 混凝土能满足要求。依据其他设计要求,取水头部混凝土选用水泥强度等级为 32.5 的普通 C25 二级配混凝土。

基本直接费包括人工费、材料费、施工机械使用费三项费用。

$$\text{基本直接费}\begin{cases}\text{人工费}=\text{定额劳动量(工时)}\times\text{人工预算单价(元/工时)}\\\text{材料费}=\text{定额材料用量}\times\text{材料预算单价}\\\text{施工机械使用费}=\text{定额机械使用量(台时)}\times\text{施工机械台时费(元/台时)}\end{cases}$$

柴油材料补差则根据定额中机械台时费的柴油耗量以及柴油价格(不含增值税进项税额)与柴油基价的差值相乘计算。

问题 3 主要考查建筑工程单价的计算。

$$\text{建筑工程单价}=\text{直接费}+\text{间接费}+\text{利润}+\text{材料补差}+\text{税金}$$

可行性研究阶段,混凝土建筑工程单价应考虑 10%的扩大系数。

四、答案

问题 1:

(1)由题干可知泵房墙体混凝土为二级配 C25 泵送混凝土,混凝土材料配合比见表 3-26。

表 3-26　混凝土材料配合比　单位:m³

项目名称	级配	水泥强度等级	水泥/kg	粗砂/m³	卵石/m³	水/m³
泵用混凝土 C25	二	32.5	408	0.53	0.79	0.173

强度等级 32.5 水泥单价为 419 元/t,基价为 255 元/t;粗砂单价为 160 元/m³,基价为 70 元/m³;卵石单价为 130 元/m³,基价为 70 元/m³;水单价为 0.62 元/m³。主要材料按基价计算,泵房墙体混凝土材料基价:

$$255\div1\,000\times408+70\times0.53+70\times0.79+0.62\times0.173=196.55(\text{元/m}^3)$$

泵房墙体混凝土的材料补差:

$$(419-255)\div1\,000\times408+(160-70)\times0.53+(130-70)\times0.79=162.01(\text{元/m}^3)$$

泵房墙体混凝土材料单价＝196.55+162.01＝358.56(元/m^3)

(2)由题干可知取水头部混凝土为水泥强度等级为32.5的二级配C25混凝土,混凝土材料配合比见表3-27。

表3-27　混凝土材料配合比

单位:m^3

项目名称	级配	水泥强度等级	水泥/kg	粗砂/m^3	卵石/m^3	水/m^3
混凝土C25	二	32.5	310	0.47	0.81	0.150

强度等级32.5的水泥单价为419元/t,基价为255元/t;粗砂单价为160元/m^3,基价为70元/m^3;卵石单价为130元/m^3,基价为70元/m^3;水单价为0.62元/m^3。主要材料按基价计算,取水头部混凝土材料基价:

$$255÷1\ 000×310+70×0.47+70×0.81+0.62×0.150=168.74(元/m^3)$$

取水头部混凝土的材料补差:

$$(419-255)÷1\ 000×310+(160-70)×0.47+(130-70)×0.81=141.74(元/m^3)$$

取水头部混凝土材料单价为

$$168.74+141.74=310.48(元/m^3)$$

问题2:

根据题干可知,混凝土采用0.4 m^3搅拌机搅拌,混凝土搅拌的基本直接费计算参照定额编号40171,如表3-28所示。

表3-28　混凝土搅拌的基本直接费

单价编号	①	项目名称	混凝土拌制		
定额编号	40171		定额单位	100 m^3	
施工方法	搅拌机拌制混凝土,搅拌机出料0.4 m^3				
序号	名称及规格	单位	数量	单价/元	合价/元
1	基本直接费				2 202.75
(1)	人工费				1 611.25
	中级工	工时	126.2	6.62	835.44
	初级工	工时	167.2	4.64	775.81
(2)	材料费				43.19
	零星材料费	%	2	2 159.56	43.19
(3)	机械使用费				548.31
	混凝土搅拌机 0.40 m^3	台时	18.90	25.23	476.85
	胶轮车	台时	87.15	0.82	71.46
(4)	其他费用				
2	材料补差				0

由表 3-28 可知,混凝土搅拌的基本直接费为 2 202. 75÷100=22. 03(元/m^3),这一工序的材料补差为 0。

根据题干可知,混凝土采用 3 m^3 混凝土搅拌车运输 0. 5 km,混凝土运输的基本直接费计算参照定额编号 40216,如表 3-29 所示。

表 3-29 混凝土运输的基本直接费

单价编号	②	项目名称	混凝土运输		
定额编号	40216		定额单位	100 m^3	
施工方法	3 m^3 搅拌车运输,运距 0. 5 km				
序号	名称及规格	单位	数量	单价/元	合价/元
1	基本直接费				2 038. 00
(1)	人工费				131. 12
	中级工	工时	14. 9	6. 62	98. 64
	初级工	工时	7	4. 64	32. 48
(2)	材料费				39. 96
	零星材料费	%	2	1 998. 04	39. 96
(3)	机械使用费				1 866. 92
	混凝土搅拌车 3.0 m^3(轮胎式)	台时	16. 22	115. 10	1 866. 92
(4)	其他费用				
2	材料补差				787. 97
	柴油	kg	163. 82	4. 81	787. 97

由表 3-29 可知,混凝土运输的基本直接费为 2 038. 00÷100=20. 38(元/m^3),这一工序的材料补差为 787. 97÷100=7. 88(元/m^3)。

问题 3:

由题干可知,混凝土墙厚 60 cm,采用混凝土泵送,其建筑工程单价计算参照定额编号 40069,如表 3-30 所示。

表 3-30 建筑工程单价计算

单价编号	③	项目名称	C25 泵房墙体		
定额编号	40069		定额单位	100 m^3	
施工方法	1. 1 kW 振动器振捣,墙厚 60 cm				
序号	名称及规格	单位	数量	单价/元	合价/元
一	直接费				32 216. 60
1	基本直接费				29 913. 28
(1)	人工费				2 323. 33
	工长	工时	11. 3	9. 27	104. 75
	高级工	工时	26. 4	8. 57	226. 25

续表 3-30

序号	名称及规格	单位	数量	单价/元	合价/元
	中级工	工时	211.1	6.62	1 397.48
	初级工	工时	128.2	4.64	594.85
(2)	材料费				21 558.98
	泵用混凝土 C25 二级配	m^3	107	196.55	21 030.85
	水	m^3	170	0.62	105.40
	其他材料费	%	2	21 136.25	422.73
(3)	机械使用费				1 493.10
	混凝土输送泵 输出量 30 m^3/h	台时	9.56	87.92	840.52
	振动器 插入式 1.1 kW	台时	43.73	2.12	92.71
	风水枪	台时	10.92	35.54	388.10
	其他机械费	%	13	1 321.33	171.77
(4)	其他费用				4 537.87
	混凝土拌制	m^3	107	22.03	2 357.21
	混凝土运输(基本直接费)	m^3	107	20.38	2 180.66
2	其他直接费			7.7%	2 303.32
二	间接费			9.5%	3 060.58
三	利润			7.0%	2 469.40
四	材料补差				18 178.23
	泵用混凝土 C25 二级配	m^3	107	162.01	17 335.07
	混凝土运输(材料补差)	m^3	107	7.88	843.16
五	税金			9.0%	5 033.23
	合计				60 958.04
	扩大 10%				6 095.80
	单价				670.54

案例八　土方填筑工程单价计算

一、背景

西部某省为提高防洪能力，拟修建一座中型水库，该水库同时兼具蓄水灌溉、供水、发电等功能。该工程目前正处于初步设计阶段，按照设计方案，挡水建筑物为均质黏土坝，土料填筑的设计工程量(实方)为 35 万 m^3，施工组织设计相关资料如下：

土料场覆盖层清除(Ⅱ类土)3.27 万 m^3，采用 59 kW 推土机推运 80 m，清除单价为 8.91 元/m^3；

土料开采用 1 m^3 挖掘机装Ⅲ类土，10 t 自卸汽车运 3.0 km 上坝填筑；

土料填筑：74 kW 推土机推平，5~7 t 羊脚碾压实，设计干容重 16.50 kN/m^3。

该工程所在地属于一类区，初步设计概算部分资料见表 3-31~表 3-34。

(1)人工预算单价标准见表 3-31。

表 3-31　人工预算单价计算标准　　单位：元/工时

类别与等级	一般地区	一类区	二类区	三类区	四类区	五类区 西藏二类	六类区 西藏三类	西藏四类
枢纽工程								
工长	11.55	11.80	11.98	12.26	12.76	13.61	14.63	15.40
高级工	10.67	10.92	11.09	11.38	11.88	12.73	13.74	14.51
中级工	8.90	9.15	9.33	9.62	10.12	10.96	11.98	12.75
初级工	6.13	6.38	6.55	6.84	7.34	8.19	9.21	9.98
引水工程								
工长	9.27	9.47	9.61	9.84	10.24	10.92	11.73	12.11
高级工	8.57	8.77	8.91	9.14	9.54	10.21	11.03	11.40
中级工	6.62	6.82	6.96	7.19	7.59	8.26	9.08	9.45
初级工	4.64	4.84	4.98	5.21	5.61	6.29	7.10	7.47
河道工程								
工长	8.02	8.19	8.31	8.52	8.86	9.46	10.17	10.49
高级工	7.40	7.57	7.70	7.90	8.25	8.84	9.55	9.88
中级工	6.16	6.33	6.46	6.66	7.01	7.60	8.31	8.63
初级工	4.26	4.43	4.55	4.76	5.10	5.70	6.41	6.73

(2)材料预算价格见表 3-32。

表 3-32　材料预算价格(不含增值税进项税额)

序号	项目名称	单位	预算价格/元
1	柴油	t	7 850

柴油按 2 990 元/t 取基价。

(3)施工机械台时费及柴油耗量见表 3-33。

表 3-33 施工机械台时费及柴油耗量

序号	施工机械	单位	台时费/元(柴油取基价)	柴油耗量/kg
1	单斗挖掘机 液压 1.0 m^3	台时	126.33	14.9
2	推土机 59 kW	台时	69.07	8.4
3	自卸汽车柴油型 10 t	台时	87.96	10.8
4	羊脚碾 5~7 t	台时	2.10	
5	拖拉机 59 kW	台时	56.94	7.9
6	推土机 74 kW	台时	92.25	10.6
7	蛙式夯实机 2.8 kW	台时	21.38	
8	刨毛机	台时	53.95	7.4

(4)其他直接费费率取 7.5%。

(5)间接费费率按照表 3-34 选取。

表 3-34 间接费费率

序号	工程类别	计算基础	间接费费率/%		
			枢纽工程	引水工程	河道工程
一	建筑工程				
1	土方工程	直接费	8.5	5~6	4~5
2	石方工程	直接费	12.5	10.5~11.5	8.5~9.5
3	砂石备料工程(自采)	直接费	5	5	5
4	模板工程	直接费	9.5	7~8.5	6~7
5	混凝土浇筑工程	直接费	9.5	8.5~9.5	7~8.5
6	钢筋制安工程	直接费	5.5	5	5
7	钻孔灌浆工程	直接费	10.5	9.5~10.5	9.25
8	锚固工程	直接费	10.5	9.5~10.5	9.25
9	疏浚工程	直接费	7.25	7.25	6.25~7.25
10	掘进机施工隧洞工程(1)	直接费	4	4	4
11	掘进机施工隧洞工程(2)	直接费	6.25	6.25	6.25
12	其他工程	直接费	10.5	8.5~9.5	7.25
二	机电、金属结构设备安装工程	人工费	75	70	70

(6)利润率 7%。

(7)税率 9%。

二、问题

1. 计算本工程填筑每方土料需摊销的清除覆盖层费用。

2. 根据设计方案，挖运土料选用编号为 10624 的《水利建筑工程概算定额》，计算挖运土料的基本直接费和材料补差并完成表 3-35。

表 3-35　挖运土料建筑工程单价

单价编号	①	项目名称	挖运土料(运 3 km)		
定额编号	10624		定额单位	100 m^3	
施工方法	1 m^3 挖掘机挖Ⅲ类土，运距 3 km				
序号	名称及规格	单位	数量	单价/元	合价/元
1	基本直接费				
(1)	人工费				
	初级工	工时	7		
(2)	材料费				
	零星材料费	%	4		
(3)	机械使用费				
	单斗挖掘机 液压 1.0 m^3	台时	1.04		
	推土机 59 kW	台时	0.52		
	自卸汽车 柴油型 10 t	台时	9.51		
(4)	其他费用				
	单价				
2	材料补差				
	柴油	kg			

3. 根据设计方案，土料填筑选用编号为 30077 的《水利建筑工程概算定额》，计算土料填筑单价(含覆盖层摊销)并完成表 3-36。

表 3-36　土料填筑建筑工程单价

单价编号	②	项目名称	土料压实(运 3 km)		
定额编号	30077		定额单位	100 m^3 实方	
施工方法	土石坝物料压实(自料场直接运输上坝)，干容重≤16.67 kN/m^3				
序号	名称及规格	单位	数量	单价/元	合价/元
一	直接费				
1	基本直接费				
(1)	人工费				

续表 3-36

序号	名称及规格	单位	数量	单价/元	合价/元
	初级工	工时	26.8		
(2)	材料费				
	零星材料费	%	10		
(3)	机械使用费				
	羊脚碾 5~7 t	台时	1.81		
	拖拉机 59 kW	台时	1.81		
	推土机 74 kW	台时	0.55		
	蛙式夯实机 2.8 kW	台时	1.09		
	刨毛机	台时	0.55		
	其他机械费	%	1		
(4)	其他费用				
	土料挖运(基本直接费)	m^3	126.00		
2	其他直接费				
二	间接费				
三	利润				
四	材料补差				
五	税金				
	合计				
	填筑每方土料需摊销的清除覆盖层费用	m^3	1		
	单价(含覆盖层摊销)				

本工程土料运输上坝费用不考虑坝面施工干扰系数。

以上计算结果均保留两位小数。

三、分析要点

本案例着重考查水利工程建筑工程费的费用构成以及基础单价和建筑工程单价的编制方法和计算标准。

土石方开挖与填筑在水利工程施工中相当常见,应当熟练掌握其单价计算过程,需要重点注意的是土的自然方与实方的区别。

四、答案

问题1：

本工程填筑每方土料需摊销的清除覆盖层费用

=覆盖层清除量×清除单价÷土料填筑总量（实方）

=32 700×8.91÷350 000=0.83（元/m^3）

问题2：

（1）工程为枢纽工程，所在地为一类区，根据给出的人工单价，计算人工费。

人工费=定额劳动量（工时）×人工预算单价（元/工时）

初级工：　7.0×6.38=44.66（元）

（2）根据给出的机械台时费，计算机械使用费。

机械使用费=定额机械使用量（台时）×施工机械台时费（元/台时）

单斗挖掘机液压1.0 m^3：　1.04×126.33=131.38（元）

推土机59 kW：　0.52×69.07=35.92（元）

自卸汽车柴油型10 t：　9.51×87.96=836.50（元）

机械使用费合计：　131.38+35.92+836.50=1 003.80（元）

（3）计算材料费。

零星材料费=零星材料费费率×（人工费+机械使用费）

=4%×（44.66+1 003.80）=41.94（元）

（4）基本直接费：44.66+1 003.80+41.94=1 090.40（元）

（5）每方单价：1 090.40÷100=10.90（元/m^3）

（6）根据表3-32中柴油预算价格及表3-33中施工机械柴油耗量，计算材料补差。

材料补差=（材料预算价格-材料基价）×材料消耗量

柴油耗量合计：　1.04×14.9+0.52×8.4+9.51×10.8=122.57（kg）

材料补差合计：　122.57×（7 850-2 990）÷1 000=595.69（元）

挖运土料建筑工程单价计算见表3-37。

表3-37　挖运土料建筑工程单价

单价编号	①	项目名称	挖运土料（运3 km）		
定额编号	10624		定额单位	100 m^3	
施工方法	1 m^3挖掘机挖Ⅲ类土，运距3 km				
序号	名称及规格	单位	数量	单价/元	合价/元
1	基本直接费				1 090.40
（1）	人工费				44.66
	初级工	工时	7	6.38	44.66
（2）	材料费				41.94
	零星材料费	%	4	1 048.46	41.94
（3）	机械使用费				1 003.80

续表 3-37

序号	名称及规格	单位	数量	单价/元	合价/元
	单斗挖掘机 液压 1.0 m^3	台时	1.04	126.33	131.38
	推土机 59 kW	台时	0.52	69.07	35.92
	自卸汽车 柴油型 10 t	台时	9.51	87.96	836.50
(4)	其他费用				
	单价				10.90
2	材料补差				595.69
	柴油	kg	122.57	4.86	595.69

问题 3:

(1)人工费:

人工费=定额劳动量(工时)×人工预算单价(元/工时)

初级工:　26.8×6.38=170.98(元)

(2)机械使用费:

机械使用费=定额机械使用量(台时)×施工机械台时费(元/台时)

羊脚碾 5~7 t:　1.81×2.10=3.80(元)

拖拉机 59 kW:　1.81×56.94=103.06(元)

推土机 74 kW:　0.55×92.25=50.74(元)

蛙式夯实机 2.8 kW:　1.09×21.38=23.30(元)

刨毛机:　0.55×53.95=29.67(元)

其他机械费=其他机械费费率×主要机械费之和

因此,计算其他机械费:

1%×(3.80+103.06+50.74+23.30+29.67)= 2.11(元)

机械使用费合计:

3.80+103.06+50.74+23.30+29.67+2.11=212.68(元)

(3)计算材料费。

零星材料费=零星材料费费率×(人工费+机械使用费)

=10%×(170.98+212.68)= 38.37(元)

(4)根据问题 2 中计算得到的挖运土料单价,计算其他费用。

土料挖运(运 3 km)(基本直接费):

126.00×10.90=1 373.40(元)

(5)基本直接费。

170.98+38.37+212.68+1 373.40=1 795.43(元)

(6)其他直接费。

其他直接费=基本直接费×其他直接费费率之和=1 795.43×7.5%=134.66(元)

(7)直接费。

直接费=基本直接费+其他直接费=1 795.43+134.66=1 930.09(元)

(8)本工程属于枢纽工程,土料压实属于土方工程,由题干可知,间接费费率取8.5%。

间接费=直接费×间接费费率=1 930.09×8.5%=164.06(元)

(9)利润。

利润=(直接费+间接费)×利润率=(1 930.09+164.06)×7%=146.59(元)

(10)根据柴油预算价格、施工机械柴油耗量、问题1中计算所得挖运土料材料补差,计算总材料补差。

材料补差=(材料预算价格-材料基价)×材料消耗量

柴油消耗量合计：　1.81×7.9+0.55×10.6+0.55×7.4=24.20(kg)

柴油材料补差：　24.20×(7 850-2 990)÷1 000=117.61(元)

挖运土料材料补差：　126×595.69÷100=750.57(元)

材料补差合计：　117.61+750.57=868.18(元)

(11)税金。

税金=(直接费+间接费+利润+材料补差)×税率

=(1 930.09+164.06+146.59+868.18)×9%=279.80(元)

(12)费用合计。

费用=直接费+间接费+利润+材料补差+税金

=1 930.09+164.06+146.59+868.18+279.80=3 388.72(元)

(13)土料填筑单价(含覆盖层摊销)。

土料填筑单价(含覆盖层摊销)：　3 388.72÷100+0.83=34.72(元)

土料填筑建筑工程单价计算结果见表3-38。

表3-38　土料填筑建筑工程单价

单价编号	②	项目名称	土料压实(运3 km)		
定额编号	30077		定额单位	100 m^3 实方	
施工方法：	土石坝物料压实(自料场直接运输上坝),干容重≤16.67 kN/m^3				
序号	名称及规格	单位	数量	单价/元	合价/元
一	直接费				1 930.09
1	基本直接费				1 795.43
(1)	人工费				170.98
	初级工	工时	26.8	6.38	170.98
(2)	材料费				38.37

续表 3-38

序号	名称及规格	单位	数量	单价/元	合价/元
	零星材料费	%	10	383.66	38.37
(3)	机械使用费				212.68
	羊脚碾 5~7 t	台时	1.81	2.10	3.80
	拖拉机 59 kW	台时	1.81	56.94	103.06
	推土机 74 kW	台时	0.55	92.25	50.74
	蛙式夯实机 2.8 kW	台时	1.09	21.38	23.30
	刨毛机	台时	0.55	53.95	29.67
	其他机械费	%	1	210.57	2.11
(4)	其他费用				1 373.40
	土料挖运(基本直接费)	m^3	126.00	10.90	1 373.40
2	其他直接费			7.5%	134.66
二	间接费			8.5%	164.06
三	利润			7%	146.59
四	材料补差				868.18
五	税金			9%	279.80
	合计				3 388.72
	填筑每方土料需摊销的清除覆盖层费用	m^3	1	0.83	0.83
	单价(含覆盖层摊销)				34.72

案例九　材料预算价格计算与帷幕灌浆工程估算投资编制

一、背景

西南某地区为提高下游城镇的防洪保障能力,缓解经济社会发展与防洪减灾能力薄弱之间的突出矛盾,结合城乡供水并利用水能资源发电,拟修建一座以防洪为主、兼顾发电的大型水库。

该水利枢纽目前正开展可行性研究,主要设计方案及参数如下:坝基岩石注水试验透水率为 4~6 Lu,设计采用自下而上灌浆法帷幕灌浆防渗,帷幕灌浆钻孔总进尺 2 150 m,坝基为Ⅺ~Ⅻ级岩石层,灌浆总量 2 100 m,在廊道内施工,廊道高度 5.5 m,钻机钻灌浆孔与水平夹角为 82°。

有关基础价格及费率如下:

(1)人工预算单价。

该工程所在地属于一类区,人工预算单价计算标准参考表 3-39。

表 3-39　人工预算单价计算标准　　单位:元/工时

类别与等级	一般地区	一类区	二类区	三类区	四类区	五类区 西藏二类	六类区 西藏三类	西藏四类
枢纽工程								
工长	11.55	11.80	11.98	12.26	12.76	13.61	14.63	15.40
高级工	10.67	10.92	11.09	11.38	11.88	12.73	13.74	14.51
中级工	8.90	9.15	9.33	9.62	10.12	10.96	11.98	12.75
初级工	6.13	6.38	6.55	6.84	7.34	8.19	9.21	9.98
引水工程								
工长	9.27	9.47	9.61	9.84	10.24	10.92	11.73	12.11
高级工	8.57	8.77	8.91	9.14	9.54	10.21	11.03	11.40
中级工	6.62	6.82	6.96	7.19	7.59	8.26	9.08	9.45
初级工	4.64	4.84	4.98	5.21	5.61	6.29	7.10	7.47
河道工程								
工长	8.02	8.19	8.31	8.52	8.86	9.46	10.17	10.49
高级工	7.40	7.57	7.70	7.90	8.25	8.84	9.55	9.88
中级工	6.16	6.33	6.46	6.66	7.01	7.60	8.31	8.63
初级工	4.26	4.43	4.55	4.76	5.10	5.70	6.41	6.73

(2)材料预算价格见表 3-40。

表 3-40　材料预算价格(不含增值税进项税额)

序号	项目名称	单位	预算价格/元
1	金刚石钻头	个	970.87
2	扩孔器	个	448
3	岩芯管	m	77.67
4	钻杆	m	194.17
5	钻杆接头	个	15.05
6	水	m^3	0.55

强度等级 42.5 的普通硅酸盐水泥从当地水泥厂购买,材料原价为 494.69 元/t,运距 40 km,每吨每千米运费 0.6 元,装卸车费和其他杂费为 9.98 元/t,采购及保管费为 17.45 元/t,运输保险费为 2.44 元/t。

水泥按 255 元/t 取基价。

(3)施工机械台时费见表 3-41,不考虑材料补差。

表 3-41　施工机械台时费

序号	施工机械	单位	台时费/元
1	地质钻机 150 型	台时	48.79
2	灌浆泵 中低压泥浆	台时	41.70
3	灰浆搅拌机	台时	20.03
4	胶轮车	台时	0.82

(4)其他直接费费率取 8.0%。

(5)间接费费率按照表 3-42 选取。

表 3-42　间接费费率

序号	工程类别	计算基础	间接费费率/%		
			枢纽工程	引水工程	河道工程
一	建筑工程				
1	土方工程	直接费	8.5	5~6	4~5
2	石方工程	直接费	12.5	10.5~11.5	8.5~9.5
3	砂石备料工程(自采)	直接费	5	5	5
4	模板工程	直接费	9.5	7~8.5	6~7
5	混凝土浇筑工程	直接费	9.5	8.5~9.5	7~8.5
6	钢筋制安工程	直接费	5.5	5	5
7	钻孔灌浆工程	直接费	10.5	9.5~10.5	9.25
8	锚固工程	直接费	10.5	9.5~10.5	9.25
9	疏浚工程	直接费	7.25	7.25	6.25~7.25
10	掘进机施工隧洞工程(1)	直接费	4	4	4
11	掘进机施工隧洞工程(2)	直接费	6.25	6.25	6.25
12	其他工程	直接费	10.5	8.5~9.5	7.25
二	机电、金属结构设备安装工程	人工费	75	70	70

(6)利润率取 7%。

(7)税率取 9%。

(8)根据《水利建筑工程概算定额》中关于钻机钻灌浆孔、坝基岩石帷幕灌浆等定额的相关规定,在廊道或隧洞内施工时,人工、机械定额乘以表 3-43 所列系数。

表 3-43　定额调整系数

廊道或隧洞高度/m	0~2.0	2.0~3.5	3.5~5.0	5.0 以上
系数	1.19	1.10	1.07	1.05

(9)根据《水利建筑工程概算定额》的规定，地质钻机钻灌不同角度的灌浆孔或观测孔、试验孔时，人工、机械、合金片、钻头和岩芯管定额乘以表 3-44 所列系数。

表 3-44　定额调整系数

钻孔与水平夹角	0°~60°	60°~75°	75°~85°	85°~90°
系数	1.19	1.05	1.02	1.00

二、问题

1. 计算水泥的预算价格。

2. 根据设计方案，坝基帷幕灌浆钻孔选用定额编号为 70003 的《水利建筑工程概算定额》，计算帷幕灌浆钻孔单价并完成表 3-45(表中数量为定额耗量，应根据实际情况调整)。

表 3-45　建筑工程单价

单价编号	①	项目名称	钻机钻岩石层帷幕灌浆孔(自下而上灌浆法)		
定额编号	70003		定额单位	100 m	
施工方法	150 型地质钻机钻孔，自下而上灌浆法，岩石级别Ⅺ~Ⅻ				
序号	名称及规格	单位	数量	单价/元	合价/元
一	直接费				
1	基本直接费				
(1)	人工费				
	工长	工时	31		
	高级工	工时	63		
	中级工	工时	220		
	初级工	工时	315		
(2)	材料费				
	金刚石钻头	个	4.0		
	扩孔器	个	2.8		
	岩芯管	m	5.0		
	钻杆	m	4.3		
	钻杆接头	个	4.8		
	水	m^3	825		
	其他材料费	%	13		

续表 3-45

序号	名称及规格	单位	数量	单价/元	合价/元
(3)	机械使用费				
	地质钻机 150 型	台时	180		
	其他机械费	%	5		
(4)	其他费用				
2	其他直接费				
二	间接费				
三	利润				
四	材料补差				
五	税金				
	合计				
	可研阶段扩大 10%				
	单价	元/m			

3. 根据设计方案,帷幕灌浆选用定额编号为 70031 的《水利建筑工程概算定额》(表中数量为定额耗量,应根据实际情况调整),计算帷幕灌浆单价并完成表 3-46。

表 3-46　建筑工程单价

单价编号	②	项目名称	坝基岩石帷幕灌浆(自下而上灌浆法)		
定额编号	70031		定额单位	100 m	
施工方法	灌浆泵自下而上灌浆,透水率 4~6 Lu				
序号	名称及规格	单位	数量	单价/元	合价/元
一	直接费				
1	基本直接费				
(1)	人工费				
	工长	工时	46		
	高级工	工时	104		
	中级工	工时	286		
	初级工	工时	456		
(2)	材料费				
	普通硅酸盐水泥 42.5	t	4.9		

续表 3-46

序号	名称及规格	单位	数量	单价/元	合价/元
	水	m^3	659		
	其他材料费	%	14		
(3)	机械使用费				
	灌浆泵 中低压 泥浆	台时	169.5		
	灰浆搅拌机	台时	145.4		
	地质钻机 150 型	台时	22.8		
	胶轮车	台时	25.2		
	其他机械费	%	5		
(4)	其他费用				
2	其他直接费				
二	间接费				
三	利润				
四	材料补差				
五	税金				
	合计				
	可研阶段扩大 10%				
	单价	元/m			

4. 计算该段帷幕灌浆工程的建筑工程估算投资。

以上计算结果均保留两位小数。

三、分析要点

本案例着重考查水利工程建筑工程费的费用构成以及基础单价和建筑工程单价的编制方法和计算标准。

(1) 主要材料预算价格。

对于用量大、影响工程投资大的主要材料,如钢材、木材、水泥、粉煤灰、油料、火工产品、电缆及母线等,一般需编制材料预算价格。

计算公式为:

材料预算价格=材料原价+运杂费+采购及保管费+运输保险费

=(材料原价+运杂费)×(1+采购及保管费费率)+运输保险费

①材料原价。按工程所在地区就近大型物资供应公司、材料交易中心的市场成交价或设计选定的生产厂家的出厂价计算。

②运杂费。铁路运输按现行《铁路货物运价规则》及有关规定计算其运杂费。

公路及水路运输,按工程所在省、自治区、直辖市、交通运输部门现行规定或市场价计算。

③运输保险费。按有关规定计算。

④采购及保管费。按材料运到工地仓库价格(不包括运输保险费)作为基数计算,本题中已直接给出费用。

(2)本案例背景设置为隧洞内钻灌,计算钻孔单价时需注意定额耗量,需根据隧洞施工和钻灌角度进行调整,同时由于本案例为可行性研究阶段,应注意考虑单价的阶段扩大系数。

灌浆工程的投资计算需注意区分钻孔和灌浆的投资。

四、答案

问题 1:

材料预算价格=材料原价+运杂费+采购及保管费+运输保险费

其中,运杂费=每千米运费×运距+装卸车费和其他杂费=0.6×40+9.98=33.98(元/t)。

普通硅酸盐水泥的材料预算价格:

494.69+33.98+17.45+2.44=548.56(元/t)

问题 2:

(1)该工程为枢纽工程,所在地为一类区,根据人工预算单价计算标准表计算人工费。

人工费=定额劳动量(工时)×人工预算单价(元/工时)

其中,定额数量根据相关要求进行调整。

工长: (31×1.05×1.02)×11.80=33.20×11.80=391.76(元)

高级工: (63×1.05×1.02)×10.92=67.47×10.92=736.77(元)

中级工: (220×1.05×1.02)×9.15=235.62×9.15=2 155.92(元)

初级工: (315×1.05×1.02)×6.38=337.37×6.38=2 152.42(元)

人工费合计: 391.76+736.77+2 155.92+2 152.42=5 436.87(元)

(2)根据材料预算价格表,计算材料费。

材料费=定额材料用量×材料预算单价

其中,定额数量根据相关要求进行调整。

金刚石钻头: (4.0×1.02)×970.87=3 961.15(元)

扩孔器: 2.8×448=1 254.40(元)

岩芯管: (5.0×1.02)×77.67=396.12(元)

钻杆：　4.3×194.17=834.93(元)

钻杆接头：　4.8×15.05=72.24(元)

水：　825×0.55=453.75(元)

其他材料费：

13%×(3 961.15+1 254.40+396.12+834.93+72.24+453.75)=906.44(元)

材料费合计：

3 961.15+1 254.40+396.12+834.93+72.24+453.75+906.44=7 879.03(元)

(3)根据施工机械台时费表,计算机械使用费。

机械使用费=定额机械使用量(台时)×施工机械台时费(元/台时)

其中,定额数量根据相关要求进行调整。

地质钻机 150 型：　(180×1.05×1.02)×48.79=9 405.74(元)

其他机械费=其他机械费费率×主要机械费之和

因此,计算其他机械费：　5%×9 405.74=470.29(元)

机械使用费合计：　9 405.74+470.29=9 876.03(元)

(4)基本直接费。

5 436.87+7 879.03+9 876.03=23 191.93(元)

(5)其他直接费。

其他直接费=基本直接费×其他直接费费率之和=23 191.93×8.0%=1 855.35(元)

(6)直接费。

直接费=基本直接费+其他直接费=23 191.93+1 855.35=25 047.28(元)

(7)本工程属于枢纽工程,帷幕灌浆打孔属于钻孔灌浆工程,由间接费费率表可知,间接费费率取 10.5%。

间接费=直接费×间接费费率=25 047.28×10.5%=2 629.96(元)

(8)利润。

利润=(直接费+间接费)×利润率=(25 047.28+2 629.96)×7%=1 937.41(元)

(9)税金。

税金=(直接费+间接费+利润+材料补差)×税率

=(25 047.28+2 629.96+1 937.41)×9%=2 665.32(元)

(10)费用合计。

费用=直接费+间接费+利润+材料补差+税金

=25 047.28+2 629.96+1 937.41+2 665.32=32 279.97(元)

(11)帷幕灌浆钻孔单价。

可研阶段钻孔灌浆及锚固工程单价扩大系数为 10%。

计算帷幕灌浆钻孔单价：

单价阶段扩大=32 279.97×10%=3 228.00(元)

单价=(32 279.97+3 228.00)÷100=355.08(元)

帷幕灌浆钻孔单价计算见表 3-47。

表 3-47　帷幕灌浆钻孔单价

单价编号	①	项目名称	钻机钻岩石层帷幕灌浆孔(自下而上灌浆法)		
定额编号	70003		定额单位	100 m	
施工方法	150 型地质钻机钻孔,自下而上灌浆法,岩石级别Ⅺ~Ⅻ				
序号	名称及规格	单位	数量	单价/元	合价/元
一	直接费				25 047.28
1	基本直接费				23 191.93
(1)	人工费				5 436.87
	工长	工时	33.20	11.80	391.76
	高级工	工时	67.47	10.92	736.77
	中级工	工时	235.62	9.15	2 155.92
	初级工	工时	337.37	6.38	2 152.42
(2)	材料费				7 879.03
	金刚石钻头	个	4.08	970.87	3 961.15
	扩孔器	个	2.8	448	1 254.40
	岩芯管	m	5.10	77.67	396.12
	钻杆	m	4.3	194.17	834.93
	钻杆接头	个	4.8	15.05	72.24
	水	m^3	825	0.55	453.75
	其他材料费	%	13	6 972.59	906.44
(3)	机械使用费				9 876.03
	地质钻机 150 型	台时	192.78	48.79	9 405.74
	其他机械费	%	5	9 405.74	470.29
(4)	其他费用				
2	其他直接费			8.0%	1 855.35
二	间接费			10.5%	2 629.96
三	利润			7%	1 937.41
四	材料补差				
五	税金			9%	2 665.32
	合计				32 279.97
	可研阶段扩大 10%				3 228.00
	单价	元/m			355.08

问题3：

(1)该工程为枢纽工程，所在地为一类区，根据人工预算单价计算标准表，计算人工费。

人工费=定额劳动量(工时)×人工预算单价(元/工时)

工长：(46×1.05)×11.80=48.30×11.80=569.94(元)

高级工：(104×1.05)×10.92=109.20×10.92=1 192.46(元)

中级工：(286×1.05)×9.15=300.30×9.15=2 747.75(元)

初级工：(456×1.05)×6.38=478.80×6.38=3 054.74(元)

人工费合计：569.94+1 192.46+2 747.75+3 054.74=7 564.89(元)

(2)根据材料预算价格表，计算材料费。

材料费=定额材料用量×材料预算单价

普通硅酸盐水泥42.5：4.90×255=1 249.50(元)

水：659×0.55=362.45(元)

其他材料费=其他材料费费率×主要材料费之和

因此，计算其他材料费：

14%×(1 249.50+362.45)=225.67(元)

材料费合计：1 249.50+362.45+225.67=1 837.62(元)

(3)根据施工机械台时费表，计算机械使用费。

机械使用费=定额机械使用量(台时)×施工机械台时费(元/台时)

灌浆泵中低压泥浆：(169.5×1.05)×41.70=177.98×41.70=7 421.77(元)

灰浆搅拌机：(145.4×1.05)×20.03=152.67×20.03=3 057.98(元)

地质钻机150型：(22.8×1.05)×48.79=23.94×48.79=1 168.03(元)

胶轮车：(25.2×1.05)×0.82=26.46×0.82=21.70(元)

其他机械费=其他机械费费率×主要机械费之和

因此，计算其他机械费：

5%×(7 421.77+3 057.98+1 168.03+21.70)=583.47(元)

机械使用费合计：

7 421.77+3 057.98+1 168.03+21.70+583.47=12 252.95(元)

(4)基本直接费。

7 564.89+1 837.62+12 252.95=21 655.46(元)

(5)其他直接费。

其他直接费=基本直接费×其他直接费费率之和=21 655.46×8.0%=1 732.44(元)

(6)直接费。

直接费=基本直接费+其他直接费=21 655.46+1 732.44=23 387.90(元)

(7)本工程属于枢纽工程，帷幕灌浆属于钻孔灌浆工程，由间接费费率表可知，间接费费率取10.5%。

间接费=直接费×间接费费率=23 387.90×10.5%=2 455.73(元)

(8)利润。

利润=(直接费+间接费)×利润率=(23 387.90+2 455.73)×7%=1 809.05(元)

(9)根据材料预算价格表,计算材料补差。

材料补差=(材料预算价格-材料基价)×材料消耗量

普通硅酸盐水泥42.5材料补差:

4.9×(548.56-255)=1 438.44(元)

(10)税金。

税金=(直接费+间接费+利润+材料补差)×税率

=(23 387.90+2 455.73+1 809.05+1 438.44)×9%=2 618.20(元)

(11)费用合计。

费用=直接费+间接费+利润+材料补差+税金

=23 387.90+2 455.73+1 809.05+1 438.44+2 618.20=31 709.32(元)

(12)帷幕灌浆单价。

可研阶段钻孔灌浆及锚固工程单价扩大系数为10%。

计算帷幕灌浆单价:

单价阶段扩大=31 709.32×10%=3 170.93(元)

单价=(31 709.32+3 170.93)÷100=348.80(元)

帷幕灌浆单价计算见表3-48。

表3-48　建筑工程单价

单价编号	②	项目名称	坝基岩石帷幕灌浆(自下而上灌浆法)		
定额编号	70031		定额单位	100 m	
施工方法	灌浆泵自下而上灌浆,透水率4~6 Lu				
序号	名称及规格	单位	数量	单价/元	合价/元
一	直接费				23 387.90
1	基本直接费				21 655.46
(1)	人工费				7 564.89
	工长	工时	48.30	11.80	569.94
	高级工	工时	109.20	10.92	1 192.46
	中级工	工时	300.30	9.15	2 747.75
	初级工	工时	478.80	6.38	3 054.74
(2)	材料费				1 837.62
	普通硅酸盐水泥42.5	t	4.90	255	1 249.50
	水	m^3	659	0.55	362.45
	其他材料费	%	14	1 611.95	225.67
(3)	机械使用费				12 252.95

续表 3-48

序号	名称及规格	单位	数量	单价/元	合价/元
	灌浆泵 中低压 泥浆	台时	177.98	41.70	7 421.77
	灰浆搅拌机	台时	152.67	20.03	3 057.98
	地质钻机 150 型	台时	23.94	48.79	1 168.03
	胶轮车	台时	26.46	0.82	21.70
	其他机械费	%	5	11 669.48	583.47
(4)	其他费用				
2	其他直接费			8.0%	1 732.44
二	间接费			10.5%	2 455.73
三	利润			7%	1 809.05
四	材料补差				1 438.44
五	税金			9%	2 618.20
	合计				31 709.32
	可研阶段扩大 10%				3 170.93
	单价	元/m			348.80

问题 4：

根据问题 2、问题 3 中计算出的单价，可知：

帷幕灌浆钻孔工程概算投资：

$$(2\ 150\times355.08)\div10\ 000=76.34(\text{万元})$$

帷幕灌浆工程概算投资：

$$(2\ 100\times348.80)\div10\ 000=73.25(\text{万元})$$

所以，本工程中帷幕灌浆工程概算投资：

$$76.34+73.25=149.59(\text{万元})$$

案例十　水轮发电机设备及安装工程造价的构成与计算

一、背景

西南某省拟兴建一座具有防洪、发电效益的水利枢纽，该工程目前正处于可行性研究阶段，枢纽工程拦河坝顶部海拔为 3 020 m，厂房顶部海拔为 2 090 m，部分设备及安装工程的设计方案及参数如下：5 台贯流式水轮发电机，每台套设备自重 10 t，全套设备平均出厂价为 5.0 万元/t(含增值税 16%)，设备铁路运杂费费率为 2.21%，公路运杂费费率为 1.92%，运输保险费费率为 0. 30%,采购及保管费费率为 0. 70%,本工程综合电价为 0.77 元/(kW · h)。

(1)人工预算单价。

该工程所在地为一般地区,人工预算单价计算标准参考表 3-49。

表 3-49　人工预算单价计算标准　　单位:元/工时

类别与等级	一般地区	一类区	二类区	三类区	四类区	五类区 西藏二类	六类区 西藏三类	西藏四类
枢纽工程								
工长	11.55	11.80	11.98	12.26	12.76	13.61	14.63	15.40
高级工	10.67	10.92	11.09	11.38	11.88	12.73	13.74	14.51
中级工	8.90	9.15	9.33	9.62	10.12	10.96	11.98	12.75
初级工	6.13	6.38	6.55	6.84	7.34	8.19	9.21	9.98
引水工程								
工长	9.27	9.47	9.61	9.84	10.24	10.92	11.73	12.11
高级工	8.57	8.77	8.91	9.14	9.54	10.21	11.03	11.40
中级工	6.62	6.82	6.96	7.19	7.59	8.26	9.08	9.45
初级工	4.64	4.84	4.98	5.21	5.61	6.29	7.10	7.47
河道工程								
工长	8.02	8.19	8.31	8.52	8.86	9.46	10.17	10.49
高级工	7.40	7.57	7.70	7.90	8.25	8.84	9.55	9.88
中级工	6.16	6.33	6.46	6.66	7.01	7.60	8.31	8.63
初级工	4.26	4.43	4.55	4.76	5.10	5.70	6.41	6.73

(2)材料预算价格。

汽油按 3 075 元/t、柴油按 2 990 元/t 取基价,材料预算价格见表 3-50。

表 3-50　材料预算价格(不含增值税进项税额)

序号	项目名称	单位	预算价格/元
1	汽油	t	8 116
2	柴油	t	6 788
3	钢板	kg	4.66
4	型钢	kg	4.85
5	钢管	kg	5.05
6	铜材	kg	48.54
7	电焊条	kg	6.8

续表 3-50

序号	项目名称	单位	预算价格/元
8	氧气	m^3	2.43
9	乙炔气	m^3	11.65
10	油漆	kg	12.14
11	木材	m^3	1 933

(3)施工机械台时费及燃料耗量见表 3-51。

表 3-51　施工相关机械台时费及燃料耗量

序号	施工机械	单位	台时费/元（汽、柴油取基价）	汽油耗量/kg	柴油耗量/kg
1	桥式起重机 双梁 10 t	台时	33.10		
2	电焊机 交流 25 kVA	台时	11.97		
3	普通车床 ϕ400~600 mm	台时	27.57		
4	牛头刨床 B=650 mm	台时	17.43		
5	摇臂钻床 ϕ35~50 mm	台时	21.69		
6	空压机 油动移动式 9 m^3/min	台时	86.87		17.1
7	载重汽车 汽油型 5.0 t	台时	50.59	7.2	

(4)其他直接费费率取 8.2%。

(5)间接费费率取 75%。

(6)利润率取 7%。

(7)税率取 9%。

(8)根据《水利水电设备安装工程概算定额》规定，海拔在 2 000 m 以上的地区，人工和机械定额乘以表 3-52 中所列调整系数。

表 3-52　海拔系数

项目	海拔/m					
	2 000~2 500	2 500~3 000	3 000~3 500	3 500~4 000	4 000~4 500	4 500~5 000
人工	1.10	1.15	1.20	1.25	1.30	1.35
机械	1.25	1.35	1.45	1.55	1.65	1.75

二、问题

1. 计算每台发电机所需的设备费。

2. 根据设计阶段及发电机型号，选择编号为 02045 的《水利水电设备安装工程概算定额》,对该贯流式水轮发电机进行安装工程单价分析,完成表 3-53(表中数量为定额耗量,应根据实际情况调整)。

表 3-53　安装工程单价

单价编号	①	项目名称	贯流式水轮发电机(设备自重 10 t)		
定额编号	02045		定额单位	台	
型号规格	贯流式水轮发电机,设备自重 10 t				
序号	名称及规格	单位	数量	单价/元	合价/元
一	直接费				
1	基本直接费				
(1)	人工费				
	工长	工时	132		
	高级工	工时	754		
	中级工	工时	1 392		
	初级工	工时	247		
(2)	材料费				
	钢板	kg	209		
	型钢	kg	459		
	钢管	kg	66		
	铜材	kg	2		
	电焊条	kg	20		
	氧气	m^3	49		
	乙炔气	m^3	21		
	汽油	kg	33		
	油漆	kg	26		
	木材	m^3	0.3		
	电	kW · h	1 070		
	其他材料费	%	26		
(3)	机械使用费				
	桥式起重机 双梁 10 t	台时	35		
	电焊机 交流 25 kVA	台时	21		
	普通车床 Φ400~600 mm	台时	11		
	牛头刨床 B=650 mm	台时	11		

续表 3-53

序号	名称及规格	单位	数量	单价/元	合价/元
	摇臂钻床 ϕ35~50 mm	台时	6		
	空压机 油动移动式 9 m^3/min	台时	3		
	载重汽车 汽油型 5.0 t	台时	4		
	其他机械费	%	30		
(4)	装置性材料费				
2	其他直接费				
二	间接费				
三	利润				
四	材料补差				
五	税金				
	合计				
	可研阶段扩大 10%				
	单价	万元/台			

3. 计算这 5 台发电机所需的设备及安装工程投资。

最终结果以万元为单位,计算结果均保留两位小数。

三、分析要点

本案例着重考查对安装工程单价的掌握,包括安装工程单价的费用构成、安装工程单价的计算方法及编制规定等,同时考查了设备费的计算方法。

设备费=设备原价+运杂费+运输保险费+采购及保管费

需要注意的是,根据《水利部办公厅关于印发〈水利工程营业税改征增值税计价依据调整办法〉的通知》(办水总〔2016〕132 号),水利工程设备费用的计价规则和费用标准暂不调整,即设备费仍采用含税价。

设备运杂综合费=运杂费+运输保险费+采购及保管费=设备原价×运杂综合费费率

设备的运杂综合费费率计算方法为:

运杂综合费费率=运杂费费率+(1+运杂费费率)×采购及保管费费率+运输保险费费率

安装工程单价的计算方法及编制规定如下。

(一)直接费

(1)基本直接费:

基本直接费：
- 人工费=定额劳动量(工时)×人工预算单价(元/工时)
- 材料费=定额材料用量×材料预算单价
- 机械使用费=定额机械使用量(台时)×施工机械台时费(元/台时)

(2)其他直接费：

其他直接费=基本直接费×其他直接费费率之和

(二)间接费

间接费=人工费×间接费费率

(三)利润

利润=(直接费+间接费)×利润率

(四)材料补差

材料补差=(材料预算价格-材料基价)×材料消耗量

(五)未计价装置性材料费

未计价装置性材料费=未计价装置性材料用量×材料预算单价

(六)税金

税金=(直接费+间接费+利润+材料补差+未计价装置性材料费)×税率

(七)安装工程单价

安装工程单价=直接费+间接费+利润+材料补差+未计价装置性材料费+税金

安装工程单价=
- ①直接费：
  - 基本直接费
  - 其他直接费=基本直接费×其他直接费费率之和
- ②间接费=人工费×间接费费率
- ③利润=(①+②)×利润率
- ④材料补差=(材料预算价格-材料基价)×材料消耗量
- ⑤未计价装置性材料费=未计价装置性材料用量×材料预算单价
- ⑥税金=(①+②+③+④+⑤)×税率

需要注意的是，不同于建筑工程单价，安装工程单价的间接费计算基础是人工费。

四、答案

问题1：

每台水轮机的出厂价：

10×5.0=50.00(万元)

计算设备运杂综合费费率：

运杂综合费费率=铁路运杂费费率+公路运杂费费率+(1+铁路运杂费费率+公路运杂费费率)×采购及保管费费率+运输保险费费率

因此运杂综合费费率：

2.21%+1.92%+(1+2.21%+1.92%)×0.70%+0.30%=5.16%

计算设备的运杂综合费：

5.16%×50=2.58(万元)

故每台水轮机所需的设备费：

50+2.58=52.58(万元)

问题 2：

(1)该工程为枢纽工程，所在地为一般地区，根据人工预算单价计算标准表，计算人工费。

人工费=定额劳动量(工时)×人工预算单价(元/工时)

该枢纽工程拦河坝顶部海拔为 3 020 m，定额数量根据相关要求进行调整。

工长：　(1.2×132)×11.55=158.40×11.55=1 829.52(元)

高级工：　(1.2×754)×10.67 =904.80×10.67=9 654.22(元)

中级工：　(1.2×1 392)×8.90=1 670.40×8.90=14 866.56(元)

初级工：　(1.2×247)×6.13=296.40×6.13=1 816.93(元)

人工费合计：　1 829.52+9 654.22+14 866.56+1 816.93=28 167.23(元)

(2)根据材料预算价格表，计算材料费。

材料费=定额材料用量×材料预算单价

钢板：　209×4.66=973.94(元)

型钢：　459×4.85=2 226.15(元)

钢管：　66×5.05=333.30(元)

铜材：　2×48.54=97.08(元)

电焊条：　20×6.8=136.00(元)

氧气：　49×2.43=119.07(元)

乙炔气：　21×11.65=244.65(元)

汽油：　33×3.08=101.64(元)

油漆：　26×12.14=315.64(元)

木材：　0.30×1 933=579.90(元)

电：　1 070×0.77=823.90(元)

其他材料费=其他材料费费率×主要材料费之和

因此，计算其他材料费：

26%×(973.94+2 226.15+333.30+97.08+136.00+119.07+244.65+101.64+315.64+579.90+823.90)= 1 547.33(元)

材料费合计：

973.94+2 226.15+333.30+97.08+136.00+119.07+244.65+101.64+315.64+579.90+823.90+1 547.33=7 498.60(元)

(3)根据施工机械台时费表，计算机械使用费。

机械使用费=定额机械使用量(台时)×施工机械台时费(元/台时)

该枢纽工程拦河坝顶部海拔为 3 020 m，定额数量根据相关要求进行调整。

桥式起重机 双梁 10 t：

(1.45×35)×33.10=50.75×33.10=1 679.83(元)

电焊机 交流 25 kVA：

(1.45×21)×11.97=30.45×11.97=364.49(元)

普通车床 ϕ400~600 mm：

(1.45×11)×27.57=15.95×27.57=439.74(元)

牛头刨床 $B=650$ mm：

$$(1.45\times11)\times17.43=15.95\times17.43=278.01(\text{元})$$

摇臂钻床 $\phi35\sim50$ mm：

$$(1.45\times6)\times21.69=8.70\times21.69=188.70(\text{元})$$

空压机 油动移动式 9 m^3/min：

$$(1.45\times3)\times86.87=4.35\times86.87=377.88(\text{元})$$

载重汽车 汽油型 5.0 t：

$$(1.45\times4)\times50.59=5.80\times50.59=293.42(\text{元})$$

其他机械费=其他机械费费率×主要机械费之和

因此，计算其他机械费：

$$30\%\times(1\ 679.83+364.49+439.74+278.01+188.70+377.88+293.42)=1\ 086.62(\text{元})$$

机械使用费合计：

$$1\ 679.83+364.49+439.74+278.01+188.70+377.88+293.42+1\ 086.62=4\ 708.69(\text{元})$$

(4)基本直接费。

$$28\ 167.23+7\ 498.60+4\ 708.69=40\ 374.52(\text{元})$$

(5)其他直接费。

其他直接费=基本直接费×其他直接费费率=40 374.52×8.2%=3 310.71(元)

(6)直接费。

直接费=基本直接费+其他直接费=40 374.52+3 310.71=43 685.23(元)

(7)机电、金属结构设备安装工程的间接费计算基础是人工费。

间接费=人工费×间接费费率=28 167.23×75%=21 125.42(元)

(8)利润。

利润=(直接费+间接费)×利润率=(43 685.23+21 125.42)×7%=4 536.75(元)

(9)根据材料预算价格表，计算材料补差。

材料补差=(材料预算价格-材料基价)×材料消耗量

汽油预算价格-材料基价=(8 116-3 075)÷1 000=5.04(元/kg)

本定额中汽油的消耗量包括材料中的汽油和载重汽车消耗的汽油，因此汽油材料补差：

$$5.04\times(33+4\times1.45\times7.2)=376.79(\text{元})$$

本定额中柴油的消耗量为空压机消耗的柴油：

柴油预算价格-材料基价=(6 788-2 990)÷1 000=3.80(元/kg)

因此，柴油材料补差：

$$3.80\times(3\times1.45\times17.1)=3.80\times74.39=282.68(\text{元})$$

材料补差合计：

$$376.79+282.68=659.47(\text{元})$$

(10)税金。

税金=(直接费+间接费+利润+材料补差)×税率

　　=(43 685.23+21 125.42+4 536.75+659.47)×9%=6 300.62(元)

(11)费用。

费用=直接费+间接费+利润+材料补差+税金

=43 685.23+21 125.42+4 536.75+659.47+6 300.62=76 307.49(元)

(12)发电机安装工程单价。

可研阶段水利机械设备安装工程单价扩大系数为10%,计算该贯流式水轮发电机安装工程单价:

(76 307.49+76 307.49×10%)/10 000=8.39(万元)

发电机安装工程单价计算见表3-54。

表3-54　发电机安装工程单价

单价编号	①	项目名称	贯流式水轮发电机(设备自重10 t)		
定额编号	02045		定额单位	台	
型号规格	贯流式水轮发电机,设备自重10 t				
序号	名称及规格	单位	数量	单价/元	合价/元
一	直接费				43 685.23
1	基本直接费				40 374.52
(1)	人工费				28 167.23
	工长	工时	158.40	11.55	1 829.52
	高级工	工时	904.80	10.67	9 654.22
	中级工	工时	1 670.40	8.9	14 866.56
	初级工	工时	296.40	6.13	1 816.93
(2)	材料费				7 498.60
	钢板	kg	209	4.66	973.94
	型钢	kg	459	4.85	2 226.15
	钢管	kg	66	5.05	333.30
	铜材	kg	2	48.54	97.08
	电焊条	kg	20	6.8	136.00
	氧气	m^3	49	2.43	119.07
	乙炔气	m^3	21	11.65	244.65
	汽油	kg	33	3.08	101.64
	油漆	kg	26	12.14	315.64
	木材	m^3	0.3	1 933	579.90
	电	kW·h	1 070	0.77	823.90
	其他材料费	%	26	5 951.27	1 547.33
(3)	机械使用费				4 708.69
	桥式起重机 双梁 10 t	台时	50.75	33.10	1 679.83
	电焊机 交流 25 kVA	台时	30.45	11.97	364.49
	普通车床 ϕ400~600 mm	台时	15.95	27.57	439.74

续表 3-54

序号	名称及规格	单位	数量	单价/元	合价/元
	牛头刨床 $B=650$ mm	台时	15.95	17.43	278.01
	摇臂钻床 ϕ 35~50 mm	台时	8.70	21.69	188.70
	空压机 油动移动式 9 m^3/min	台时	4.35	86.87	377.88
	载重汽车 汽油型 5.0 t	台时	5.80	50.59	293.42
	其他机械费	%	30	3 622.07	1 086.62
(4)	装置性材料费				
2	其他直接费			8.2%	3 310.71
二	间接费			75%	21 125.42
三	利润			7%	4 536.75
四	材料补差				659.47
五	税金			9%	6 300.62
	合计				76 307.49
	可研阶段扩大 10%				7 630.75
	单价	万元/台			8.39

问题 3：

这 5 台发电机所需的设备及安装工程投资为

$$52.58\times5+8.39\times5=304.85(\text{万元})$$

案例十一　压力钢管制作及安装工程单价计算

一、背景

根据某引水工程初步设计报告，工程所在地属于二类区，设计压力管道直管段直径 1.8 m，壁厚 12 mm。汽油、柴油基价分别为 3 075 元/t、2 990 元/t。钢板作为未计价装置性材料计入制作单价中，制作损耗 5%。

相关资料见表 3-55、表 3-56。

二、问题

1. 计算该工程压力管道直管段的制作单价(元/t)。
2. 计算该工程压力管道直管段的安装单价(元/t)。

所有计算结果均保留两位小数。

表 3-55　基础资料一览表

编号	名称及规格	单位	价格/元
一	人工单价(二类区)		
	工长	工时	9.61
	高级工	工时	8.91
	中级工	工时	6.96
	初级工	工时	4.98
二	材料价格(不含增值税进项税额)		
	汽油	t	8 900
	柴油	t	7 500
	钢板	t	3 490
	型钢	kg	3.88
	钢轨	kg	4.54
	电焊条	kg	5.50
	氧气	m^3	6.50
	乙炔气	m^3	9.00
	油漆	kg	11.65
	石英砂	m^3	196.08
	探伤材料	张	4.50
	碳精棒	根	1.60
	木材	m^3	1 571.00
	电	kW · h	0.89
三	取费标准		
	其他直接费	%	6.5
	间接费	%	70
	计划利润	%	7
	税金	%	9

表 3-56　相关机械台时费及燃料耗量

序号	机械名称	单位	台时费/元（燃料取基价）	其中,每台时消耗	
				汽油/kg	柴油/kg
1	龙门式起重机 10 t	台时	56.81		
2	门座式起重机 10/30 t 高架 10~30 t	台时	229.89		
3	汽车起重机 柴油型 10 t	台时	80.02		7.7
4	卷扬机 单筒慢速 5 t	台时	19.82		
5	卷板机 22×3 500 mm	台时	114.33		
6	电焊机 交流 25 kVA	台时	13.57		
7	空压机 油动移动式 9 m^3/min	台时	82.21		17.1
8	轴流通风机 28 kW	台时	33.50		
9	X 光探伤机 TX-2505	台时	16.20		
10	载重汽车 柴油型 15 t	台时	97.53		10.9
11	载重汽车 汽油型 5.0 t	台时	48.06	7.2	

本案例计算中采用的相关定额如下：

十一-1　一般钢管

(1)制作

单位:t

项目	单位	$D\leq 2$ m			
		壁厚/mm			
		≤10	≤14	≤20	≤32
工长	工时	11	9	7	6
高级工	工时	55	42	36	33
中级工	工时	100	76	65	58
初级工	工时	55	42	36	33
合计	工时	221	169	144	130
型钢	kg	52.3	47.4	41.6	35.6
电焊条	kg	27.0	28.2	29.6	33.0
氧气	m^3	8.4	7.1	6.5	5.8
乙炔气	m^3	2.8	2.4	2.2	1.9
汽油　70#	kg	16.4	11.6	8.8	6.2
油漆	kg	7.9	5.6	4.2	3.0
石英砂	m^3	1.0	0.7	0.6	0.5

续表(1)

项目	单位	D≤2 m			
		壁厚/mm			
		≤10	≤14	≤20	≤32
探伤材料	张	7.2	6.0	4.9	3.5
其他材料费	%	26	26	26	26
龙门式起重机 10 t	台时	2.4	2.0	1.7	1.3
汽车起重机 10 t	台时	0.7	0.7	0.7	0.7
卷板机 22×3 500 mm	台时	2.4	2.0	1.7	
卷板机 40×3 000 mm	台时				1.3
电焊机 20~30 kVA	台时	31.3	31.6	32.0	32.5
空气压缩机 9 m^3/min	台时	5.6	4.3	3.5	2.6
轴流通风机 28 kW	台时	5.0	3.9	3.1	2.4
X 光探伤机 TX-2505	台时	4.8	3.4	2.4	2.0
载重汽车 15 t	台时	0.6	0.6	0.6	0.6
其他机械费	%	20	20	20	20
定额编号		11005	11006	11007	11008

(2)安装

单位:t

项目	单位	D≤2 m			
		壁厚/mm			
		≤10	≤14	≤20	≤32
工长	工时	12	11	9	8
高级工	工时	62	53	46	41
中级工	工时	110	97	84	73
初级工	工时	62	53	46	41
合计	工时	246	214	185	163
钢板	kg	23.1	19.0	12.9	9.1
型钢	kg	53.3	43.5	33.1	27.1
钢轨	kg	59.5	48.5	37.7	30.2
电焊条	kg	23.7	24.7	26.0	29.0
氧气	m^3	9.3	7.8	7.2	6.3
乙炔气	m^3	3.1	2.6	2.4	2.1

续表(2)

项目	单位	D≤2 m			
		壁厚/mm			
		≤10	≤14	≤20	≤32
油漆	kg	2.6	1.9	1.5	1.2
碳精棒	根	17.5	14.7	11.5	9.0
探伤材料	张	6.5	5.4	4.4	3.2
木材	m^3	0.05	0.05	0.05	0.04
电	kW · h	63	58	54	48
其他材料费	%	15	15	15	15
门式起重机 10 t	台时	0.3	0.3	0.3	0.3
汽车起重机 10 t	台时	3.4	2.6	1.8	1.2
卷扬机 5 t	台时	10.2	9.8	9.4	8.8
电焊机 20~30 kVA	台时	30.0	31.2	32.1	33.4
X 光探伤机 TX-2505	台时	2.9	2.6	2.2	1.7
载重汽车 5 t	台时	2.3	2.1	1.7	1.3
其他机械费	%	15	15	15	15
定额编号		11031	11032	11033	11034

三、分析要点

本案例主要考查水利工程安装单价的计算。对于实物量形式的安装单价:

安装工程单价=直接费+间接费+利润+材料补差+未计价装置性材料费+税金

安装工程单价:
- ①直接费:
  - 基本直接费
  - 其他直接费=基本直接费×其他直接费费率之和
- ②间接费=人工费×间接费费率
- ③利润=(①+②)×利润率
- ④材料补差=(材料预算价格-材料基价)×材料消耗量
- ⑤未计价装置性材料费=未计价装置性材料用量×材料预算单价
- ⑥税金=(①+②+③+④+⑤)×税率

在计算装置性材料预算用量时,压力钢管直管中所使用的钢板应该考虑 5%的操作损耗率。

四、答案

问题 1:

该工程压力钢管直管段 D=1.8 m,壁厚 12 mm,参照定额 11006 计算制作单价,钢板列入未计价装置性材料。钢管的制作单价见表 3-57。

表 3-57 钢管的制作单价

单价编号	①	项目名称	一般钢管(制作)		
定额编号	11006		定额单位	t	
型号规格	直径 $D \leqslant 2$ m,壁厚 $\leqslant 14$ mm				
序号	名称及规格	单位	数量	单价/元	合价/元
一	直接费				3 999.46
1	基本直接费				3 755.36
(1)	人工费				1 198.83
	工长	工时	9	9.61	86.49
	高级工	工时	42	8.91	374.22
	中级工	工时	76	6.96	528.96
	初级工	工时	42	4.98	209.16
(2)	材料费				846.71
	型钢	kg	47.4	3.88	183.91
	电焊条	kg	28.2	5.50	155.10
	氧气	m^3	7.1	6.50	46.15
	乙炔气	m^3	2.4	9.00	21.60
	汽油	kg	11.6	3.08	35.73
	油漆	kg	5.6	11.65	65.24
	石英砂	m^3	0.7	196.08	137.26
	探伤材料	张	6.0	4.50	27.00
	其他材料费	%	26	671.99	174.72
(3)	机械使用费				1 709.82
	龙门式起重机 10 t	台时	2.0	56.81	113.62
	汽车起重机 柴油型 10 t	台时	0.7	80.02	56.01
	卷板机 22×3 500 mm	台时	2.0	114.33	228.66
	电焊机 交流 25 kVA	台时	31.6	13.57	428.81
	空压机 油动移动式 9 m^3/min	台时	4.3	82.21	353.50
	轴流通风机 28 kW	台时	3.9	33.50	130.65
	X 光探伤机 TX-2505	台时	3.4	16.20	55.08
	载重汽车 柴油型 15 t	台时	0.6	97.53	58.52
	其他机械费	%	20	1 424.85	284.97
(4)	装置性材料费				

续表 3-57

序号	名称及规格	单位	数量	单价/元	合价/元
2	其他直接费			6.5%	244.10
二	间接费			70%	839.18
三	利润			7%	338.70
四	未计价装置性材料费				3 664.50
	钢板	kg	1 050.00	3.49	3 664.50
五	材料补差				453.05
	汽油	kg	11.60	5.83	67.63
	柴油	kg	85.46	4.51	385.42
六	税金			9%	836.54
	合计				10 131.43
	单价	元/t			10 131.43

问题 2:

该工程压力钢管直管段 D=1.8 m,壁厚 12 mm,参照定额 11032 计算安装单价,钢管的安装单价见表 3-58。

表 3-58　钢管的安装单价

单价编号	②	项目名称	一般钢管(安装)		
定额编号	11032		定额单位	t	
型号规格	直径 $D\leqslant2$ m,壁厚$\leqslant14$ mm				
序号	名称及规格	单位	数量	单价/元	合价/元
一	直接费				3 946.36
1	基本直接费				3 705.50
(1)	人工费				1 517.00
	工长	工时	11	9.61	105.71
	高级工	工时	53	8.91	472.23
	中级工	工时	97	6.96	675.12
	初级工	工时	53	4.98	263.94
(2)	材料费				995.16
	钢板	kg	19.0	3.49	66.31

续表 3-58

序号	名称及规格	单位	数量	单价/元	合价/元
	型钢	kg	43.5	3.88	168.78
	钢轨	kg	48.5	4.54	220.19
	电焊条	kg	24.7	5.50	135.85
	氧气	m^3	7.8	6.50	50.70
	乙炔气	m^3	2.6	9.00	23.40
	油漆	kg	1.9	11.65	22.14
	碳精棒	根	14.7	1.60	23.52
	探伤材料	张	5.4	4.50	24.30
	木材	m^3	0.05	1 571.00	78.55
	电	kW·h	58	0.89	51.62
	其他材料费	%	15	865.36	129.80
(3)	机械使用费				1 193.34
	门座式起重机 10/30 t 高架 10~30 t	台时	0.3	229.89	68.97
	汽车起重机 柴油型 10 t	台时	2.6	80.02	208.05
	卷扬机 单筒慢速 5 t	台时	9.8	19.82	194.24
	电焊机 交流 25 kVA	台时	31.2	13.57	423.38
	X 光探伤机 TX-2505	台时	2.6	16.20	42.12
	载重汽车 汽油型 5.0 t	台时	2.1	48.06	100.93
	其他机械费	%	15	1 037.69	155.65
(4)	装置性材料费				
2	其他直接费			6.5%	240.86
二	间接费			70%	1 061.90
三	利润			7%	350.58
四	未计价装置性材料费				
五	材料补差				178.44
	汽油	kg	15.12	5.83	88.15
	柴油	kg	20.02	4.51	90.29
六	税金			9%	498.36
	合计				6 035.64
	单价	元/t			6 035.64

案例十二　引水工程勘测设计费计算

一、背景

某引调水工程由泵站、渡槽、倒虹吸、跨渠桥梁、节制闸、分水闸等建筑物和渠道管线组成。

工程勘察按照建设项目单项工程概算投资额分档定额计费方法计算收费,计算公式如下:

工程勘察收费=工程勘察收费基准价+勘察作业准备费

工程勘察收费基准价=基本勘察收费+其他勘察收费

基本勘察收费=工程勘察收费基价×专业调整系数×工程复杂调整系数×附加调整系数

水利水电工程勘察设计收费基价见表3-59。

表3-59　水利水电工程勘察设计收费基价

计费额/万元	基价标准/万元
200	9
500	20.9
1 000	38.8
3 000	103.8
5 000	163.9
8 000	249.6
10 000	304.8
20 000	566.8
40 000	1 054
60 000	1 515.2
80 000	1 960.1
100 000	2 393.4
200 000	4 450.8
400 000	8 276.7
600 000	11 897.5
800 000	15 391.4
1 000 000	18 793.8
2 000 000	34 948.9

注:计费额为建安工程费和设备购置费之和,计费额处于两个数值区间的,采用直线内插法确定基价。

引调水工程的勘察专业调整系数为0.8。其中,建筑物工程的专业调整系数按照该工程调整系数的1.2倍计算,渠道管线、河道堤防工程专业调整系数按该工程调整系数的0.8倍计算。

本工程收取基准价的15%作为勘察作业准备费,无其他勘察收费,勘察工程复杂调整系数取1.15,勘察附加调整系数取1.0。

工程设计收费按照下列公式计算:

工程设计收费=工程设计收费基准价

工程设计收费基准价=基本设计收费+其他设计收费

基本设计收费=工程设计收费基价×专业调整系数×工程复杂调整系数×附加调整系数

设计费专业调整系数,水库为1.2,其他水利工程为0.8。设计费附加调整系数,引调水渠道或管线、河道堤防为0.85,灌区为0.25,河道治理及引调水建(构)筑物为1.3。本工程设计复杂调整系数取1.15。无其他设计收费。

工程整体勘察设计费计算采用调整系数综合法,即工程整体勘察设计费各调整系数的取值根据工程具体组成加权平均综合确定。

某引调水工程工程部分总概算见表3-60。

表3-60　某引调水工程工程部分总概算

序号	项目名称	投资/万元
一	第一部分　建筑工程	466 853
二	第二部分　机电设备安装工程	117 986
三	第三部分　金属结构安装工程	36 121
四	第四部分　施工临时工程	109 581
五	第五部分　独立费用	99 719
	一至五部分合计	830 260
	基本预备费	66 421
	静态总投资	896 681

为便于勘察设计费计算,将概算各部分按渠道部分和建筑物部分进行划分,共用部分按投资比例进行分摊,分摊后的投资情况见表3-61。

本工程一至四部分投资额合计值作为勘察设计费的计费额计算基价。

二、问题

1. 计算本工程勘察收费和设计收费。

2. 各阶段的勘察费=工程勘察收费×相应阶段综合加权比例,根据相关资料,本工程初步设计阶段渠道和建筑物的勘察费占工程勘察收费的比例分别为73%和68%,计算本工程初步设计阶段的勘察费。

表 3-61　某引调水工程建安工程费及设备购置费汇总(分摊后)

序号	项目名称	投资/万元
一	建安工程费	561 558
1	渠道部分	245 886
2	建筑物部分	315 672
二	设备购置费	168 983
1	建筑物部分	168 983
	合计	730 541

3. 各阶段的设计费=工程设计收费×相应阶段综合加权比例,根据相关资料,本工程初步设计阶段渠道和建筑物的设计费占工程设计收费的比例分别为45%和25%,计算本工程初步设计阶段的设计费。

所有计算结果保留两位小数。

三、分析要点

本案例主要考查工程勘察设计费的计算。

对于引调水工程,渠道管线与建(构)筑物的部分系数取值不同。引调水工程渠道管线的勘察费专业系数为0.8×0.8=0.64,建(构)筑物为0.8×1.2=0.96;引调水工程渠道管线的设计费附加调整系数为0.85,建(构)筑物为1.3。根据水利水电工程勘察各阶段工作量比例表和水利电力工程设计各阶段工作量比例表,可以得出引调水工程初步设计阶段渠道管线的勘察费比例为73%、建(构)筑物的勘察费比例为68%;引调水工程初步设计阶段渠道管线的设计费比例为45%、建(构)筑物的设计费比例为25%。

因此,工程整体勘察设计费系数的取值需要根据工程具体组成加权平均综合确定。

工程勘察费和设计费的计算方式有多种,本书仅提供一种具体思路供读者参考。

四、答案

问题1:

(1)确定勘察设计费基价。

本工程计费额为730 541万元,则:

勘察设计费基价=(730 541-600 000)÷(800 000-600 000)×(15 391.4-11 897.5)+11 897.5=14 177.99(万元)

(2)确定勘察费专业系数:

渠道工程计费额为245 886万元。

建筑物工程计费额=730 541-245 886=484 655(万元)

引调水工程中渠道专业调整系数为 0.8×0.8＝0.64，建筑物专业调整系数为 0.8×1.2＝0.96。

勘察费综合专业调整系数＝(245 886×0.64+484 655×0.96)÷730 541＝0.85

(3)计算工程勘察收费。

勘察费综合专业调整系数为 0.85，复杂调整系数为 1.15，附加调整系数为 1.00。

工程勘察收费基准价＝14 177.99×0.85×1.15×1.00＝13 858.99(万元)

勘察作业准备费＝13 858.99×0.15＝2 078.85(万元)

本工程勘察收费＝13 858.99+2 078.85＝15 937.84(万元)

(4)确定设计费附加调整系数。

引调水工程中渠道设计费附加调整系数为 0.85，建筑物附加调整系数为 1.30。

工程设计费附加调整系数＝(245 886×0.85+484 655×1.30)÷730 541＝1.15

(5)计算工程设计收费。

设计费专业调整系数为 0.80，复杂调整系数为 1.15，附加调整系数为 1.15。

基本设计收费＝14 177.99×0.80×1.15×1.15＝15 000.31(万元)

其他设计收费为 0，故本工程设计收费为 15 000.31 万元。

问题 2：

引调水工程中渠道初步设计阶段工作量比例为 73%，建筑物初步设计阶段工作量比例 68%。

则本工程初步设计阶段勘察费综合加权比例：

(245 886×73%+484 655×68%)÷730 541＝70%

本工程初步设计阶段的勘察费：

15 937.84×70%＝11 156.48(万元)

问题 3：

引调水工程初步设计阶段渠道管线的设计费比例为 45%，建(构)筑物为 25%。

则本工程初步设计阶段设计费综合加权比例：

(245 886×45%+484 655×25%)÷730 541＝32%

本工程初步设计阶段的设计费：

15 000.31×32%＝4 800.10(万元)

案例十三　枢纽工程资金流量、建设期融资利息及总投资编制

一、背景

我国西部地区一水利枢纽工程建设工期为 5 年，该工程以防洪为主，兼具发电、灌溉、养殖和旅游等综合效益，目前正处于初步设计阶段，工程部分分年度投资情况见表 3-62。

表 3-62　工程部分分年度投资情况　　单位:万元

项目名称	合计	建设工期				
		第 1 年	第 2 年	第 3 年	第 4 年	第 5 年
建筑及安装工程费	25 000	3 800	7 200	6 600	5 000	2 400
设备购置费	5 000		2 500	2 500		
独立费用	3 500	700	700	700	700	700

另外,关于工程资金流量的主要调查结果如下。

(一)建筑及安装工程资金流量

(1)工程预付款为全部建安工作量的 15%,第 1 年支付。在第 2 年起按当年建安投资的 20%回扣预付款,直至扣完。

(2)保留金按建安工作量的 2.5%计算,扣留按分年完成建安工作量的 5%,直至扣完。最后一年偿还全部保留金。

(二)永久设备购置资金流量

永久设备购置资金流量计算,按设备到货周期确定各年资金流量比例,具体比例见表 3-63。

表 3-63　主要设备资金流量比例

到货周期	建设工期					
	第 1 年	第 2 年	第 3 年	第 4 年	第 5 年	第 6 年
1 年	15%	75%①	10%			
2 年	15%	25%	50%①	10%		
3 年	15%	25%	10%	40%①	10%	
4 年	15%	25%	10%	10%	30%①	10%

注:①数据的年份为主要设备到货年份。

本工程主要设备为水轮发电机组、金属结构、闸门启闭设备等,根据工期安排,在第 2 年到货。

(三)独立费用资金流量

独立费用的 95%按合理工期分年平均计算,其余 5%作为保证金,计入最后一年的资金流量表内。

二、问题

1. 计算建筑及安装工程的资金流量,并完成表 3-64。

表 3-64　建筑及安装工程资金流量　单位:万元

序号	项目	合计	建设工期				
			第 1 年	第 2 年	第 3 年	第 4 年	第 5 年
一	建筑及安装工程						
1	分年度完成工作量						
2	预付款						
3	扣回预付款						
4	保留金						
5	偿还保留金						

2. 计算工程部分投资的资金流量,并完成表 3-65。

表 3-65　工程部分投资资金流量　单位:万元

序号	项目	合计	建设工期				
			第 1 年	第 2 年	第 3 年	第 4 年	第 5 年
一	建筑及安装工程						
二	设备购置费						
三	独立费用						
	合计						
	基本预备费						
	静态投资						

注:基本预备费为各年度建筑及安装工程、设备购置费和独立费用之和(依据分年度投资表)的 5%。

3. 本工程价差预备费取 0,贷款利率为 4.9%,贷款比例为 80%,计算各年度的建设期融资利息,并完成表 3-66。

表 3-66　总投资表　单位:万元

序号	项目	合计	建设工期				
			第 1 年	第 2 年	第 3 年	第 4 年	第 5 年
一	静态投资						
二	价差预备费						
三	建设期融资利息						
	总投资						

计算结果均保留两位小数。

三、分析要点

本案例着重考查对分年度投资及资金流量的掌握。

(一)分年度投资

分年度投资是根据施工组织设计确定的施工进度和合理工期而计算出的工程各年度预计完成的投资额。

1. 建筑工程

(1)建筑工程分年度投资表应根据施工进度的安排,对主要工程按各单项工程分年度完成的工程量和相应的工程单价计算。对于次要的和其他工程,可根据施工进度,按各年所占完成投资的比例,摊入分年度投资表。

(2)建筑工程分年度投资的编制可视不同情况按项目划分列至一级项目或二级项目,分别反映各自的建筑工作量。

2. 设备及安装工程

设备及安装工程分年度投资应根据施工组织设计确定的设备安装进度计算各年预计完成的设备费和安装费。

3. 费用

根据费用的性质和费用发生的时段,按相应年度分别进行计算。

(二)资金流量

资金流量是为满足工程项目在建设过程中各时段的资金需求,按工程建设所需资金投入时间计算的各年度使用的资金量。资金流量表的编制以分年度投资表为依据,按建筑及安装工程、永久设备购置费和独立费用三种类型分别计算。本资金流量计算办法主要用于初步设计概算。

1. 建筑及安装工程资金流量

(1)建筑工程可根据分年度投资表的项目划分,以各年度建筑工作量作为计算资金流量的依据。

(2)资金流量是在原分年度投资的基础上,考虑预付款、预付款的扣回、保留金和保留金的偿还等编制出的分年度资金安排。

(3)预付款一般可划分为工程预付款和工程材料预付款两部分。

①工程预付款按划分的单个工程项目建安工作量的10%~20%计算,工期在3年以内的工程全部安排在第1年,工期在3年以上的可安排在前两年。工程预付款的扣回从完成建安工作量的30%起开始,按完成建安工作量的20%~30%扣回至预付款全部回收完毕。

对于需要购置特殊施工机械设备或施工难度较大的项目,工程预付款可取大值,其他项目取中值或小值。

②工程材料预付款。水利工程一般规模较大,所需材料的种类及数量较多,提前备料所需资金较大,因此考虑向施工企业支付一定数量的材料预付款。可按分年度投资中次年完

成建安工作量的20%在本年提前支付，并于次年扣回，依此类推，直至本项目竣工。

(4)保留金。水利工程的保留金，按建安工作量的2.5%计算。在计算概算资金流量时，按分项工程分年度完成建安工作量的5%扣留至该项工程全部建安工作量的2.5%时终止(完成建安工作量的50%时)，并将所扣的保留金100%计入该项工程终止后一年(如该年已超出总工期，则此项保留金计入工程的最后一年)的资金流量表内。

2. 永久设备购置资金流量

永久设备购置资金流量，划分为主要设备和一般设备两种类型分别计算。

(1)主要设备的资金流量计算。主要设备为水轮发电机组、大型水泵、大型电机、主阀、主变压器、桥式起重机、门式起重机、高压断路器或高压组合电器、金属结构、闸门启闭设备等。按设备到货周期确定各年资金流量比例，具体比例见表3-63。

(2)一般设备。其资金流量按到货前一年预付15%定金，到货年支付85%的剩余价款。

3. 独立费用资金流量

独立费用资金流量主要是勘测设计费的支付方式应考虑质量保证金的要求，其他项目则均按分年投资表中的资金安排计算。

(1)可行性研究和初步设计阶段的勘测设计费按合理工期分年平均计算。

(2)施工图设计阶段勘测设计费的95%按合理工期分年平均计算，其余5%的勘测设计费作为设计保证金，计入最后一年的资金流量表内。

(三)建设期融资利息

建设期融资利息计算公式为

$$S=\sum_{n=1}^{N}\left[\left(\sum_{m=1}^{n}F_m b_m-\frac{1}{2}F_n b_n\right)+\sum_{m=0}^{n-1}S_m\right]i$$

式中：S为建设期融资利息；N为合理建设工期；n为施工年度；m为还息年度；F_n、F_m分别为在建设期资金流量表内第n、m年的投资；b_n、b_m为各施工年份融资额占当年投资比例；i为建设期融资利率；S_m为第m年的付息额度。

四、答案

问题1：

(1)计算工程预付款。

工程预付款额第1年全部支付，总额为25 000×15%＝3 750(万元)。

扣回情况如下：

第2年扣回：　　7 200×20%＝1 440(万元)

第3年扣回：　　6 600×20%＝1 320(万元)

剩余部分：　　3 750−1440−1 320＝990(万元)

第4年建安投资的20%：　　5 000×20%＝1 000(万元)

由于990万元<1 000万元，所以第4年扣完剩余部分，即990万元。

(2)计算保留金。

保留金按建安工作量的 2.5%计算,总额为 25 000×2.5% = 625(万元)。

扣留情况如下:

第 1 年扣留:　3 800×5% = 190(万元)

第 2 年扣留:　7 200×5% = 360(万元)

剩余部分:　625−190−360 = 75(万元)

第 3 年建安投资的 5%:　6 600×5% = 330(万元)

由于 75 万元<330 万元,所以第 3 年扣完剩余部分,即 75 万元。

偿还情况:第 5 年偿还全额保留金,即 625 万元。

(3)计算分年度资金安排。

第 1 年资金:　3 800+3 750−190 = 7 360(万元)

第 2 年资金:　7 200−1 440−360 = 5 400(万元)

第 3 年资金:　6 600−1 320−75 = 5 205(万元)

第 4 年资金:　5 000−990 = 4 010(万元)

第 5 年资金:　2 400+625 = 3 025(万元)

建筑及安装工程资金流量计算见表 3-67。

表 3-67　建筑及安装工程资金流量　　单位:万元

序号	项目	合计	建设工期				
			第 1 年	第 2 年	第 3 年	第 4 年	第 5 年
一	建筑及安装工程	25 000	7 360	5 400	5 205	4 010	3 025
1	分年度完成工作量	25 000	3 800	7 200	6 600	5 000	2 400
2	预付款	3 750	3 750				
3	扣回预付款	−3 750		−1 440	−1 320	−990	
4	保留金	−625	−190	−360	−75		
5	偿还保留金	625					625

问题 2:

(1)计算设备购置费资金流量。

第 1 年设备购置费:　5 000×15% = 750(万元)

第 2 年设备购置费:　5 000×75% = 3 750(万元)

第 3 年设备购置费:　5 000×10% = 500(万元)

(2)计算独立费用资金流量。

第 1~4 年,每年的独立费用资金:

3 500×95%÷5 = 665(万元)

第 5 年的独立费用资金:

665+3 500×5% = 840(万元)

(3)计算基本预备费资金流量。

依据当年度建筑及安装工程费用、设备购置费和独立费用(依据分年度投资表)之和的5%计算基本预备费。

第1年基本预备费: (3 800+700)×5%=225(万元)

第2年基本预备费: (7 200+2 500+700)×5%=520(万元)

第3年基本预备费: (6 600+2 500+700)×5%=490(万元)

第4年基本预备费: (5 000+700)×5%=285(万元)

第5年基本预备费: (2 400+700)×5%=155(万元)

综上所述,工程部分投资资金流量见表3-68。

表3-68 工程部分投资资金流量 单位:万元

序号	项目	合计	建设工期				
			第1年	第2年	第3年	第4年	第5年
一	建筑及安装工程	25 000	7 360	5 400	5 205	4 010	3 025
二	设备购置费	5 000	750	3 750	500		
三	独立费用	3 500	665	665	665	665	840
	合计	33 500	8 775	9 815	6 370	4 675	3 865
	基本预备费	1 675	225	520	490	285	155
	静态投资	35 175	9 000	10 335	6 860	4 960	4 020

问题3:

建设期融资利息的计算公式为

$$S=\sum_{n=1}^{N}\left[\left(\sum_{m=1}^{n}F_m b_m-\frac{1}{2}F_n b_n\right)+\sum_{m=0}^{n-1}S_m\right]i$$

式中:$N=4$,$b_n=b_m=80\%$,$i=4.9\%$。

由此公式计算各年的建设期融资利息:

S_1=(9 000−1/2×9 000)×80%×4.9%=176.40(万元)

S_2=(9 000+10 335−1/2×10 335)×80%×4.9%+176.40×4.9%=564.01(万元)

S_3=(9 000+10 335+6 860−1/2×6 860)×80%×4.9%+(176.40+564.01)×4.9%
=928.67(万元)

S_4=(9 000+10 335+6 860+4 960−1/2×4 960)×80%×4.9%+
(176.40+564.01+928.67)×4.9%=1 205.84(万元)

S_5=(9 000+10 335+6 860+4 960+4 020−1/2×4 020)×80%×4.9%+
(176.40+564.01+928.67+1 205.84)×4.9%=1 440.94(万元)

总投资计算结果见表3-69。

表 3-69 总投资表

单位:万元

序号	项目	合计	建设工期				
			第 1 年	第 2 年	第 3 年	第 4 年	第 5 年
一	静态投资	35 175	9 000	10 335	6 860	4 960	4 020
二	价差预备费	0	0	0	0	0	0
三	建设期融资利息	4 315.86	176.40	564.01	928.67	1 205.84	1 440.94
	总投资	39 490.86	9 176.40	10 899.01	7 788.67	6 165.84	5 460.94

案例十四 水利建筑工程工程量清单计价

一、背景

西南某省正兴建某Ⅰ等大(1)型水利枢纽工程,目前该工程已由设计单位完成招标设计工作,建设单位拟据此开展招标工作。

建设单位拟将该水利枢纽工程挡水建筑物施工作为一个标段招标,并委托一具有相应资质的招标代理机构编制招标文件和招标控制价。

根据招标文件和常规施工方案,按以下数据及要求编制该水利枢纽工程挡水建筑物施工招标的工程量清单和招标控制价。

该双曲拱坝为常态混凝土坝,采用全机械化施工,薄层浇筑,全部为大体积混凝土,需采取温控措施,一般混凝土龄期为 180 d,抗冲耐磨混凝土龄期为 90 d。混凝土采用 4×3 m^3 搅拌楼拌制,20 t 自卸汽车运输 1 km,30 t 缆索起重机吊运 180 m。

设计单位的招标设计工程量计算成果见表 3-70。

表 3-70 设计工程量计算成果

序号	项目名称	单位	数量
1	常态混凝土坝体 $C_{180}30$(三)	m^3	150 499
2	常态混凝土坝体 $C_{180}30$(四)	m^3	919 060
3	常态混凝土坝体 C35(二)(抗冲耐磨)	m^3	7 045
4	常态混凝土坝体 $C_{180}35$(二)	m^3	48 456
5	常态混凝土坝体 $C_{180}35$(三)	m^3	390 800
6	常态混凝土坝体 $C_{180}35$(四)	m^3	998 967

根据施工组织设计成果及相关规定,招标代理机构中的造价工程师编制完成的相关项目综合单价见表 3-71,由于建设单位拟将模板使用费摊入混凝土工程单价中,表 3-71 中混凝土浇筑单价已包含模板使用费。

环境保护措施费按分类分项工程费的 2%计算,文明施工措施费按分类分项工程费的 1%计算,安全防护措施费按分类分项工程费的 1%计算,小型临时工程费按分类分项工程费的3%计算,施工企业进退场费为200万元,大型施工设备安拆费为120万元,其他项目(预留金)金额为1 000万元。无零星工作项目。

表3-71　综合单价编制成果

序号	项目名称	单位	单价/元
1	常态混凝土坝体 $C_{180}30$(三)	m^3	441.65
2	常态混凝土坝体 $C_{180}30$(四)	m^3	408.64
3	常态混凝土坝体 C35(二)(抗冲耐磨)	m^3	530.62
4	常态混凝土坝体 $C_{180}35$(二)	m^3	485.60
5	常态混凝土坝体 $C_{180}35$(三)	m^3	458.50
6	常态混凝土坝体 $C_{180}35$(四)	m^3	421.95
7	温控措施费	m^3	42.64

中华人民共和国建设部于2007年批准实施的《水利工程工程量清单计价规范》(GB 50501—2007)相关内容如下:

其他相关问题应按下列规定处理:

(1)混凝土工程工程量清单项目的工程量计算规则:温控混凝土与普通混凝土的工程量计算规则相同。温控措施费应摊入相应温控混凝土的工程单价中。

(2)招标人如要求将模板使用费摊入混凝土工程单价中,各摊入模板使用费的混凝土工程单价应包括模板周转使用摊销费。

本标段中可能涉及的分类分项工程量清单项目的统一编码见表3-72。

表3-72　工程量清单统一项目编码

项目编码	工程项目名称
500109001×××	普通混凝土
500110001×××	普通模板

二、问题

1.按照《水利工程工程量清单计价规范》(GB 50501—2007)的规定,编制分类分项工程量清单计价(见表3-73)。

表3-73　分类分项工程量清单计价

项目编码	项目名称	项目主要特征	计量单位	数量	单价/元	合价/万元

2.按照《水利工程工程量清单计价规范》(GB 50501—2007)的规定,计算出该招标控制价。将各项费用的计算结果填入工程招标控制价工程项目总价表,见表3-74,其计算过程写在表的下面。

所有计算结果均保留两位小数。

表 3-74　工程项目总价

序号	工程项目名称	金额/万元
1	分类分项工程	
1.1	…	
1.2	…	
2	措施项目	
2.1	环境保护措施	
2.2	文明施工措施	
2.3	安全防护措施	
2.4	小型临时工程	
2.5	施工企业进退场费	
2.6	大型施工设备安拆费	
3	其他项目	
3.1	其中:预留金	
4	零星工作项目	

三、分析要点

本案例要求按《水利工程工程量清单计价规范》(GB 50501—2007)的规定,掌握编制水利工程的工程量清单及清单计价的基本方法。具体为编制分类分项工程量清单计价表、措施项目清单计价表、其他项目清单计价表、零星工作项目计价表和工程项目单价等,并汇总形成工程项目总价表。

《水利工程工程量清单计价规范》(GB 50501—2007)中有5条强制性条文,规范了工程量清单的编制。例如,3.2.3规定:分类分项工程量清单的项目编码,1~9位应按本规范附录A和附录B的规定设置;10~12位应根据招标工程的工程量清单名称由编制人设置,并应自001起顺序编码。因此,本案例的项目编码由001开始,编码由1或01开始均违反强制性条文。

《水利水电工程设计工程量计算规定》(SL 328—2005)适用设计阶段仅包括项目建议书、可行性研究和初步设计3个阶段。目前,项目招标过程中设计工程量的计算,部分项目招标方选择参考该标准。

四、答案

问题1:

根据《水利工程工程量清单计价规范》(GB 50501—2007)的规定确定项目的主要特征,普通混凝土的项目主要特征有:①部位及类型;②设计龄期、强度等级及配合比;③抗渗、抗冻、抗磨等要求;④级配、拌制要求;⑤运距。

由题意可知,本招标控制价中普通混凝土单价应包含模板使用费和温控措施费,因此:

常态混凝土坝体 $C_{180}30$(三)综合单价=441.65+42.64=484.29(元/m^3)

常态混凝土坝体 $C_{180}30$(四)综合单价=408.64+42.64=451.28(元/m^3)

常态混凝土坝体C35(二)(抗冲耐磨)综合单价=530.62+42.64=573.26(元/m^3)

常态混凝土坝体 $C_{180}35$(二)综合单价=485.60+42.64=528.24(元/m^3)

常态混凝土坝体 $C_{180}35$(三)综合单价=458.50+42.64=501.14(元/m^3)

常态混凝土坝体 $C_{180}35$(四)综合单价=421.95+42.64=464.59(元/m^3)

结果见表3-75,各项费用的计算过程在表3-75后。

表3-75　分类分项工程量清单计价

项目编码	项目名称	项目主要特征	计量单位	数量	单价/元	合价/万元
500109001001	普通混凝土	1. 常态混凝土坝体; 2. 180 d 龄期,C30 级; 3. 无特殊要求; 4. 三级配; 5. 综合运距水平运输 1 km,垂直运输 180 m	m^3	150 499	484.29	7 288.52
500109001002	普通混凝土	1. 常态混凝土坝体; 2. 180 d 龄期,C30 级; 3. 无特殊要求; 4. 四级配; 5. 综合运距水平运输 1 km,垂直运输 180 m	m^3	919 060	451.28	41 475.34
500109001003	普通混凝土	1. 常态混凝土坝体; 2. 90 d 龄期,C35 级; 3. 抗冲耐磨; 4. 二级配; 5. 综合运距水平运输 1 km,垂直运输 180 m	m^3	7 045	573.26	403.86
500109001004	普通混凝土	1. 常态混凝土坝体; 2. 180 d 龄期,C35 级; 3. 无特殊要求; 4. 二级配; 5. 综合运距水平运输 1 km,垂直运输 180 m	m^3	48 456	528.24	2 559.64
500109001005	普通混凝土	1. 常态混凝土坝体; 2. 180 d 龄期,C35 级; 3. 无特殊要求; 4. 三级配; 5. 综合运距水平运输 1 km,垂直运输 180 m	m^3	390 800	501.14	19 584.55
500109001006	普通混凝土	1. 常态混凝土坝体; 2. 180 d 龄期,C35 级; 3. 无特殊要求; 4. 四级配; 5. 综合运距水平运输 1 km,垂直运输 180 m	m^3	998 967	464.59	46 411.01

各项费用的计算过程(计算式)如下:

500109001001 普通混凝土合价=招标工程量×综合单价

=150 499×484.29=7 288.52(万元)

500109001002 普通混凝土合价=招标工程量×综合单价

=919 060×451.28=41 475.34(万元)

500109001003 普通混凝土合价=招标工程量×综合单价

=7 045×573.26=403.86(万元)

500109001004 普通混凝土合价=招标工程量×综合单价

=48 456×528.24=2 559.64(万元)

500109001005 普通混凝土合价=招标工程量×综合单价

=390 800×501.14=19 584.55(万元)

500109001006 普通混凝土合价=招标工程量×综合单价

=998 967×464.59=46 411.01(万元)

问题 2:

将各项费用的计算结果填入工程招标控制价工程项目总价表(见表 3-76),其计算过程写在表 3-76 后。

表 3-76　工程项目总价

序号	工程编号	工程项目名称	金额/万元
1		分类分项工程	117 722.92
1.1	500109001001	普通混凝土	7 288.52
1.2	500109001002	普通混凝土	41 475.34
1.3	500109001003	普通混凝土	403.86
1.4	500109001004	普通混凝土	2 559.64
1.5	500109001005	普通混凝土	19 584.55
1.6	500109001006	普通混凝土	46 411.01
2		措施项目	8 560.61
2.1		环境保护措施	2 354.46
2.2		文明施工措施	1 177.23
2.3		安全防护措施	1 177.23
2.4		小型临时工程	3 531.69
2.5		施工企业进退场费	200
2.6		大型施工设备安拆费	120
3		其他项目	1 000
3.1		预留金	1 000
4		零星工作项目	0
招标控制价合计(1+2+3+4)			127 283.53

分类分项工程费＝各普通混凝土项目费之和

＝7 288.52+41 475.34+403.86+2 559.64+19 584.55+46 411.01

＝117 722.92(万元)

环境保护措施费＝分类分项工程费×2%＝117 722.92×2%＝2 354.46(万元)

文明施工措施费＝分类分项工程费×1%＝117 722.92×1%＝1 177.23(万元)

安全防护措施费＝分类分项工程费×1%＝117 722.92×1%＝1 177.23(万元)

小型临时工程费＝分类分项工程费×3%＝117 722.92×3%＝3 531.69(万元)

由案例可知,施工企业进退场费为 200 万元,大型施工设备安拆费为 120 万元。

措施项目费＝环境保护措施费+文明施工措施费+安全防护措施费+小型临时工程费+施工企业进退场费+大型施工设备安拆费

＝2 354.46+1 177.23+1 177.23+3 531.69+200+120

＝8 560.61(万元)

其他项目中仅有预留金为 1 000 万元,无零星工作项目。

招标控制价合计＝分类分项工程费+措施项目费+其他项目费+零星工作项目费

＝117 722.92+8 560.61+1 000+0

＝127 283.53(万元)

案例十五　水利设备安装工程工程量清单计价

一、背景

东部某省正兴建某Ⅰ等大(1)型水利枢纽工程,目前该工程已由设计单位完成招标设计工作,建设单位拟据此开展招标工作。

建设单位拟对该水利枢纽水轮机组安装工程进行招标,委托一具有相应资质的招标代理机构编制招标文件和招标控制价。

根据招标文件和常规施工方案,按以下数据及要求编制该水利枢纽工程水轮机组安装标的工程量清单和招标控制价:

环境保护措施费按分类分项工程费的 1.5%计算,文明施工措施费按分类分项工程费的 1%计算,安全防护措施费按分类分项工程费的 1%计算,小型临时工程费按分类分项工程费的 3%计算,施工企业进退场费为 10.00 万元,大型施工设备安拆费为 15.00 万元,其他项目仅有预留金,金额为 200.00 万元,无零星工作项目。

标段计划安装水轮机型号 HL189-LJ-910,直径 9 m,质量 2 980 t,共 6 台。发电机型号 SF850-66/1930,直径 9 m,质量 3 810 t,共 6 台。招标代理机构的注册造价工程师根据现行相关文件标准计算出的招标控制价相关成果如下:水轮机安装综合单价为 712.56 万元/台,发电机安装综合单价为 632.50 万元/台。

根据中华人民共和国建设部 2007 年批准实施的《水利工程工程量清单计价规范》(GB 50501—2007)的规定,本标段中涉及的分类分项工程量清单项目的统一编码,见表 3-77。

表 3-77　工程量清单统一项目编码

项目编码	工程项目名称
500201001×××	水轮机设备安装
500201005×××	发电机设备安装

二、问题

1. 按照《水利工程工程量清单计价规范》(GB 50501—2007)的规定,编制分类分项工程量清单计价见表 3-78。

表 3-78　分类分项工程量清单计价

项目编码	项目名称	项目主要特征	计量单位	数量	单价/万元	合价/万元

2. 按照《水利工程工程量清单计价规范》(GB 50501—2007)的规定,计算出该招标控制价。将各项费用的计算结果填入工程招标控制价工程项目总价表(见表 3-79),其计算过程写在表 3-79 后。

表 3-79　工程项目总价

序号	工程项目名称	金额/万元
1	分类分项工程	
1.1	水轮机设备安装	
1.2	发电机设备安装	
2	措施项目	
2.1	环境保护措施	
2.2	文明施工措施	
2.3	安全防护措施	
2.4	小型临时工程	
2.5	施工企业进退场费	
2.6	大型施工设备安拆费	
3	其他项目	
3.1	其中:预留金	
4	零星工作项目	

计算过程和计算结果均保留两位小数。

三、分析要点

本案例要求按《水利工程工程量清单计价规范》(GB 50501—2007)的规定,掌握编制水利工程的工程量清单及清单计价的基本方法。具体为编制分类分项工程量清单计价表、措施项目清单计价表、其他项目清单计价表、零星工作项目计价表和工程项目单价等,并汇总形成工程项目总价表。

《水利工程工程量清单计价规范》(GB 50501—2007)中有 5 条强制性条文,规范了工程量清单的编制。例如,3.2.3 规定如下:分类分项工程量清单的项目编码,1～9 位应按本规范附录 A 和附录 B 的规定设置;10～12 位应根据招标工程的工程量清单名称由编制人设置,并应自 001 起顺序编码。因此,本案例的项目编码由 001 开始,编码由 1 或 01 开始均违反强制性条文。

四、答案

问题 1:

根据《水利工程工程量清单计价规范》(GB 50501—2007)的规定确定项目的主要特征,即水轮机与发电机的型号、直径和质量。

水轮机设备安装合价=招标工程×综合单价=6×712.56=4 275.36(万元)

发电机设备安装合价=招标工程×综合单价=6×632.50=3 795.00(万元)

分类分项工程量清单计价计算结果见表 3-80。

表 3-80　分类分项工程量清单计价

项目编码	项目名称	项目主要特征	计量单位	数量	单价/万元	合价/万元
500201001001	水轮机设备安装	1. 型号 HL189-LJ-910; 2. 直径 9 m; 3. 质量 2 980 t	台	6	712.56	4 275.36
500201005001	发电机设备安装	1. 型号 SF850-66/1930; 2. 直径 9 m; 3. 质量 3 810 t	台	6	632.50	3 795.00

问题 2:

将各项费用的计算结果,填入工程招标控制价工程项目总价表(见表 3-81),其计算过程写在表 3-81 后。

表 3-81　工程项目总价表

序号	工程项目名称	金额/万元
1	分类分项工程	8 070.36
1.1	水轮机设备安装	4 275.36
1.2	发电机设备安装	3 795.00
2	措施项目	549.57
2.1	环境保护措施	121.06
2.2	文明施工措施	80.70
2.3	安全防护措施	80.70
2.4	小型临时工程	242.11
2.5	施工企业进退场费	10.00
2.6	大型施工设备安拆费	15.00
3	其他项目	200.00
3.1	预留金	200.00
4	零星工作项目	0
招标控制价合计(1～4 部分总和)		8 819.93

各项费用的计算过程如下:

由问题1可知,水轮机设备安装合价为4 275.36万元,发电机设备安装合价3 795.00万元。

分类分项工程费=水轮机设备安装合价+发电机设备安装合价

=4 275.36+3 795.00=8 070.36(万元)

环境保护措施费=分类分项工程费×1.5%

=8 070.36×1.5%=121.06(万元)

文明施工措施费=分类分项工程费×1%

=8 070.36×1%=80.70(万元)

安全防护措施费=分类分项工程费×1%

=8 070.36×1%=80.70(万元)

小型临时工程费=分类分项工程费×3%

=8 070.36×3%=242.11(万元)

由案例可知,施工企业进退场费为10.00万元,大型施工设备安拆费为15.00万元。

措施项目费=环境保护措施费+文明施工措施费+安全防护措施费+

小型临时工程费+施工企业进退场费+大型施工设备安拆费

=121.06+80.70+80.70+242.11+10.00+15.00=549.57(万元)

其他项目中仅有预留金为200.00万元,无零星工作项目。

招标控制价合计=分类分项工程费+措施项目费+其他项目费+零星工作项目费

=8 070.36+549.57+200.00+0=8 819.93(万元)

案例十六　补充机械台时费定额编制

一、背景

某企业为满足某施工项目的要求,购买新型号混凝土运输机械,该机械出厂为60万元(含税),运杂费费率为5%,采购及保管费费率为0.7%,运输保险费费率为0.45%,以上费用计算基础均为含税价格。该机械工作期间仅消耗柴油,设备残值率5%,总寿命台时为15 000 h,发动机额定功率为247 kW,发动机油量消耗综合系数为0.059。

由于定额缺项,需编制此机械的补充台时费定额。台时费由折旧费,修理及替换设备费,安装拆卸费,动力、燃料消耗费,机上人工费组成。

折旧费(元/h)=机械预算价格(元)×(1−残值率)÷寿命台时(h)

修理及替换设备费(元/h)=折旧费×修理及替换设备费费率(%)

安装拆卸费(元/h)=折旧费×安装拆卸费费率(%)

动力、燃料消耗费=单位油耗×预算价格

单位油耗(kg/h)=发动机额定功率×工作时间×发动机油量消耗综合系数

经调研,该新型号施工机械的修理及替换设备费费率为176%,安装拆卸费费率为13%,每台时消耗人工1.2工时。

人工预算价格为:工长9.27元/工时,高级工8.57元/工时,中级工6.62元/工时,初级工4.64元/工时;柴油预算价格为8.3元/kg(含可抵扣增值税13%)。

二、问题

1. 求该施工机械运杂费。
2. 若施工机械出厂价含13%可抵扣增值税, 编制该施工机械一类费用。
3. 不考虑材料补差,编制该施工机械二类费用,并结合问题2计算该施工机械台时费。

以上计算结果均保留两位小数(涉及百分数的保留百分数小数点后两位)。

三、分析要点

本案例考查台时费定额的编制,台时费定额由一类费用及二类费用两部分组成,一类费用分为折旧费、修理及替换设备费(含大修理费、经常性修理费)和安装拆卸费,按编制年度价格水平计算并用金额表示。二类费用分为人工,动力、燃料或消耗材料,以工时数量和实物消耗量表示,其费用按配套水利工程概估算编制规定和工程所在地的物价水平分别计算。

台时费定额中各类费用的定义及取费原则:

(1)折旧费:指机械在寿命期内回收原值的台时折旧摊销费用。

(2)修理及替换设备费:指机械使用过程中,为了使机械保持正常功能而进行修理所需费用、日常保养所需的润滑油料费、擦拭用品费、机械保管费以及替换设备、随机使用的工具附具等所需的台时摊销费用。

(3)安装拆卸费:指机械进出工地的安装、拆卸、试运转和场内转移以及辅助设施的摊销费用。不需要安装拆卸的施工机械,台时费中不计列此项费用。

(4)人工:指机械使用时机上操作人员的工时消耗。包括机械运转时间、辅助时间、用餐、交接班以及必要的机械正常中断时间。台时费中人工费按中级工计算。

(5)动力、燃料或消耗材料:指正常运转所需的风(压缩空气)、水、电、油及煤等。其中,机械消耗电量包括机械本身和最后一级降压变压器低压侧至施工用电点之间的线路损耗,风、水消耗包括机械本身和移动支管的损耗。

修理及替换设备费费率及安装拆卸费费率参考已有的同类型施工机械台时费计算,人工耗量参考已有的同类型施工机械台时费中人工耗量使用。

需要注意的是,根据《水利部办公厅关于印发〈水利工程营业税改征增值税计价依据调整办法〉的通知》(办水总〔2016〕132号)相关要求,目前编制水利工程概(估)算时采用的台时费不应包含增值税进项税额。

四、答案

问题1:

施工机械运杂费:

运杂综合费费率=运杂费费率+(1+运杂费费率)×采购及保管费费率+运输保险费费率

=5%+(1+5%)×0.7%+0.45%=6.19%

运杂费=施工机械出厂价(含税)×运杂综合费费率

=600 000×6.19%=37 140(元)

问题 2：

基本折旧费 = (施工机械出厂价 - 可抵扣增值税 + 运杂费) × (1 - 残值率) ÷ 总寿命台时
= [600 000 - 600 000 ÷ (1 + 13%) × 13% + 37 140] × (1 - 5%) ÷ 15 000
= 35.98(元)

修理及替换设备费 = 折旧费 × 修理及替换设备费费率
= 35.98 × 176%
= 63.32(元)

安装拆卸费 = 折旧费 × 安装拆卸费费率
= 35.98 × 13% = 4.68(元)

一类费用 = 折旧费 + 修理及替换设备费 + 安装拆卸费
= 35.98 + 63.32 + 4.68
= 103.98(元)

问题 3：

机上人工费 = 人工耗量 × 中级工预算单价
= 1.2 × 6.62 = 7.94(元)

动力、燃料消耗费 = 单位油耗 × 预算价格
= 247 × 1.0 × 0.059 × 8.3 ÷ (1 + 13%)
= 107.04(元)

二类费用 = 机上人工费 + 动力、燃料消耗费
= 7.94 + 107.04
= 114.98(元)

施工机械台时费 = 一类费用 + 二类费用
= 103.98 + 114.98
= 218.96(元)

第四章　水利工程招标投标

【考试大纲】

1. 招标方式与程序。
2. 招标、投标。
3. 开标、评标和中标。
4. 法律责任。

案例一　工程招标方式与评标(一)

一、背景

××省××湖区分洪闸工程已由国家发展和改革委员会批准建设,建设资金来自国家投资和地方配套资金。招标人为××省××湖水利工程管理局。该分洪闸总进洪规模为2 200 m^3/s,分洪闸均采用开敞式两孔一联的结构形式,单孔净宽10 m,共16孔,闸室过流总净宽160 m。××湖区为一构造断陷的沉积盆地,工程地质条件复杂,湖区底部堆积厚度不一的淤泥、淤泥质土类及一些强度较低的黏性土类,基础处理难度大,对施工单位的施工设备和同类施工经验要求高,并且由于洪水来临之前要完工,对工期的要求比较紧迫,国内仅少数几家施工企业能胜任该项目施工。该工程项目计划于2023年12月28日开工。

招标人在对有关单位及其在建工程考察的基础上,决定采用邀请招标,并自行组织招标事宜,共邀请A、B、C、D4家国有特级施工企业参加投标。招标人预先和咨询单位分别与4家施工企业研究并确定施工技术方案。4家企业分别于2023年9月12—13日领取了招标文件,同时按要求递交投标保证金80万元,购买招标文件费1 500元。

招标文件中规定:投标截止时间为9月30日,投标有效期截止时间为10月31日,投标保证金有效期截止时间为11月30日。招标人对开标前的主要工作安排如下:9月15日,举行投标预备会;9月19—20日,由招标人分别安排各投标人踏勘现场。各投标人按时递交了投标文件,所有投标文件均有效。

招标文件中规定采用综合评估法进行评标,具体的评标标准如下:

(1)技术标共30分,其中施工方案10分(因已确定施工方案,各投标人均得10分)、施工总工期10分、工程质量10分。满足招标人总工期要求(36个月)者得4分,每提前1个月加1分,不满足者废标;招标人希望该工程今后能被评为省水利优质工程奖,自报工程质量合格者得4分,承诺将工程建成省优质工程者得6分(若该工程未被评为省水利优质工程将扣罚合同价的2%,该款项在竣工结算时暂不支付给施工单位);近三年内获中国水利优质工程大禹奖每项加2分,省水利优质工程奖每项加1分。

(2)商务标共70分(包括总报价30分,分类分项工程单价10分,其他内容30分)。其中,总报价的评标方法是,评标基准价等于各有效投标总报价的算术平均值。当投标人的投标总价等于评标基准价时得满分,投标总价每高于评标基准价 1 个百分点时扣 2 分,每低于评标基准价 1 个百分点时扣 1 分。

分类分项工程单价的评标方法是,在清单报价中按合价大小抽取 100 项,计算各投标人该 100 项分类分项工程的平均单价,按各投标人所报单价超出平均单价±10%的总项数分为五档:0~20 项得 10 分;21~40 项得 8 分;41~60 项得 6 分;61~80 项得 4 分;81~100 项得 2 分。

各投标人总报价见表 4-1。

表 4-1　投标人总报价

投标人	A	B	C	D
总报价/万元	22 831	23 070	23 152	22 798

各投标人所报单价超出平均单价±10%的总项数见表 4-2。

表 4-2　单价偏差项数

投标人	A	B	C	D
总项数/项	22	18	33	25

除总报价和分类分项工程单价外的其他商务标指标评标得分见表 4-3。

表 4-3　投标人商务标指标评标得分

投标人	A	B	C	D
商务标得分	28	29	27	28

各投标人技术标指标有关情况见表 4-4。

表 4-4　投标人相关技术标指标

投标人	总工期/月	自报工程质量	水利优质工程大禹奖	省水利优质工程奖
A	32	省优	1	1
B	31	合格	0	2
C	33	合格	0	1
D	35	省优	1	2

二、问题

1. 该工程采用邀请招标方式且仅邀请 4 家投标人投标,是否违反有关规定?请说明理由。招标人自行组织招标需要具备什么条件?

2. 在该工程开标之前所进行的招标工作有哪些不妥之处?说明理由。

3. 列式计算各投标人的总得分,根据综合得分最高者中标的原则确定中标人。

计算结果保留两位小数。

三、分析要点

本案例主要考查招标人自行组织招标的条件、必须招标的项目可以进行邀请招标的条件、招标投标相关程序、招标投标过程中若干时限规定及评标办法的运用问题。

水利部《水利工程建设项目招标投标管理规定》规定了邀请招标的条件及程序。

第十条　依法必须招标的项目中，国家重点水利项目、地方重点水利项目及全部使用国有资金投资或者国有资金投资占控股或者主导地位的项目应当公开招标，但有下列情况之一的，按第十一条的规定经批准后可采用邀请招标：

(1)项目技术复杂，有特殊要求或涉及专利权保护，受自然资源或环境限制，新技术或技术规格事先难以确定的项目。

(2)应急度汛项目。

(3)其他特殊项目。

第十一条　符合第十条规定，采用邀请招标的，招标前招标人必须履行下列批准手续：

(1)国家重点水利项目经水利部初审后，报国家发展和改革委员会批准；其他中央项目报水利部或其委托的流域管理机构批准。

(2)地方重点水利项目经省、自治区、直辖市人民政府水行政主管部门会同同级发展改革行政主管部门审核后，报本级人民政府批准；其他地方项目报省、自治区、直辖市人民政府水行政主管部门批准。

水利部《水利工程建设项目招标投标管理规定》第十三条规定了招标人自行办理招标事宜的条件。

水利部《水利工程建设项目招标投标管理规定》第十八条规定：采用邀请招标方式的，招标人应当向3个以上有投标资格的法人或其他组织发出投标邀请书。

《工程建设项目施工招标投标办法》第二十九条规定：招标文件应当规定一个适当的投标有效期，以保证招标人有足够的时间完成评标和与中标人签订合同。投标有效期从投标人提交投标文件截止之日起计算。

水利工程施工招标投标有效期一般为56天。投标保证金有效期应当与投标有效期一致。

水利部《水利工程建设项目招标投标管理规定》第二十四条规定：招标文件应当按其制作成本确定售价，一般可按1 000元至3 000元人民币标准控制。

常用的评标办法有经评审的最低投标价法和综合评估法。经评审的最低投标价法是指评标委员会对满足招标文件实质要求的投标文件，根据详细评审标准规定的量化因素及量化标准进行价格折算，按照经评审的投标价由低到高的顺序推荐中标候选人，或根据招标人授权直接确定中标人，但投标报价低于其成本的除外。经评审的投标价相等时，投标报价低的优先；投标报价也相等的，由招标人自行确定。综合评估法是指评标委员会对满足招标文件实质性要求的投标文件，按照评审标准规定的评分标准进行打分，并按得分由高到低顺序推荐中标候选人，或根据招标人授权直接确定中标人，但投标报价低于其成本的除外。综合评分相等时，以投标报价低的优先；投标报价也相等的，由招标人自行确定。

四、答案

问题 1:

(1)水利部《水利工程建设项目招标投标管理规定》中明确规定,依法必须招标的项目中按规定经批准后可采用邀请招标的条件,其中包括项目技术复杂、有特殊要求或涉及专利权保护,本项目符合这一条件,所以可以采用邀请招标。

(2)采用邀请招标方式的,招标人应当向 3 个以上有投标资格的法人或其他组织发出投标邀请书,所以本案例中招标人邀请 4 家投标人投标,符合规定。

(3)水利部《水利工程建设项目招标投标管理规定》中明确规定,当招标人具备以下条件时,按有关规定和管理权限经核准可自行办理招标事宜:

①具有项目法人资格(或法人资格);

②具有与招标项目规模和复杂程度相适应的工程技术、概预算、财务和工程管理等方面的专业技术力量;

③具有编制招标文件和组织评标的能力;

④具有从事同类工程建设项目招标的经验;

⑤设有专门的招标机构或者拥有 3 名以上专职招标业务人员;

⑥熟悉和掌握招标投标法律、法规、规章。

当招标人不具备以上条件时,应当委托符合相应条件的招标代理机构办理招标事宜。

问题 2:

"投标截止时间为 9 月 30 日"不妥,因为自招标文件开始发出之日起至投标人提交投标文件截止之日止,不得少于 20 日。

"投标有效期截止时间为 10 月 31 日,投标保证金有效期截止时间为 11 月 30 日"不妥,投标有效期从投标人提交投标文件截止之日(开标日)起计算,水利工程施工招标投标有效期一般为 56 天。投标保证金有效期应当与投标有效期一致。

"9 月 15 日,举行投标预备会;9 月 19—20 日,由招标人分别安排各投标人踏勘现场"不妥,现场踏勘应该安排在投标预备会之前,以便招标人在会议期间澄清投标人以书面形式所提出的问题。招标人应该按照"投标人须知"附表规定的时间、地点统一组织投标人踏勘项目现场,而不应该分别组织。

问题 3:

(1)总报价平均值:(22 831+23 070+23 152+22 798)/4=22 962.75(万元)。

根据总报价平均值,各投标人总报价评分见表 4-5。

表 4-5 总报价评分

投标人		A	B	C	D
总报价评分	总报价/万元	22 831	23 070	23 152	22 798
	总报价占评分基准价百分比/%	99.43	100.47	100.82	99.28
	扣分	0.57	0.94	1.64	0.72
	得分	29.43	29.06	28.36	29.28

(2)分类分项工程单价得分见表 4-6。

表 4-6　分类分项工程单价得分

投标人	A	B	C	D
分类分项工程单价得分	8	10	8	8

(3)计算各投标人的技术标得分,如表 4-7 所示。

表 4-7　技术标得分计算

投标人	施工方案	总工期	工程质量	合计
A	10	4+(36−32)×1=8	6+2+1=9	27
B	10	4+(36−31)×1=9	4+2=6	25
C	10	4+(36−33)×1=7	4+1=5	22
D	10	4+(36−35)×1=5	6+2+2=10	25

(4)计算各投标人的总得分。

投标人 A 的总得分:　29.43+8+28+27=92.43(分)

投标人 B 的总得分:　29.06+10+29+25=93.06(分)

投标人 C 的总得分:　28.36+8+27+22=85.36(分)

投标人 D 的总得分:　29.28+8+28+25=90.28(分)

所以,第一中标候选人为投标人 B。

案例二　工程招标方式与评标(二)

一、背景

××省重点水利枢纽工程,初步设计已经批准,建设资金来源已经落实,年度投资计划已经安排,有关建设项目用地和移民搬迁工作已有明确计划。该项目计划 2023 年 12 月 26 日开工,由于项目工期紧,地质条件较差,工程受泥沙淤积、地质岩溶等因素制约,施工技术难度较大,对施工单位的施工设备和同类施工经验要求较高。招标人在对有关施工单位及其在建工程考察的基础上,自行决定采用邀请招标,于 2023 年 9 月 9 日向 A、B、C、D、E 5 家国有特级施工企业发出了投标邀请书。5 家企业均接受了邀请,并分别于 9 月 15—16 日领取了招标文件,同时按要求递交投标保证金。投标截止时间为 9 月 28 日 10 时 00 分。开标时间与投标截止时间一致。招标文件规定投标保证金应在投标有效期结束后一个月内保持有效。5 家投标人均在规定的投标截止时间之前递交了投标文件。招标文件中规定采用综合评估法进行评标,具体的评标标准如下:

(1)技术标共 40 分,其中施工方案 15 分、施工总工期 5 分、工程质量 10 分、项目组织管理 5 分、企业信誉 5 分。满足招标人总工期要求(24 个月)者得 3 分,每提前 1 个月加 1 分,最多加 2 分。企业信誉包括企业市场形象和类似工程经验,其中企业市场形象由专家打分决定,类似工程经验评分标准如下:如果企业近 3 年承建过同类(近似)同规模工程者得 2 分,未承建过同类(近似)同规模工程者得 0 分。

(2)商务标共 60 分,包括总报价 30 分,分类分项工程单价 5 分,其他内容 25 分。招标控制价为 88 820 万元。其中,总报价的评标方法是,以各有效投标总报价的算术平均值为评标基准价。当投标人的投标总价为评标基准价 98%~101%范围内时得满分,高于评标基准价 101%者,每高出 1 个百分点时扣 1.5 分;低于评标基准价 98%者,每低出 1 个百分点时扣 1 分。

分类分项工程单价的评标方法是,在清单报价中随机抽取 20 项,计算各投标人该 20 项分类分项工程的平均单价,如各投标人所报单价偏离平均单价均在±15%范围内得满分,超出该范围的,每超出一项扣 0.25 分。

各投标人的相关情况见表 4-8、表 4-9。

表 4-8　投标人商务指标汇总

投标人	总报价/万元	单价偏离项数	商务标得分(除总价、单价外)
A	82 500	11	23
B	88 650	4	21
C	86 570	5	22
D	84 850	6	23
E	85 250	10	22

表 4-9　投标人技术指标汇总

投标人	总工期/月	技术方案得分	工程质量	项目组织管理	市场形象	近 3 年承建类似项目
A	23	13	8.5	4.3	2.5	是
B	21	12	8.0	4.8	2.6	是
C	22	13	7.5	4.6	2.2	否
D	22	14	7.9	5.0	2.8	否
E	24	14	7.6	4.7	2.4	否

二、问题

1. 依法必须招标的项目,在哪些情况下可以采用邀请招标?该工程项目招标人自行决定采用邀请招标的方式是否妥当?请说明理由。

2. 在该工程开标之前所进行的招标工作有哪些不妥之处?请说明理由。

3. 评标过程中,评标委员会发现投标人 B 投标报价中的钢筋制安工程的综合单价为 5 683.20 元/t,招标清单工程量为 352 t,该项工程合价为 2 900 486.40 元。针对此种情况,评标委员会应如何处理?

4. 列式计算各有效投标人的总得分,根据综合得分最高者中标的原则确定第一中标候选人。

计算结果保留两位小数。

三、分析要点

本案例考查邀请招标的条件及具体审批部门和批准手续,《水利工程建设项目招标投标管理规定》第十条规定:依法必须招标的项目中,国家重点水利项目、地方重点水利项目及全部使用国有资金投资或者国有资金投资占控股或者主导地位的项目应当公开招标,但有下列情况之一的,按第十一条的规定经批准后可采用邀请招标:①项目总投资额在3 000万元人民币以上,但分标单项合同估算价低于规定的标准的项目;②项目技术复杂,有特殊要求或涉及专利权保护,受自然资源或环境限制,新技术或技术规格事先难以确定的项目;③应急度汛项目;④其他特殊项目。第十一条规定:符合第十条规定,采用邀请招标的,招标前招标人必须履行下列批准手续:①国家重点水利项目经水利部初审后,报国家和改革委员会批准;其他中央项目报水利部或其委托的流域管理机构批准;②地方重点水利项目经省、自治区、直辖市人民政府水行政主管部门会同同级发展改革行政主管部门审核后,报本级人民政府批准;其他地方项目报省、自治区、直辖市人民政府水行政主管部门批准。

本案例涉及招标投标过程中的时限问题,根据《中华人民共和国招标投标法实施条例》,规定如下:

招标人应当按照资格预审公告、招标公告或者投标邀请书规定的时间、地点发售资格预审文件或者招标文件。资格预审文件或者招标文件的发售期不得少于5日。

招标人应当在招标文件中载明投标有效期。投标有效期从提交投标文件的截止之日起算。投标保证金有效期应当与投标有效期一致。

四、答案

问题1:

(1)依法必须招标的项目中,国家重点水利项目、地方重点水利项目及全部使用国有资金投资或者国有资金投资占控股或者主导地位的项目应当公开招标,但有下列情况之一的,经批准后可采用邀请招标:

①项目技术复杂,有特殊要求或涉及专利权保护,受自然资源或环境限制,新技术或技术规格事先难以确定的项目;

②应急度汛项目;

③其他特殊项目。

(2)招标人自行决定采用邀请招标的方式不妥当。

采用邀请招标的项目,招标前招标人必须履行下列批准手续:

①国家重点水利项目经水利部初审后,报国家发展和改革委员会批准;其他中央项目报水利部或其委托的流域管理机构批准。

②地方重点水利项目经省、自治区、直辖市人民政府水行政主管部门会同同级发展改革行政主管部门审核后,报本级人民政府批准;其他地方项目报省、自治区、直辖市人民政府水行政主管部门批准。

问题 2:

"投标截止时间为 9 月 28 日 10 时 00 分"不妥,因为自招标文件开始发出之日起至投标人提交投标文件截止之日止,不得少于 20 日。

"投标保证金应在投标有效期结束后一个月内保持有效"不妥,因为招标文件应当规定一个适当的投标有效期,以保证招标人有足够的时间完成评标和与中标人签订合同。投标有效期从投标人提交投标文件截止之日(即开标日)起计算。投标保证金有效期应当与投标有效期一致。

问题 3:

针对投标人 B 的报价,其报价中钢筋制安工程单价与合价不符,评标委员会应该以单价为准修正该项目合价及投标总报价,并向投标人 B 发出澄清通知要求其确认。

投标人 B 钢筋制安工程的合价应为 5 683. 20×352 = 2 000 486. 40(元),2 000 486. 40−2 900 486. 40 = −900 000(元)= −90(万元),所以投标人 B 经修正后的报价为 88 650−90 = 88 560(万元)。

问题 4:

5 家投标人的投标均有效。

(1)总报价平均值=(82 500+88 560+86 570+84 850+85 250)÷5 = 85 546(万元)。

根据总报价平均值,各投标人总报价评分见表 4-10。

表 4-10 总报价评分

投标人		A	B	C	D	E
总报价评分	总报价/万元	82 500	88 560	86 570	84 850	85 250
	总报价占评分基准价百分比/%	96. 44	103. 52	101. 20	99. 19	99. 65
	扣分	(98−96. 44)×1 = 1. 56	(103. 52−101)×1. 5 = 3. 78	(101. 20−101)×1. 5 = 0. 30	0	0
	得分	30−1. 56 = 28. 44	30−3. 78 = 26. 22	30−0. 30 = 29. 70	30	30

(2)分类分项工程单价得分见表 4-11。

表 4-11 分类分项工程单价得分

投标人	A	B	C	D	E
单价偏离项数	11	4	5	6	10
扣分	2. 75	1	1. 25	1. 50	2. 50
得分	2. 25	4	3. 75	3. 50	2. 50

(3)计算各投标人的技术标得分见表 4-12。

表 4-12　技术标得分计算

投标人	施工方案	总工期	工程质量	项目组织管理	企业信誉	合计
A	13	3+(24-23)×1=4	8.5	4.3	2.5+2=4.5	34.30
B	12	3+(24-21)×1=6>5,取 5	8.0	4.8	2.6+2=4.6	34.40
C	13	3+(24-22)×1=5	7.5	4.6	2.2+0=2.2	32.30
D	14	3+(24-22)×1=5	7.9	5.0	2.8+0=2.8	34.70
E	14	3+(24-24)×1=3	7.6	4.7	2.4+0=2.4	31.70

(4)计算各投标人的总得分。

投标人 A 的总得分：　　34.30+28.44+2.25+23=87.99(分)

投标人 B 的总得分：　　34.40+26.22+4+21=85.62(分)

投标人 C 的总得分：　　32.30+29.70+3.75+22=87.75(分)

投标人 D 的总得分：　　34.70+30.00+3.50+23=91.20(分)

投标人 E 的总得分：　　31.70+30.00+2.50+22=86.20(分)

所以,第一中标候选人为投标人 D。

案例三　工程招标程序

一、背景

某堤防综合整治工程投资约 540 万元人民币(其中中央投资占 60%,地方投资占 40%),工期 90 日。由于工程涉及安全度汛,该项目在设计单位完成初步设计后立即组织招标活动。为节省时间,招标人决定监理招标和施工招标同步进行。

招标人根据该工程的特点,在起草招标文件时考虑以下几个因素:①工期紧且拖延工期有较大安全风险;②地方需要配套 40%的投资;③招标人投入该项目的人员少,合同管理难度大。为此,在招标文件中的主要合同条款如下描述:

(1)关于工期延误的描述,“为了确保工程按时竣工,除发包人原因外不得延长工期;由承包人责任造成工期延误除自行承担采取赶工措施所增加的费用外,还应支付逾期完工违约金,每延误工期一天,支付违约金为 50 000 元人民币。全部逾期完工违约金的总限额为不超过签约合同总价的 10%”。

(2)关于工期提前的描述,“为保证项目安全度汛,尽可能提前竣工,监理人与承包人应共同协商采取加快工程进度的措施和修订合同进度计划,但发包人不支付提前完工奖金”。

(3)关于工程款支付的描述,“进度款每次支付已完工程量结算价的 60%,完工验收合格后支付到 97%”。

(4)关于合同价的描述,“本工程采用总价合同,政策法规、地质条件、物价等变化的风险属于承包人的风险,由此引起的合同价变化不予调整”。

二、问题

1. 招标人在组织招标活动中存在哪些不规范的行为?
2. 招标人在起草招标文件中存在哪些不妥之处,并做简要分析。

三、分析要点

招标投标活动必须在法律法规的框架下开展,虽然各个工程都有其特定的背景和需求,但也不能超越法律法规的具体规定,否则就会违规。具体到本案例,招标投标活动的组织有明确的前提条件,只有具备了条件,招标活动才具有合法性,水利部《水利工程建设项目招标投标管理规定》第十六条明确规定了施工招标应当具备的条件:初步设计已经批准;建设资金来源已落实,年度投资计划已经安排;具有能满足招标要求的设计文件,已与设计单位签订适应施工进度要求的图纸交付合同或协议;有关建设项目永久征地、临时征地和移民搬迁的实施、安置工作已经落实或已有明确安排。

在招标活动中,招标文件的编制是十分重要的环节,从某种意义上讲,招标文件的编制质量决定了招标活动的成败。第一,招标文件是投标人编制投标文件的依据,投标文件必须对招标文件的实质性要求和条件做出实质上的响应;第二,招标文件中主要合同条款是签订合同的重要内容,应该体现公平的原则;第三,招标文件是引导投标人报价的指南,关于工程款的支付、合同价的调整、风险的分配等直接影响投标人报价及合同履行。

《中华人民共和国民法典》的基本原则是合同当事人在合同的签订、执行、解释和争执的解决过程中应当遵守的基本准则,除自愿原则、法律原则、诚实信用原则外,公平原则、鼓励交易原则也是必须遵守的重要原则,合同应体现公平对等、合理分担风险、鼓励交易,否则将无法确保双方的合法权益。

关于工期延误的惩罚,根据《建设工程工程量清单计价规范》(GB 50500—2013)的相关规定,合同工程发生误期的,除合同另有约定外,误期赔偿费的最高限额为合同价款的5%。承包人赔偿后,也不能免除承包人按照合同约定应承担的任何责任和应履行的任何义务。虽然可以由合同约定,但应该遵循公平的原则,额度过高会导致承包人无法实施合同。

四、答案

问题1:

"设计单位完成初步设计后立即组织招标活动""招标人决定监理招标和施工招标同步进行"均违反了水利部《水利工程建设项目招标投标管理规定》第十六条的规定,即水利工程施工招标的条件,包括初步设计已经批准等规定。

设计单位完成初步设计只是阶段性任务的完成,初步设计成果需要报上级主管部门审批,通常要开初步设计成果的评审会。已批准初步设计成果是进行招标活动的前提条件。不能因为节省时间将监理招标和施工招标同步进行,因为监理单位确定后,除监理单位尽快熟悉招标项目外,还需要协助招标人开展招标活动。

问题2:

(1)关于工期延误和工期提前的描述中,有三处不妥:一是奖罚不对等,只有工期延误的惩罚标准,没有工期提前的奖励,有失合同的公平原则;二是对工期延误的确认缺乏合理性，工期延误除发包人原因外，监理、设计、特殊异常天气、自然灾害等非承包人原因都可能造成工期延误；三是工期延误罚款过于严厉，每延误工期一天支付违约金50 000元人民币，占合同额比例过高，接近1%，一般为合同额的5‰左右，全部逾期完工违约金的总限额为不超过签约合同总价的10%也过高，一般不超过5%。

（2）关于工程款支付的描述，进度款每次支付已完工程量结算价的60%过低，不能因为地方需要配套资金就压低支付比例，进度款的支付是保证施工顺利进行的必要条件，过低的支付比例会增大承包人流动资金的压力而提高经营成本，对合同履行产生不利影响。

（3）关于合同价的描述，有两处不妥。一是不宜采用总价合同，由于初步设计阶段还不能准确计算工程量，工程量变化的风险较大，宜采用可调价合同形式，工程量按经监理确认的实际量进行结算；二是合同风险分配不合理，政策法规、地质条件的变化即使有经验的承包人也无法预测。如果发生了订立合同时当事人不能预见且不能克服的情况，改变了订立合同时的基础，使合同的履行失去意义或者履行合同将使当事人之间的利益发生重大失衡，应当允许受不利情况影响的当事人变更合同或者解除合同，这是合同履行的情势变更原则。

案例四　工程招标

一、背景

某引水工程隧洞长5 000 m，衬砌后直径6 m，隧洞全段初期支护采用挂钢筋网及喷混凝土，隧洞全段永久支护采用C30钢筋混凝土衬砌。预计隧洞开挖工期50个月。

建设单位拟采用公开招标方式选择施工承包单位，要求招标文件参考《水利水电工程标准施工招标文件》（2009年版）编制，工程量计算规则执行《水利工程工程量清单计价规范》（GB 50501—2007）相关规定，最高投标限价参考水利部《水利工程设计概（估）算编制规定》（水总〔2014〕429号）和《水利建筑工程预算定额》（水总〔2002〕116号）编制。

石方开挖工程技术条款要求、措施项目清单和部分分类分项工程量清单如下：

（1）石方开挖工程。

石方开挖工程单价中应包含地下开挖施工排水、照明和通风等所需的一切费用。

（2）措施项目清单和部分分类分项工程量清单见表4-13和表4-14。

表4-13　措施项目清单

序号	项目名称	单位	工程量	备注
1	施工企业进退场费	项	1	总价承包
2	施工供水（施工、生活用水）	项	1	总价承包
3	施工供风	项	1	总价承包
4	混凝土生产系统	项	1	总价承包
5	临时工厂设施	项	1	总价承包

续表 4-13

序号	项目名称	单位	工程量	备注
6	仓库和堆存料场	项	1	总价承包
7	临时生产管理和生活设施	项	1	总价承包
8	安全生产措施费	项	1	总价承包
9	施工期环境保护和水土保持措施	项	1	总价承包
合计				

表 4-14　分类分项工程量清单(部分)

序号	项目名称	单位	工程量	备注
1	隧洞工程			
1.1	石方洞挖	m^3		
1.2	喷混凝土 C20,厚度 20 cm	m^3		
1.3	钢筋网	t		
1.4	普通砂浆锚杆 Φ 25 L=3 m	根		
1.5	钢支撑	t		
1.6	C30 衬砌混凝土,厚度 30 cm	m^3		含模板等
1.7	钢筋制安	t		
1.8	铜片止水	m		
…	…	…	…	…

已知:

某造价咨询机构在编制招标工程量清单和最高投标限价时发生以下事件:

事件 1:编制最高投标限价时,考虑施工企业进退场费、安全生产措施费等费用已在措施项目清单计价表中计列,对《水利工程设计概(估)算编制规定》(水总〔2014〕429 号)中工程单价取费标准适当下浮。

事件 2:造价咨询机构根据经验,预计隧洞开挖超挖量和施工附加量分别为 16 838 m^3 和 3 000 m^3,因此确定石方挖洞招标工程量为 212 163 m^3。隧洞超挖和施工附加部分采用 C30 混凝土回填,与隧洞永久支护衬砌混凝土同步施工。

事件 3:造价咨询机构根据招标图纸,计算 C30 衬砌混凝土招标工程量为 51 025 m^3。

二、问题

1. 根据计价方式不同,常见的施工合同类型有哪几种?

2. 事件 1 中,造价咨询单位的做法是否合理?并说明理由。

3. 事件 2 和事件 3 中，石方洞挖和 C30 衬砌混凝土招标工程量计算是否正确？若不正确，应为多少立方米？并说明石方洞挖和隧洞衬砌混凝土的工程量计算规定。（$\pi=3.14$）

三、分析要点

根据计价方式不同，常见的施工合同类型有单价合同、总价合同、成本加酬金合同。

根据《水利工程工程量清单计价规范》（GB 50501—2007），石方开挖工程和混凝土工程工程量计算规则如下：

石方开挖按招标设计图示轮廓尺寸计算的有效自然方体积计量。施工过程中增加的超挖量和施工附加量所发生的费用，应摊入有效工程量的工程单价中。

普通混凝土按招标设计图示尺寸计算的有效实体方体积计量。体积小于 0.1 m^3 的圆角或斜角，钢筋和金属件占用的空间体积小于 0.1 m^3 或截面积小于 0.1 m^2 的孔洞、排水管、预埋管和凹槽等的工程量不予扣除。按设计要求对上述孔洞所回填的混凝土也不重复计量。施工过程中由于超挖引起的超填量，冲（凿）毛、拌和、运输和浇筑过程中的操作损耗所发生的费用（不包括以总价承包的混凝土配合比试验费），应摊入有效工程量的工程单价中。

招标人如要求将模板使用费摊入混凝土工程单价中，各摊入模板使用费的混凝土工程单价应包括模板周转使用摊销费。

四、答案

问题 1：

根据计价方式不同，常见的施工合同类型有单价合同、总价合同、成本加酬金合同。

问题 2：

造价咨询单位的做法是正确的。根据《水利工程设计概（估）算编制规定》（水总〔2014〕429 号），施工企业进退场费、安全生产措施费等费用包含在工程单价取费内。考虑该项目招标时，施工企业进退场费、安全生产措施费等费用已在措施项目清单计价表中计列，为避免费用重复计算，对《水利工程设计概（估）算编制规定》（水总〔2014〕429 号）中工程单价取费标准适当下浮的做法是正确的。

问题 3：

石方洞挖招标工程量 $=5\ 000\times3.14\times(6+0.2\times2+0.3\times2)\times(6+0.2\times2+0.3\times2)\div4=192\ 325(m^3)$。［根据《水利工程工程量清单计价规范》（GB 50501—2007），工程量应取整］

C30 衬砌混凝土招标工程量 $=5\ 000\times[3.14\times(6+0.3\times2)\times(6+0.3\times2)\div4-3.14\times6\times6\div4]=29\ 673\ m^3$。［根据《水利工程工程量清单计价规范》（GB 50501—2007），工程量应取整］

根据《水利工程工程量清单计价规范》（GB 50501—2007），石方开挖按招标设计图示轮廓尺寸计算的有效自然方体积计量。施工过程中增加的超挖量和施工附加量所发生的费用，应摊入有效工程量的工程单价中。

根据《水利工程工程量清单计价规范》（GB 50501—2007），普通混凝土按招标设计图示尺寸计算的有效实体方体积计量。施工过程中由于超挖引起的超填量应摊入有效工程量的工程单价中。

案例五　工程招标与评标

一、背景

某中小流域治理工程招标(招标控制价 500 万元),在招标文件中出现以下描述:

(1)2023 年 8 月 31 日为投标截止日,投标有效期至 2023 年 10 月 31 日。

(2)关于资格条件的描述。注册资金:本地企业注册资金 1 000 万元以上,外地企业注册资金 3 000 万元以上;类似工程业绩:本流域治理工程业绩不少于 2 个。

(3)关于投标人资信的描述。评标办法中对投标人资信的评价标准:已与招标人合作过且未发生合同纠纷的投标人评为 A 等(百分制评价为 90 分),初次合作的投标人评为 C 等(百分制评价为 70 分)。

(4)关于投标保证金的描述。本项目投标保证金为 20 万元,投标人提交投标文件后不允许撤回,否则没收投标保证金。

(5)关于现场踏勘的描述。招标人不组织现场踏勘。在此期间应某个投标人的请求,招标人陪同其考察了现场。

共有 A、B、C、D、E 5 家投标人参加了投标。

二、问题

1. 对上述招标文件中的描述做出分析和判断。

2. 由于评标过程中有突发事件影响了评标进程,因此招标人以书面形式要求所有投标人延长投标有效期。投标人 A 要求调整报价,而投标人 E 拒绝延长投标有效期。对此,招标人应如何处理? 说明理由。

3. 假设投标人 A 与招标人合作过,投标人 B 未与招标人合作过。根据背景(3)关于投标人资信的描述,如果评标办法中"投标人资信"权重 0.03,评标基准价 496 万元,且每偏离 1%扣 1 分,仅就"投标人资信"和报价得分做简要的计算和分析(提示:将得分分值换算成报价差异)。

三、分析要点

招标投标是市场经济背景下的市场竞争行为,也是通过招标投标进行选优的过程,因此招标投标的实质是竞争和选优。如果没有公平竞争的环境,招标投标就不可能达到应有的效果。为保证招标投标行为的公平性,《中华人民共和国招标投标法实施条例》第三十二条规定:招标人不得以不合理的条件限制、排斥潜在投标人或者投标人。

招标人有下列行为之一的,属于以不合理条件限制、排斥潜在投标人或者投标人:

(1)就同一招标项目向潜在投标人或者投标人提供有差别的项目信息。

(2)设定的资格、技术、商务条件与招标项目的具体特点和实际需要不相适应或者与合同履行无关。

(3)依法必须进行招标的项目以特定行政区域或者特定行业的业绩、奖项作为加分条件或者中标条件。

(4)对潜在投标人或者投标人采取不同的资格审查或者评标标准。

(5)限定或者指定特定的专利、商标、品牌、原产地或者供应商。

(6)依法必须进行招标的项目非法限定潜在投标人或者投标人的所有制形式或者组织形式。

(7)以其他不合理条件限制、排斥潜在投标人或者投标人。

人为提高或降低投标门槛,以及差别对待投标人都是法律法规所不允许的,同时也大大降低了竞争的公平性,从而使招标投标流于形式,破坏了市场经济的一般规律,扰乱建筑市场,也容易导致腐败现象。

投标保证金是指投标人按照招标文件的要求向招标人出具的,以一定金额表示的投标责任担保。其实质是为了避免因投标人在投标有效期内随意撤回、撤销投标或中标后不能提交履约保证金和签署合同等行为而给招标人造成损失。投标保证金除现金外,可以是银行出具的银行保函、保兑支票、银行汇票或现金支票。《中华人民共和国招标投标法实施条例》第二十六条规定:招标人在招标文件中要求投标人提交投标保证金的,投标保证金不得超过招标项目估算价的2%。投标保证金有效期应当与投标有效期一致。第二十八条规定:招标人不得组织单个或者部分潜在投标人踏勘项目现场。

《工程建设项目施工招标投标办法》第二十九条规定:招标文件应当规定一个适当的投标有效期,以保证招标人有足够的时间完成评标和与中标人签订合同。投标有效期从投标人提交投标文件截止之日起计算。

在原投标有效期结束前,出现特殊情况的,招标人可以书面形式要求所有投标人延长投标有效期。投标人同意延长的,不得要求或被允许修改其投标文件的实质性内容,但应当相应延长其投标保证金的有效期;投标人拒绝延长的,其投标失效,但投标人有权收回其投标保证金。因延长投标有效期造成投标人损失的,招标人应当给予补偿,但因不可抗力需要延长投标有效期的除外。

招标投标是一种法律行为,必须遵守法律法规,应该在法律的框架下开展招标投标活动。

评标办法是招标投标成功的关键之一,指标的设置及指标与指标之间的一致性是真正选优的重要保证。所谓一致性,是指指标的赋值及判断不存在矛盾且符合招标人的价值判断。比如通常对高于评标价的报价实行扣分的方式,对于具有类似工程经验的实行加分,两者在扣分和加分的方面就应该具有判断的一致性。例如:对于高于评标价1%扣1分,具有类似工程经验的加2分,则表明具有类似工程经验的投标人具有2%的报价优惠。如果招标人希望以2%的报价优惠获得具有类似工程经验的投标人中标,则这种判断具有一致性,否则就要考虑减少具有类似工程经验的加分。

四、答案

问题1:

(1)关于资格条件的描述。显然具有地方保护主义思想,缺乏公平性,违背了《中华人民共和国招标投标法实施条例》中"招标人不得以不合理的条件限制、排斥潜在投标人或者投标人"的规定。对类似工程经验的要求也不合理,类似工程经验是指工程规模、结构、技术特点与应用等的类似,考察投标人完成投标项目可行性,将类似工程限定在特定的范围也具有排斥潜在投标人的嫌疑。

(2)关于投标人资信的描述。对投标人实行差别对待,不具备公平性,也没有任何法律依据,对未合作过的投标人直接判断“一般”,有“疑罪从有”的嫌疑,违背了《中华人民共和国招标投标法实施条例》中“不得对潜在投标人或者投标人实行歧视待遇”的规定,也违反了《评标委员会和评标方法暂行规定》第十七条中“招标文件中规定的评标标准和评标方法应当合理,不得含有倾向或者排斥潜在投标人的内容,不得妨碍或者限制投标人之间的竞争”的规定。

(3)关于投标保证金的描述。投标保证金为 20 万元,明显偏高,《中华人民共和国招标投标法实施条例》第二十六条规定,投标保证金不得超过招标项目估算价的 2%。“投标人提交投标文件后不允许撤回”的说法是错误的,根据《中华人民共和国招标投标法》规定,投标文件生效后不允许撤回,但提交不等于生效,《工程建设项目施工招标投标办法》第三十九条规定:投标人在招标文件要求提交投标文件的截止时间前,可以补充、修改、替代或者撤回已提交的投标文件,并书面通知招标人。投标文件生效有特定的时间点,一般在招标文件中写明,只要在生效前撤回都是合法的,招标人无权没收投标保证金。

(4)关于现场踏勘的描述。描述中“招标人不组织现场踏勘”是正确合法的,《中华人民共和国招标投标法》第二十一条“招标人根据招标项目的具体情况,可以组织潜在投标人踏勘项目现场”并不是强制性条款。但应某个投标人请求陪同现场踏勘是错误的,对其他投标人不公平。《中华人民共和国招标投标法实施条例》第二十八条规定:招标人不得组织单个或者部分潜在投标人踏勘项目现场。

问题 2:

我国《工程建设项目施工招标投标办法》第二十九条规定:在原投标有效期结束前,出现特殊情况的,招标人可以书面形式要求所有投标人延长投标有效期。投标人同意延长的,不得要求或被允许修改其投标文件的实质性内容,但应相应延长其投标保证金的有效期;投标人拒绝延长的,其投标失效,但投标人有权收回其投标保证金。因延长投标有效期造成投标人损失的,招标人应当给予补偿。因此,投标人 A 不能调整其报价,但应补偿其延长投标保证金有效期所增加的费用;投标人 E 的投标文件按失效处理,不再评审,但应退还其投标保证金。

问题 3:

根据背景(3)关于投标人资信的描述,则:

投标人 A“资信”得分: $90\times0.03=2.7$(分)

投标人 B“资信”得分: $70\times0.03=2.1$(分)

投标人 A、B 分差: $2.7-2.1=0.6$(分)

1 分相当于工程造价额: $496\times1\%=4.96$(万元)

投标人 A、B 分差折算工程造价额: $4.96\times0.6=2.976$(万元)

按照背景(3)的描述,在其他指标得分相同的情况下,投标人 A 的报价与评标基准价的偏离值跟投标人 B 的报价与评标基准价的偏离值相比,只要不超过 2.976 万元,投标人 A 比投标人 B 具有更强的竞争力,相当于对已合作过的投标人的评标优惠和对未合作过投标人的歧视,显然这种评价标准缺乏公平性和合理性。

案例六 工程投标(一)

一、背景

某水利枢纽引水隧洞工程招标,某投标单位根据自身技术和管理水平,结合该招标项目的特点,对工程量清单做出初步报价,如表 4-15 所示。

表 4-15 引水隧洞工程工程量清单

项目编号	项目名称	单位	工程量	单价/元	合价/元
8-1	土方明挖	m^3	4 080	15.33	62 546.40
8-2	石方洞挖	m^3	15 500	98.42	1 525 510.00
8-3	砂浆锚杆Ⅱ级Φ22,L=3.0 m	根	1 500	182.25	273 375.00
8-4	喷混凝土 C20,厚 10 cm	m^2	11 600	102.50	1 189 000.00
8-5	混凝土衬砌 C25,二级配	m^3	3 370	602.32	2 029 818.40
8-6	施工支洞封堵 C25,二级配(C25W8F50,二级配)	m^3	850	521.63	443 385.50
				合计	5 523 635.30

投标人员在仔细研究招标文件及图纸,并在现场踏勘后决定采用不平衡报价的策略。

二、问题

1. 不平衡报价通常有哪两个重要的技巧?

2. 如果对前期结算的土方明挖、石方洞挖和砂浆锚杆项目分别在初步报价的基础上提高 10%,请计算调整后的各项报价。

3. 通过技术和造价人员的分析,预测砂浆锚杆的工程量将发生较大变化(增加 50%,其他工程量不变),不考虑问题 2 的调整结果,如何对报价进行调整能多获得多少收益(假设单价最大调整幅度为 10%)?

三、分析要点

工程量清单作为招标文件的组成部分,是由招标人提供的。工程量的大小是投标报价最直接的依据。复核工程量的准确程度,将影响承包商的经营行为,同时也是投标人实施报价技巧的重要依据,根据复核后的工程量与招标文件提供的工程量之间的差距,考虑相应的投标策略。

不平衡报价是投标人常用的报价技巧,其基本做法如下:

(1)能够早日结账收款的项目(如开办费、基础工程、土石方工程等)可以适当提高单价以利资金周转,后期工程项目可适当降低价格,总价保持不变,即不降低竞争力。

(2)经过工程量核算,预计今后工程量会增加的项目,单价适当提高,这样在最终结算时可获得更多的工程款;预计今后工程量会减少的项目,单价适当降低,工程结算时可减少损失,总价也需保持不变。

(3)设计图纸不明确,估计修改后工程量要增加的,可以提高单价,反之可降低单价。仍需保持总价不变。

由于不平衡报价改变了工程款结算的现金流,且早期结算款增加,后期结算款减少,由于资金具有时间价值,因此不平衡报价能为投标人带来好处。

根据资金的时间价值原理,在进行不平衡报价时,越早结算的项目越需要适当提高单价,这样就会使其时间价值越大;反之,其时间价值越小。因此,在单价进行调整时,提高单价的项目从前往后调整,单价降低的项目从后往前调整。

招标人在评标办法中往往会对单价的合理性进行评价,因此单价的调整应该有一定的范围,否则会因为单价不合理而扣分,这样会得不偿失。按照惯例,单价的调整幅度一般在±10%范围内。

非关键项目的工程量变化无论变化幅度多大,不属于工程量发生实质性变化,一般在专用合同条件中载明。

四、答案

问题 1:

常用的不平衡报价方法:①早期结算的项目适当提高单价,后期结算的项目适当降低单价,总价保持不变。②预计工程量增加的项目适当提高单价或预期工程量减少的项目适当降低单价,通过调整其他单价保持总价不变。

问题 2:

根据题意,土方明挖、石方洞挖和砂浆锚杆单价上调 10%,即:

土方明挖单价调整:　　15.33×(1+10%)= 16.86(元/ m^3)

石方洞挖单价调整:　　98.42×(1+10%)= 108.26(元/ m^3)

砂浆锚杆单价调整:　　182.25×(1+10%)= 200.48(元/ 根)

总计上调总价:　(62 546.40+1 525 510.00+273 375.00)×10% =186 143.14(元)

根据不平衡报价总价不变的原则和时间价值原理:

施工支洞封堵单价调整:　521.63×(1-10%)= 469.47(元/m^3)

施工支洞封堵调整额:　　443 385.50×10% =44 338.55(元)

剩余可供调整的额度:　　186 143.14-44 338.55 =141 804.59(元)

混凝土衬砌单价调整:　　602.32×(1-10%)= 542.09(元/ m^3)

混凝土衬砌调整额:　　2 029 818.40×10% =202 981.84(元)

显然,202 981.84 元>剩余可供调整的额度 141 804.59 元,则混凝土衬砌单价调整应为

602.32-141 804.59/3 370 =560.24(元/m^3)

调整后的单价见表 4-16。

表 4-16　调整后的单价

项目名称	单位	调整前单价/元	调整后单价/元
土方明挖	m^3	15.33	16.86
石方洞挖	m^3	98.42	108.26
砂浆锚杆Ⅱ级Φ22,L=3.0 m	根	182.25	200.48
喷混凝土 C20,厚 10 cm	m^2	102.50	102.50
混凝土衬砌 C25,二级配	m^3	602.32	560.24
施工支洞封堵 C25,二级配	m^3	521.63	469.47

问题 3：

对于工程量可能发生变化的项目,工程量增加则是适当提高单价,根据题意,砂浆锚杆的工程量将增加 50%(不属于工程变更),其他工程量不发生变化,即：

砂浆锚杆单价调整：　182.25×(1+10%)= 200.48(元/根)

砂浆锚杆合价增加：　273 375.00×10% =27 337.50(元)

为保证投标的竞争力不变,即总价不变,还应调低其他项目单价。根据资金具有时间价值的理论,应选择后期结算的项目进行调整,根据背景资料应选择施工支洞封堵作为调价对象。

施工支洞封堵总价为 443 385.50 元,按 10% 可调整额为

443 385.50×10% =44 338.55(元)>27 337.50 元

则施工支洞封堵单价调整为

521.63−27 337.50/850 =489.47(元/m^3)

由于只涉及砂浆锚杆和施工支洞封堵两个项目,其他项目均未发生变化,所以多获得的收益为

调整后砂浆锚杆和施工支洞封堵结算价−调整前砂浆锚杆和施工支洞封堵结算价

= [200.48 × 1 500 × (1 + 50%) + 489.47 × 850] −

[182.25 × 1 500 × (1 + 50%) + 443 385.5]

= 13 681.5(元)

通过单价的调整可多获得收益 13 681.5 元。

案例七　工程投标(二)

一、背景

某河道治理工程设计图纸简单,工程量比较明确,全部工程项目工期预计 1 年,该项目采取公开招标方式。甲公司参加了投标且中标,中标后与业主签订了施工合同,合同形式为总价合同。该河道治理工程的护坡采用一种新型生态河道护坡混凝土砌块,用量较大。目前,价格为 305 元/m^3,可以预测该种砌块在未来价格会上涨。通过实际调查,邀请专家对

未来价格变化进行分析，按照经验概率对该新型混凝土砌块价格上涨幅度和概率做出判断，结果见表 4-17。

表 4-17　新型混凝土砌块价格上涨的幅度和概率

价格上涨幅度/%	概率
2.5	1/6
4.0	4/6
4.6	1/6

二、问题

1. 按照计价方式分，合同分为几种形式？总价合同的特点和应用范围是什么？该工程使用固定价合同是否合适？

2. 甲公司在报价时，考虑到价格变化风险，新型混凝土砌块的单价取多少才能使自身的利益不受损失？

三、分析要点

本案例主要考查施工合同的类型、特点、适用范围及报价中风险的处理方式。

按照计价方式不同，合同分为单价合同、总价合同和成本加酬金合同。

总价合同的“总价”，是指这种合同价款一经约定，完成合同约定范围内工程量以及为完成该工程量而实施的全部工作的总价款，承包人承担了全部的工程量和价格风险，除业主增减工程量和较大的设计变更外，一般不允许调整合同价格。

在总价合同中，承包人承担了全部的工程量和价格的风险。因此，总价合同一般仅适用于以下情况：

(1) 工程量小、工期短，估计在施工过程中环境因素变化小，工程条件稳定且合理。

(2) 工程设计详细，图纸完整、清楚，工程任务和范围明确。

(3) 投标期相对宽裕，承包商可以有充足的时间详细考察现场、复核工程量，分析招标文件，拟订施工计划。

(4) 合同条件中双方的权利和义务十分清楚，合同条件完备，期限短(1 年以内)。

总价合同一经签订，承包商首先要考虑价格风险，合同履行过程中的价格上涨风险由承包人自己承担，业主不会给予补偿。因此，总价价合同要求投标人在报价时应对一切费用的价格变动因素以及不可预见因素都做充分的估计，并将其包含在合同价格之中。

投标人确定的合理投标报价既要反映自身的技术及管理水平，又要满足投标人的经营目标。合理确定投标报价应该遵循下列原则：①成本是确定投标报价的最低经济界限。在任何情况下，投标报价的确定都不应该低于企业的成本。这既是招标投标法的规定，也是企业正常经营的基本要求。②投标报价的确定应该体现投标人的投标策略和市场竞争状况。③投标报价的确定要充分反映招标项目的实际。

合理的投标报价不一定是最终的报价，最终报价的确定一般要考虑两个方面：一是竞争状况。当竞争较为激烈时，适当调低报价以增强竞争力，反之则可以适当报高价。二是考虑合同履行的风险因素。一般情况下，招标人会将一些风险转嫁给投标人，并约定投标人的报价包含了风险。

四、答案

问题1：

(1)按照计价方式不同，施工合同可以分为单价合同、总价合同和成本加酬金合同。

(2)在总价合同中，承包商承担了全部的工作量和价格的风险。因此，总价合同一般仅适用于以下情况：①工程量小、工期短，估计在施工过程中环境因素变化小，工程条件稳定并合理；②工程设计详细，图纸完整、清楚，工程任务和范围明确；③投标期相对宽裕，承包商可以有充足的时间详细考察现场、复核工程量，分析招标文件，拟订施工计划；④合同条件中双方的权利和义务十分清楚，合同条件完备，期限短(1年以内)。

总价合同具有以下特点：①结算方式比较简单；②承包人的索赔机会较少；③由于承包人承担了全部风险，报价中不可预见风险费用较高。承包人确定报价时必须考虑施工期间物价变化以及工程量变化带来的影响。在这种合同的实施中，由于业主没有风险，所以干预工程的权力较小，只管总的目标和要求。

(3)该河道治理工程设计图纸简单，工程量比较明确，全部工程项目工期预计1年，采用总价合同合适。

问题2：

总价合同一经签订，承包人首先要考虑价格风险，合同履行过程中的价格上涨风险由承包人自己承担，业主不会给予补偿。因此，总价合同要求承包人在报价时应对一切费用的价格变动因素以及不可预见因素都做充分的估计，并将其包含在合同价格之中。

先计算新型生态河道护坡混凝土砌块价格上涨幅度的期望值为

$$2.5\%\times1/6+4.0\%\times4/6+4.6\%\times1/6=3.85\%$$

所以，甲公司在报价时，应采用的新型混凝土砌块单价为

$$305\times(1+3.85\%)=316.74(\text{元}/m^3)$$

案例八　工程投标(三)

一、背景

某小型水利工程项目，设计图纸简单，全部工程项目工期预计1年，施工承包人采用总价合同承包土建工程，但由于工期较紧，而土方和石方开挖工程量较大，承包人无法准确核算土方和石方开挖的工程量。业主提供的土方工程量为12万m^3，石方工程量为8.2万m^3。投标人在审核工程量时发现土方量和石方量均有可能发生变化。正常情况下投标人的报价：土方单价为12.5元/m^3，石方单价为36.2元/m^3。根据工程量规模，投标人拟订了施工方案。假设土方工程施工方案的固定成本为40万元，单位变动成本为6元/m^3；石方工程施工方案的固定成本为60万元，单位变动成本为20元/m^3。

投标人在编制投标文件时有两种混凝土浇筑备选方案。根据以往资料分析，其成本特征如下：A方案固定成本50万元，单位变动成本360元/m^3；B方案固定成本80万元，单位

变动成本 340 元/m^3。

二、问题

1. 在正常的报价情况下,工程量发生怎样的变化会减少投标人的收益?为什么?预计工程量会发生变化,投标人应该采取什么报价技巧?一般应遵守什么原则?

2. 土方工程和石方工程的工程量分别为多少时才不至于亏损?(不考虑税金)

3. 如果预测土方工程量将减少 20%,石方工程量不变。为了保持投标的竞争力,怎样进行单价的调整?单价调整后能多获得多少收益?

4. 写出两种混凝土浇筑方案的总成本表达式,并计算分析各方案适用的范围;如果采用 B 方案,混凝土的工程量为 10 万 m^3 时,投标人欲从混凝土工程中获利 60 万元,则其报价应该为多少?

三、分析要点

本案例主要考查盈亏平衡分析及相关知识要点。投标过程中,投标人应该估计工程量的变化幅度,并了解自身应对工程量变化风险的能力,应用盈亏平衡的方法确定报价,以提高自身报价的竞争力。项目经济评价所采用的基本变量均来源于预测和估算,由于客观实际条件总会发生诸多变化,从而使经济评价结果均带有一定的不确定性。因此,在完成对基本方案的财务分析和经济费用效果分析后,一般还需要进行不确定性分析。盈亏平衡分析是项目不确定性分析中常用的一种方法。

盈亏平衡分析是研究建设项目特别是工业项目产品生产成本、产销量与盈利的平衡关系的方法。具体指项目达到设计生产能力的条件下,通过计算盈亏平衡点(break－even point,BEP)分析项目成本与收益的平衡关系。盈亏平衡点是项目的盈利与亏损的转折点,即在这一点上,营业收入等于总成本费用,正好盈亏平衡,用以考查项目对产出品变化的适应能力和抗风险能力。

盈亏平衡分析总的计算公式:

总收益(TR)= 总成本(TC)

一般来说,项目的产量盈亏平衡点越低,项目的盈利可能性就越大,对不确定性因素变化带来的风险的承受能力就越强;项目的单价盈亏平衡点越低,表明项目的抗风险能力越强。通常与产品的预测价格比较,可计算出产品的最大降价空间;固定成本和单位可变成本盈亏平衡点越高,表明项目的抗风险能力越强。通常与预测成本比较,可计算出成本上升的最大幅度。

四、答案

问题 1:

当工程量减少时,投标人的收益会减少。因为固定成本不会因工程量的减少而减小,当工程量减少时,单位固定成本会增加,从而利润降低。

在投标中,预计工程量发生变化,投标人一般采取不平衡报价的技巧。不平衡报价应遵守的原则:保持总价不变,不降低报价的竞争性;单价的调整在 10%以内。预计工程量增加的项目可以适当报高价,预计工程量减少的项目可以适当报低价,以获得更好的收益;在合同履行中，工程量发生实质性变化（一般合同中约定为 15%）属于工程变更，通常都应该调整合同价格。

问题 2：

土方工程的平衡产量为

$$Q = \frac{B}{P - V} = \frac{40}{12.5 - 6} = 6.15(\text{万 m}^3)$$

即当土方工程量不小于 6.15 万 m^3 时才不至于亏损。

石方工程的平衡产量为

$$Q = \frac{B}{P - V} = \frac{60}{36.2 - 20} = 3.70(\text{万 m}^3)$$

即当石方工程量不小于 3.70 万 m^3 时才不至于亏损。

问题 3：

减少后的土方工程量为

$$12 \times (1 - 20\%) = 9.6(\text{万 m}^3)$$

投标报价为

$$12 \times 12.5 + 8.2 \times 36.2 = 446.84(\text{万元})$$

土方工程量减少可适当报低价，按惯例单价调整幅度不超过 10%，则调整后的土方单价为

$$12.5 \times (1 - 10\%) = 11.25(\text{元/m}^3)$$

土方工程降低的工程款总额为

$$12 \times 12.5 \times 10\% = 15(\text{万元})$$

将土方工程降低的总价均摊到石方工程的单价中，则石方单价应调整为

$$\frac{12 \times 12.5 \times 10\%}{8.2} + 36.2 = 38.03(\text{元/m}^3)$$

如果不调整单价，总结算款为

$$12.5 \times 9.6 + 36.2 \times 8.2 = 416.84(\text{万元})$$

调整单价后，总结算款为

$$11.25 \times 9.6 + 38.03 \times 8.2 = 419.85(\text{万元})$$

单价调整后可多获得收益为

$$419.85 - 416.84 = 3.01(\text{万元})$$

问题 4：

（1）混凝土浇筑方案各方案总成本的表达式为

A 方案：　$C_A = 500\,000 + 360Q$

B 方案：　$C_B = 800\,000 + 340Q$

（2）当两种方案总成本相等时：

$$C_A = C_B$$

$$500\,000 + 360Q = 800\,000 + 340Q$$

解得：$Q = 15\,000\ m^3$。

即当工程量小于 15 000 m^3 时，采用 A 方案；当工程量大于 15 000 m^3 时，采用 B 方案。

(3)总收益(TR)-总成本(TC)=600 000(元),即:

$$100\ 000P-800\ 000-34\ 000\ 000=600\ 000(元)$$

解得:$P=354$ 元/m^3。

即欲从混凝土工程中获利 60 万元,混凝土单价至少应该为 354 元/m^3。

案例九　工程投标(四)

一、背景

A 公司是水利水电工程施工总承包企业,参与了某泵闸工程的投标。根据招标文件可知,该工程共有 3 个分部工程,总工期为 24 个月,工程进度款为按月完成工程量支付。A 公司对施工方案进行优化后确定各分部工程按直线工期排列的工期分别为基础工程 4 个月、结构工程 12 个月、设备安装工程 8 个月。报价文件编制完成后,投标领导小组在分析内外因素等影响后,经讨论和研究后一致认为,为了使自己的报价既不失竞争性,又可在今后的工程款支付上对企业有利,加快资金回流,应对投标报价做适当调整。公司财务部门对本公司资金的平均收益率进行测算,资金的月平均收益率 1%,假设各分部工程每月完成的工作量相同且能按月度及时收到工程款,不考虑工程款结算所需要的时间。据此造价人员按要求对报价进行调整,调整前后各分部工程的报价见表 4-18,系数见表 4-19。

表 4-18　调整前后各分部工程的报价　　单位:万元

项目	基础工程	结构工程	设备安装工程	总价
调整前(投标估价)	860	3 600	3 800	8 260
调整后(正式报价)	940	3 900	3 420	8 260

表 4-19　系数

n	4	8	12	16	20	24
$(P/A,1\%,n)$	3. 901 966	7. 651 678	11. 255 077	14. 717 874	18. 045 553	21. 243 387
$(F/P,1\%,n)$	1. 040 604	1. 082 857	1. 126 825	1. 172 579	1. 220 190	1. 269 735

二、问题

1. 出于何种原因 A 公司要对该泵闸工程的投标报价进行调整?

2. A 公司采用调整后的报价投标,中标后如果按计划进度完成该工程,则工程完工时其所得工程款的最终收益比原报价增加多少(以完工日期为终点)?

三、分析要点

本案例考查不平衡报价法的基本原理及其运用。不平衡报价法的基本原理是在总价不变的前提下,调整分项工程的单价。通常对前期工程、工程量可能增加的工程、计日工等,可将原估单价调高,反之则调低。其次,要注意单价调整时调整的幅度不能过大,一般来说,单价调整幅度不宜超过±10%，只有当承包商对某些分项工程施工具有特别优势时，才可适当增大调整幅度。

本案例的各分项工程报价调整幅度没有超过±10%，计算见表4-20，且总价没有变化，表现在前期工程报价调高，后期工程报价调低，因此可判断此调整方案应属于不平衡报价策略。

表4-20　各分项工程报价调整计算

项目	基础工程	结构工程	设备安装工程	总价
调整前(投标估价)/万元	860	3 600	3 800	8 260
调整后(正式报价)/万元	940	3 900	3 420	8 260
调整幅度/%	9.30	8.33	-10.00	—

为了比较调整前后的收益变化，要求运用工程经济学的知识，定量计算不平衡报价法所取得的收益。因此，要能熟练运用资金时间价值的计算公式。

计算中涉及两个终值公式，即：

一次支付终值公式 $F=P(F/P,i,n)$

等额分付现值公式 $P=A(P/A,i,n)$

上述两公式的具体计算式应掌握，在不给出有关表格的情况下，应能使用计算器正确计算。

四、答案

问题1：

A公司对该泵闸工程的投标报价的调整行为，属不平衡报价策略。即将前期施工的基础工程和结构工程的单价适当调高，将后期施工的设备安装工程的单价适当调低，可以在施工的早期阶段收到较多的工程款，改变了结算款的现金流量，增加了工程结算款的时间价值，从而提高了经营效益。

问题2：

解法一：

根据资金的时间价值原理，计算单价调整前后的工程结算款终值。

(1)单价调整前的工程款现值。

基础工程每月工程款：　$A_1=860\div4=215.00$(万元)

结构工程每月工程款：　$A_2=3\ 600\div12=300.00$(万元)

设备安装工程每月工程款：　$A_3=3\ 800\div8=475.00$(万元)

则单价调整前的工程款现值：

$$F=A_1(P/A,1\%,4)(F/P,1\%,24)+A_2(P/A,1\%,12)(F/P,1\%,20)+A_3(P/A,1\%,8)(F/P,1\%,8)$$

$$=215.00\times3.901\ 966\times1.269\ 735+300.00\times11.255\ 077\times1.220\ 190+475.00\times7.651\ 678\times1.082\ 857$$

$$=9\ 120.90(\text{万元})$$

(2)单价调整后的工程结算款终值。

基础工程每月工程款：　$A'_1=940\div4=235.00$(万元)

结构工程每月工程款：　　$A'_2 = 3\ 900 \div 12 = 325.00$(万元)

设备安装工程每月工程款：　　$A'_3 = 3\ 420 \div 8 = 427.50$(万元)

则单价调整后的工程结算款终值：

$$
\begin{aligned}
F' &= A'_1(P/A,1\%,4)(F/P,1\%,24) + A'_2(P/A,1\%,12)(F/P,1\%,20) + \\
&\quad A'_3(P/A,1\%,8)(F/P,1\%,8) \\
&= 235.00 \times 3.901\ 966 \times 1.269\ 735 + 325.00 \times 11.255\ 077 \times 1.220\ 190 + \\
&\quad 427.50 \times 7.651\ 678 \times 1.082\ 857 \\
&= 9\ 169.76(\text{万元})
\end{aligned}
$$

(3)两者的差额。

$$F' - F = 9\ 169.76 - 9\ 120.90 = 48.86(\text{万元})$$

因此，通过此次调整报价，按公司的资金收益率计算，工程完工时最终获得收益比原报价增加了 48.86 万元。

解法二：

先按解法一计算 A_1、A_2、A_3 和 A'_1、A'_2、A'_3，则两者的差额：

$$
\begin{aligned}
F' - F &= (A'_1 - A_1)(P/A,1\%,4)(F/P,1\%,24) + (A'_2 - A_2) \\
&\quad (P/A,1\%,12)(F/P,1\%,20) + (A'_3 - A_3)(P/A,1\%,8)(F/P,1\%,8) \\
&= (235.00 - 215.00) \times 3.901\ 966 \times 1.269\ 735 + (325.00 - 300.00) \times \\
&\quad 11.255\ 077 \times 1.220\ 190 + (427.50 - 475.00) \times 7.651\ 678 \times 1.082\ 857 \\
&= 48.85(\text{万元})
\end{aligned}
$$

案例十　工程招标、投标与评标(一)

一、背景

某防洪工程已具备公开招标条件，招标人委托有资质的招标代理公司负责招标工作。招标文件部分内容规定如下：

(1)投标人提交投标保证金之后，方可于 2023 年 6 月 15—16 日 09:00-17:00 在××市××路××楼××房间购买招标文件。

(2)投标文件递交截止时间为 7 月 1 日 10:00，开标时间与投标截止时间一致。投标有效期自 2023 年 6 月 15 日起开始计算，共计 90 天。投标保证金应在投标有效期内保持有效。

(3)招标人不统一组织现场踏勘工作，若某投标人要求单独进行现场踏勘，须提前通知招标人，招标人将派工作人员陪同，现场踏勘费用由投标人自理。

在投标和评标过程中，发生了下列事件：

事件 1：投标人 A 在复核工程量时，发现招标工程量清单中某项工程量有误，自行对该工程量修改后进行报价。

事件 2：评标委员会成员共 8 人，其中招标人代表 4 人，经济专家 2 人，技术专家 2 人。

事件 3：评标委员会在清标过程中发现投标人 B 的部分工程报价，见表 4-21。

表 4-21　投标人 B 的部分工程报价

序号	项目名称	单位	工程量	单价/元	合价/元
…	…	…	…	…	…
1-1	沟槽石方开挖	m^3	6 239	90.84	566 750.76
1-2	C25 混凝土	m^3	1 085	553.19	60 021.12
1-3	普通模板	m^2	3 238	51.4	166 433.2
1-4	钢筋制安	t	86	5 591.99	480 911.14
…	…	…	…	…	…

事件 4:在评标过程中,评标委员会发现投标人 C 的报价明显低于其他投标报价,认为投标人 C 的投标报价低于成本,直接否决其投标。

二、问题

1. 分别指出招标文件中背景(1)~(3)项的规定是否妥当,并说明理由。
2. 针对事件 1,投标人 A 的做法是否妥当?请说明理由。
3. 针对事件 2,有无不妥之处?请简要分析。
4. 针对事件 3,投标人 B 的上述部分工程报价有何错误?评标委员会应如何处理?
5. 针对事件 4,评标委员会的做法是否妥当?并说明理由。

三、分析要点

《水利水电工程标准施工招标文件》(2009 年版)规定如下:

投标人在递交投标文件的同时,应按投标人须知前附表规定的金额、担保形式和第八章"投标文件格式"规定的投标保证金格式递交投标保证金,并作为其投标文件的组成部分。

《中华人民共和国招标投标法实施条例》规定如下:

招标人应当按照资格预审公告、招标公告或者投标邀请书规定的时间、地点发售资格预审文件或者招标文件。资格预审文件或者招标文件的发售期不得少于 5 日。

招标人应当在招标文件中载明投标有效期。投标有效期从提交投标文件的截止之日起算。

投标保证金有效期应当与投标有效期一致。

招标人不得组织单个或者部分潜在投标人踏勘项目现场。

潜在投标人或者其他利害关系人对招标文件有异议的,应当在投标截止时间 10 日前提出。招标人应当自收到异议之日起 3 日内作出答复;作出答复前,应当暂停招标投标活动。

投标报价低于成本或者高于招标文件设定的最高投标限价的,评标委员会应当否决其投标。

《中华人民共和国招标投标法》规定如下:

第二十四条　招标人应当确定投标人编制投标文件所需要的合理时间;但是,依法必须进行招标的项目,自招标文件开始发出之日起至投标人提交投标文件截止之日止,最短不得少于二十日。

第三十七条　评标由招标人依法组建的评标委员会负责。

依法必须进行招标的项目，其评标委员会由招标人的代表和有关技术、经济等方面的专家组成，成员人数为五人以上单数，其中技术、经济等方面的专家不得少于成员总数的三分之二。

评标委员会可以要求投标人对投标文件中含义不明确的内容作出必要的澄清或者说明，但是澄清或者说明不得超出投标文件的范围或者改变投标文件的实质性内容。

四、答案

问题 1：

（1）"投标人提交投标保证金之后，方可于 2023 年 6 月 15—16 日 09:00-17:00 在××市××路××楼××房间购买招标文件。"不妥。原因如下：

①根据《水利水电工程标准施工招标文件》（2009 年版），投标人在递交投标文件的同时，应按投标人须知前附表规定的金额、担保形式和"投标文件格式"规定的投标保证金格式递交投标保证金，并作为其投标文件的组成部分。

②根据《中华人民共和国招标投标法实施条例》，资格预审文件或者招标文件的发售期不得少于 5 日。

（2）"投标文件递交截止时间为 7 月 1 日 10:00"不妥。根据《中华人民共和国招标投标法》，依法必须进行招标的项目，自招标文件开始发出之日起至投标人提交投标文件截止之日止，最短不得少于 20 日。

"投标有效期自 2023 年 6 月 15 日起开始计算"不妥。根据《中华人民共和国招标投标法实施条例》，投标有效期从提交投标文件的截止之日起算。

（3）"若某投标人要求单独进行现场踏勘，须提前通知招标人，招标人将派工作人员陪同"不妥。根据《中华人民共和国招标投标法实施条例》，招标人不得组织单个或者部分潜在投标人踏勘项目现场。

问题 2：

针对事件 1，投标人 A 的做法不妥。投标人不能自行修改招标工程量清单中的工程量，如果修改了工程量清单将导致在评标时因投标文件未响应招标文件而被否决。

问题 3：

针对事件 2，评标委员会的人员组成不符合相关规定。根据《中华人民共和国招标投标法》，依法必须进行招标的项目，其评标委员会由招标人的代表和有关技术、经济等方面的专家组成，成员人数为 5 人以上单数，其中技术、经济等方面的专家不得少于成员总数的 2/3。

问题 4：

针对事件 3，投标人 B 的报价不当之处是，表 4-21 中 C25 混凝土工程单价乘以工程量与表中合价不符。

评标委员会应以单价为准修正该项合价及总报价，C25 混凝土工程的合价应为 1 085×553.19＝600 211.15（元），并向投标人 B 发出澄清通知要求其确认。

问题 5：

针对事件 4，评标委员会的做法不妥。在评标过程中，评标委员会发现投标人的报价明显低于其他投标报价或者在设有标底时明显低于标底的，使其投标报价可能低于其个别成本的，应当要求该投标人作出书面说明并提供相关证明材料。投标人不能合理说明或者不能提供相关证明材料的，由评标委员会认定该投标人以低于成本报价竞标，应当否决该投标人的投标。所以，评标委员会应首先要求投标人 C 作出书面说明并提供相关证明材料。

案例十一　工程招标、投标与评标(二)

一、背景

×××供水工程，招标设计已经完成，建设资金来源已经落实，招标人采用公开招标方式选择施工单位，编制了该工程项目的招标文件和招标控制价，招标控制价为 8 882 万元，其中暂列金额为 520 万元。招标文件部分内容与规定如下：

(1)若投标人要修改、撤回已提交的投标文件，须在投标截止时间 24 小时之前提出。

(2)投标有效期从发售投标文件之日开始计算，共 90 天。

(3)投标保证金应在投标有效期截止日后 30 日内保持有效。

(4)招标人不统一组织现场踏勘工作。

该工程共有 A、B、C、D、E、F6 家投标人参加投标，通过了资格预审。6 家投标人中投标人 A 和投标人 B 均为联合体投标人，其余 4 家均为独立投标人。联合体投标人 A 由 A1、A2、A3 企业组成，联合体投标人 B 由 B1、B2、B3 企业组成，在资格预审前联合体投标人均已提交联合体协议。6 家投标人均在规定的投标截止时间之前递交了投标文件。

在该工程项目招标投标过程中，发生了以下事件：

(1)开标时，由招标人检查投标文件的密封情况，确认无误后，由工作人员当众拆封，并宣读了 6 家投标人的名称、投标价格、工期和其他主要内容。

(2)在评标过程中，评标委员会要求投标人 D 对其施工方案中含义不明确的内容作出详细说明；作为评标委员的招标人代表希望投标人 E 再适当考虑一下降低报价的可能性。

(3)联合体投标人 A 为增强竞争实力，提交投标文件时联合体成员变更为由 A1、A2、A3、A4 企业组成；投标人 C 的投标报价为 8 865 万元，其中暂列金额为 530 万元。

招标文件中规定具体的评标标准如下：

(1)以各有效投标报价的算术平均值为评标基准价。当投标人的投标报价等于评标基准价时得满分，投标报价每高于评标基准价 1 个百分点时扣 1.5 分，每低于评标基准价 1 个百分点时扣 1 分。

(2)合同总工期为 600 天，自报工期提前 10%及以上的为 100 分，在合同总工期 90%的基础上每延误 5 天扣 2 分。

(3)企业信誉和施工经验得分在资格预审时评定。

上述 4 项评标指标的权重分别为投标报价 50%，投标工期 20%，企业信誉和施工经验均为 15%。

各投标人的相关情况见表 4-22。

表 4-22　投标人相关指标汇总

投标人	总报价/万元	总工期/天	企业信誉得分	施工经验得分
A	8 366	540	95	96
B	8 657	550	94	95
C	8 865	530	95	97
D	8 485	565	96	98
E	8 525	560	100	99
F	8 250	570	98	100

二、问题

1. 分别指出招标文件中背景(1)~(4)项的规定或内容是否妥当,并说明理由。
2. 工程建设项目施工招标文件一般包括哪些内容?
3. 针对事件1~2,当事人的做法是否妥当?请简要分析。
4. 列式计算各有效投标人的总得分,根据综合得分最高者中标的原则确定中标候选人。计算结果保留两位小数。

三、分析要点

本案例涉及投标有效期和投标保证金有效期的问题,根据《中华人民共和国招标投标法实施条例》,规定如下:招标人应当在招标文件中载明投标有效期。投标有效期从提交投标文件的截止之日起算。投标保证金有效期应当与投标有效期一致。

关于投标文件的补充、修改或者撤回,《中华人民共和国招标投标法》第二十九条规定如下:投标人在招标文件要求提交投标文件的截止时间前,可以补充、修改或者撤回已提交的投标文件,并书面通知招标人。补充、修改的内容为投标文件的组成部分。

关于联合体投标的问题,《中华人民共和国招标投标法实施条例》第三十七条规定如下:招标人应当在资格预审公告、招标公告或者投标邀请书中载明是否接受联合体投标。招标人接受联合体投标并进行资格预审的,联合体应当在提交资格预审申请文件前组成。资格预审后联合体增减、更换成员的,其投标无效。联合体各方在同一招标项目中以自己名义单独投标或者参加其他联合体投标的,相关投标均无效。

关于招标人是否统一组织现场踏勘工作,《中华人民共和国招标投标法》第二十一条规定:招标人根据招标项目的具体情况,可以组织潜在投标人踏勘项目现场。因此,招标人可以根据具体情况,决定是否统一组织现场踏勘工作。但是,为了公平起见,《中华人民共和国招标投标法实施条例》第二十八条规定:招标人不得组织单个或者部分潜在投标人踏勘项目现场。

关于开标,《中华人民共和国招标投标法》第三十六条规定:开标时,由投标人或者其推选的代表检查投标文件的密封情况,也可以由招标人委托的公证机构检查并公证;经确认无误后,由工作人员当众拆封,宣读投标人名称、投标价格和投标文件的其他主要内容。

关于澄清函,《中华人民共和国招标投标法实施条例》第五十二条规定:投标文件中有含义不明确的内容、明显文字或者计算错误,评标委员会认为需要投标人作出必要澄清、说明的,应当书面通知该投标人。投标人的澄清、说明应当采用书面形式,并不得超出投标文件的范围或者改变投标文件的实质性内容。评标委员会不得暗示或者诱导投标人作出澄清、说明,不得接受投标人主动提出的澄清、说明。

《中华人民共和国招标投标法》第四十三条规定:在确定中标人前,招标人不得与投标人就投标价格、投标方案等实质性内容进行谈判;第四十六条规定:招标人和中标人应当自中标通知书发出之日起三十日内,按照招标文件和中标人的投标文件订立书面合同。招标人和中标人不得再行订立背离合同实质性内容的其他协议。

四、答案

问题1:

(1)"若投标人要修改、撤回已提交的投标文件,须在投标截止时间24小时之前提出"不妥,根据《中华人民共和国招标投标法》第二十九条规定,投标人在招标文件要求提交投标文件的截止时间前,可以补充、修改或者撤回已提交的投标文件,并书面通知招标人。补充、修改的内容为投标文件的组成部分。

(2)"投标有效期从发售投标文件之日开始计算"不妥,根据《中华人民共和国招标投标法实施条例》第二十五条规定,招标人应当在招标文件中载明投标有效期。投标有效期从提交投标文件的截止之日起算。

(3)"投标保证金应在投标有效期截止日后30日内保持有效"不妥,根据《中华人民共和国招标投标法实施条例》第二十六条规定,投标保证金有效期应当与投标有效期一致。

(4)"招标人不统一组织现场踏勘工作"妥当,因为根据《中华人民共和国招标投标法》第二十一条规定,招标人根据招标项目的具体情况,可以组织潜在投标人踏勘项目现场。根据《中华人民共和国招标投标法实施条例》第二十八条规定,招标人不得组织单个或者部分潜在投标人踏勘项目现场。但是,招标人可以根据具体情况,决定是否统一组织现场踏勘工作。

问题2:

根据《标准施工招标文件》,其内容主要有招标公告或投标邀请书、投标人须知、评标办法、合同条款及格式、工程量清单、图纸、技术标准和要求、投标文件格式等。

问题3:

针对事件1,招标人的做法不妥,根据《中华人民共和国招标投标法》第三十六条规定,开标时,由投标人或者其推选的代表检查投标文件的密封情况,也可以由招标人委托的公证机构检查并公证;经确认无误后,由工作人员当众拆封,宣读投标人名称、投标价格和投标文件的其他主要内容。

针对事件2,首先,"评标委员会要求投标人D对其施工方案中含义不明确的内容作详细说明"妥当,但是"作为评标委员的招标人代表希望投标人E再适当考虑一下降低报价的可能性"不妥当,根据《中华人民共和国招标投标法实施条例》第五十二条规定,投标文件中有含义不明确的内容、明显文字或者计算错误,评标委员会认为需要投标人作出必要澄清、说明的,应当书面通知该投标人。投标人的澄清、说明应当采用书面形式,并不得超出投标文件的范围或者改变投标文件的实质性内容。根据《中华人民共和国招标投标法》第四十三条规定,在确定中标人前,招标人不得与投标人就投标价格、投标方案等实质性内容进行谈判。

问题 4:

根据《中华人民共和国招标投标法实施条例》第三十七条规定,招标人接受联合体投标并进行资格预审的,联合体应当在提交资格预审申请文件前组成。资格预审后联合体增减、更换成员的,其投标无效。所以,投标人 A 的投标无效。根据《中华人民共和国招标投标法实施条例》第五十一条规定,投标文件没有对招标文件的实质性要求和条件作出响应,评标委员会应当否决其投标。所以,投标人 C 的投标无效。

有效投标人为 B、D、E、F。

(1)总报价平均值:(8 657+8 485+8 525+8 250)÷4=8 479.25(万元)。

根据总报价平均值,各投标人总报价评分见表 4-23。

表 4-23　总报价评分

投标人	B	D	E	F
投标报价/万元	8 657	8 485	8 525	8 250
投标报价占评分基准价百分比/%	102.10	100.07	100.54	97.30
扣分	3.15	0.11	0.81	2.70
得分	96.85	99.89	99.19	97.30

(2)工期得分见表 4-24。

表 4-24　工期得分

投标人	B	D	E	F
自报工期/天	550	565	560	570
自报工期-540/天	10	25	20	30
扣分	4	10	8	12
得分	96	90	92	88

(3)计算各投标人的总得分如下:

投标人 B 的总得分:　96.85×50%+96×20%+94×15%+95×15%=95.98(分)

投标人 D 的总得分:　99.89×50%+90×20%+96×15%+98×15%=97.05(分)

投标人 E 的总得分:　99.19×50%+92×20%+100×15%+99×15%=97.85(分)

投标人 F 的总得分:　97.30×50%+88×20%+98×15%+100×15%=95.95(分)

所以,第一中标候选人为投标人 E。

案例十二　工程投标与评标(一)

一、背景

某水利枢纽岸边式电站厂房项目招标,采取资格后审,招标控制价为 24 525.36 万元,有 7 家投标人准时提交了投标文件参加投标,各投标人投标报价见表 4-25。

表 4-25　各投标人投标报价

投标人	A	B	C	D	E	F	G
报价/万元	23 682.12	24 116.43	23 487.65	24 223.25	23 541.21	23 681.66	24 312.28

招标人依法组建了评标委员会,评标委员会成员组成符合要求。在评标过程中,发生如下事件:

事件 1:在审查项目经理资格时发现投标人 B 派出的项目经理具有一级建造师证且有完成类似工程项目的经验,但其注册单位与投标单位的名称不符。

投标人 B 发现了项目经理的注册单位问题,在投标截止时间前提交了项目经理工作调动的相关证明等补充材料,并说明变更注册在办理中。有评委认为,在投标截止时间提交的材料有效,调动相关证明材料真实可信,应予以认可,也有评委认为,评标办法中没有类似问题处理的规定,评价的唯一依据是评标办法,应不予认可。

事件 2:在评标过程中,应评标委员会提出的澄清要求,投标人 C 发来书面更改函,对施工组织设计中存在的笔误进行了勘误,同时对其投标文件中的工期进行调整,将原本超过招标文件计划工期的投标工期调整为在规定计划工期的基础上提前 10 日竣工。

事件 3:投标人 G 的部分工程报价见表 4-26。

表 4-26　投标人 G 的部分工程报价

序号	项目名称	单位	工程量	单价/元	合价/元
…	…	…	…	…	…
1-1	梁板柱砼 C30	m^3	4 690	537.80	252 228.20
1-2	墙体砼 C30	m^3	5 480	489.56	2 682 788.80
1-3	机墩风罩砼 C30	m^3	2 968	489.56	1 453 014.08
1-4	蜗壳基础砼 C40	m^3	2 439	510.20	1 244 377.80
…	…	…	…	…	…

注:砼为混凝土。

二、问题

1. 针对事件 1,投标人 B 关于项目经理的问题应如何处置?为什么?
2. 针对事件 2,投标人 C 的做法是否妥当?评标委员会应如何处理?
3. 针对事件 3,投标人 G 对部分工程的报价有何不当之处?评标委员会应如何处理?
4. 如果评标基准价为招标控制价(权重 0.4)与经评审的投标人有效报价的平均值(权

重 0.6),评标基准价是多少?

三、分析要点

投标人资格是投标人投标的前提,无论是资格前审还是资格后审,只有资格满足要求其投标才是有效的。资格条件是投标人中标后,依据其投标完成中标项目必须具备的履约条件。《中华人民共和国招标投标法》第二十六条明确规定:投标人应当具备承担招标项目的能力,国家有关规定对投标人资格条件或者招标文件对投标人资格条件是有规定的,投标人应当具备规定的资格条件。项目经理作为项目实施的核心是项目顺利进行的关键之一,也是"资格评审标准"的重要标准,项目经理应该具备相应的注册执业资格,在评标中具有一票否决权。

关于澄清函,《中华人民共和国招标投标法实施条例》第五十二条规定:投标文件中有含义不明确的内容、明显文字或者计算错误,评标委员会认为需要投标人作出必要澄清、说明的,应当书面通知该投标人。投标人的澄清、说明应当采用书面形式,并不得超出投标文件的范围或者改变投标文件的实质性内容。评标委员会不得暗示或者诱导投标人作出澄清、说明,不得接受投标人主动提出的澄清、说明。

《中华人民共和国招标投标法实施条例》第五十一条规定,有下列情形之一的,评标委员会应当否决其投标:

(1)投标文件未经投标单位盖章和单位负责人签字。

(2)投标联合体没有提交共同投标协议。

(3)投标人不符合国家或者招标文件规定的资格条件。

(4)同一投标人提交两个以上不同的投标文件或者投标报价,但招标文件要求提交备选投标的除外。

(5)投标报价低于成本或者高于招标文件设定的最高投标限价。

(6)投标文件没有对招标文件的实质性要求和条件作出响应。

(7)投标人有串通投标、弄虚作假、行贿等违法行为。

当前我国采用两种评标方法,即经评审的最低投标价法和综合评估法。在综合评估法中,评标基准价是判断投标报价合理性的重要依据,目前常用的方法是加权平均的计算方法,即控制价与投标报价的平均值进行加权平均。但是,必须注意:投标报价应该是经过修正的报价,以保证评标公平竞争性。

四、答案

问题 1:

投标人 B 在投标截止时间前提交补充材料,根据《中华人民共和国招标投标法》是有效的,但是有效不等于必须认可。评标必须按照招标文件的规定,招标文件没有对此种情况提出认定的办法,如果认定有效缺乏依据。投标人 B 不符合资格评审标准,根据资格评审标准的评价标准,有一项不符合评审标准的,作废标处理,因此应该判定投标人 B 的投标文件为废标。

问题 2:

事件 2 中投标人 C 的做法不妥。在评标过程中,投标人 C 应评标委员会的澄清要求发来书面更改函,对施工组织设计中存在的笔误进行了勘误,这是可行的。但是投标人C同时对超过招标文件规定的施工期限调整至低于规定的期限,对于投标工期的修改属于对实质性的内容进行修改,这种修改是不允许发生的。由于投标人C投标文件载明的招标项目完成期限超过了招标文件规定的期限,即投标人C的投标文件未对招标文件的实质性要求和条件作出响应,属于重大偏差,故评标委员会应将投标人C的报价做废标处理。

问题3:

针对事件3,投标人G的报价不当之处是表4-26中梁板柱砼C30工程单价乘以工程量与表中合价不符。评标委员会应该以单价为准修正该项目合价及投标总报价,并向投标人G发出澄清通知要求其确认。投标人G梁板柱砼C30工程的合价应为4 690×537.80=2 522 282.00元,2 522 282.00−252 228.20=2 270 053.80(元)≈227.01(万元),则投标人G经修正后的总报价为24 312.28+227.01=24 539.29万元,高于招标控制价24 525.36万元。所以,评标委员会应将投标人G的报价做废标处理。

问题4:

招标控制价为24 525.36万元。

经评审的投标人有效报价的平均值应是所有合格的投标人且经过修正的报价进行计算。投标人B、C、G的投标文件按废标处理,应该剔除,因此投标人报价的平均值为

$$(23\ 682.12+24\ 223.25+23\ 541.21+23\ 681.66)/4=23\ 782.06(\text{万元})$$

评标基准价为

$$24\ 525.36\times0.4+23\ 782.06\times0.6=24\ 079.38(\text{万元})$$

案例十三　工程投标与评标(二)

一、背景

某水利工程引水明渠进行公开招标。在投标截止时间前收到8家投标人的投标文件,各投标人投标报价见表4-27。

表4-27　各投标人报价

投标人	报价/元
A	4 009 302.00
B	4 027 700.00
C	3 987 689.00
D	4 051 613.00
E	4 010 906.00
F	4 041 226.00
G	4 007 101.00
H	4 038 870.00

评标工作如期开展。经评审,C、D、F、G 4家投标人通过初步评审。

清标时发现,投标人已标价工程量清单部分内容如下:

(1)投标人C已标价工程量清单中“C10混凝土垫层”的工程量为685 m^3,单价为358.40元/m^3,合价为216 220.00元;“沥青木板填缝”的工程量为104 m^2,该项目未报价。

(2)投标人D已标价工程量清单中“砂卵石开挖”的工程量为2 738 m^3,单价为2.15元/m^3,合价为58 867.00元。

(3)投标人F已标价工程量清单中“渠底板混凝土C25,厚15 cm”的工程量为3 640 m^3,单价为77.80元/m^3,合价为283 192.00元。

评标委员会认为,投标人C的“C10混凝土垫层”报价错误、投标人D的“砂卵石开挖”报价错误、投标人F的“渠底板混凝土C25,厚15 cm”单价明显偏低,并就此分别发出澄清函。

3家投标人回复如下:

投标人C回复:已标价工程量清单中“C10混凝土垫层”的合价为算术错误,合价修改为245 504.00元,单价358.40元/m^3不变;补充“沥青木板填缝”报价,单价108.00元/m^2,合价11 232.00元。并承诺接受修改后的报价。

投标人D回复:已标价工程量清单中“砂卵石开挖”的单价小数点错误,单价修改为21.50元/m^3,合价58 867.00元不变。并承诺接受修改后的报价。

投标人F回复:由于计算疏忽,已标价工程量清单中“渠底板混凝土C25,厚15 cm”的单价按平方米计算,修改为单价518.50元/m^3,合价1 887 340.00元。并承诺接受修改后的报价。

二、问题

1. 有评标专家认为,50%的投标人投标文件未能通过初步评审,招标缺乏竞争性,应重新招标。这种观点是否正确?并说明理由。

2. 评标委员会发出的澄清函是否妥当?投标人的回复是否有效?并分别说明理由。

3. 各投标人修正后的投标报价分别是多少元?

4. 按照评标办法,投标报价满分为55分,评标基准价为修正后各投标人投标报价的算术平均值,比评标基准价每高出1%扣1分,每低1%扣0.5分。计算各投标人的报价得分。

计算结果保留两位小数。

三、分析要点

《中华人民共和国招标投标法实施条例》规定如下:

招标人应当按照招标文件规定的时间、地点开标。

投标人少于3个的,不得开标;招标人应当重新招标。

投标文件中有含义不明确的内容、明显文字或者计算错误,评标委员会认为需要投标人作出必要澄清、说明的,应当书面通知该投标人。投标人的澄清、说明应当采用书面形式,并不得超出投标文件的范围或者改变投标文件的实质性内容。

评标委员会不得暗示或者诱导投标人作出澄清、说明,不得接受投标人主动提出的澄清、说明。

《中华人民共和国招标投标法》规定如下:

投标人应当在招标文件要求提交投标文件的截止时间前,将投标文件送达投标地点。

招标人收到投标文件后，应当签收保存，不得开启。投标人少于3个的，招标人应当依照本法重新招标。

评标委员会可以要求投标人对投标文件中含义不明确的内容作必要的澄清或者说明，但是澄清或者说明不得超出投标文件的范围或者改变投标文件的实质性内容。

四、答案

问题1：

评标专家的观点不正确。根据《中华人民共和国招标投标法实施条例》，投标人少于3个的，不得开标，招标人应当重新招标。该项目虽然有50%的投标人投标文件未能通过初步评审，但仍有4家投标人的投标文件通过了初步评审，因此不能直接确定为重新招标。

问题2：

(1)评标委员会向投标人C和D发出的澄清函妥当。理由：投标文件中有含义不明确的内容、明显文字或者计算错误，评标委员会认为需要投标人作出必要澄清、说明的，应当书面通知该投标人。投标人的澄清、说明应当采用书面形式，并不得超出投标文件的范围或者改变投标文件的实质性内容。

评标委员会向投标人F发出澄清函不妥。理由："渠底板混凝土C25，厚15 cm"的报价中无含义不明确的内容、明显文字或者计算错误，评标委员会不需要投标人作出必要澄清、说明。

(2)投标人C关于"C10混凝土垫层"的修正正确有效。理由：投标报价有算术错误的，如果合价金额与依据单价计算出的结果不一致，以单价金额为准修正合价。关于"沥青木板填缝"的补充报价无效。理由：评标委员会不接受投标人主动提出的澄清、说明或补正。

投标人D的修正正确有效。理由：如果合价金额与依据单价计算出的结果不一致，并且单价金额小数点有明显错误，应以合价为准修正单价。

投标人F的修正无效。理由："渠底板混凝土C25，厚15 cm"的报价无算术错误，不能修正。

问题3：

投标人C修正后的投标报价为3 987 689.00−216 220.00+245 504.00=4 016 973.00(元)。

投标人D修正后的投标报价为4 051 613.00元(修正单价，合价不变)。

投标人F投标报价无修正，投标报价为4 041 226.00元。

投标人G投标报价无修正，投标报价为4 007 101.00元。

问题4：

评标基准价：

(4 016 973.00+4 051 613.00+4 041 226.00+4 007 101.00)÷4=4 029 228.25(元)

投标人C报价得分：$55-\frac{4\,029\,228.25-4\,016\,973.00}{4\,029\,228.25}\times100\times0.5=54.85$(分)

投标人D报价得分：$55-\frac{4\,051\,613.00-4\,029\,228.25}{4\,029\,228.25}\times100\times1=54.44$(分)

投标人F报价得分：$55-\frac{4\,041\,226.00-4\,029\,228.25}{4\,029\,228.25}\times100\times1=54.70$(分)

投标人 G 报价得分：$55-\frac{4\ 029\ 228.25-4\ 007\ 101.00}{4\ 029\ 228.25}\times100\times0.5=54.73$(分)

案例十四　工程招标、评标与中标

一、背景

××省某大型泵站工程,初步设计已经批准,建设资金来源已经落实,项目占用土地、居民迁移工作已经进行了动员,上级主管部门认为该项目已具备公开招标条件。招标文件按《水利水电工程标准施工招标文件》(2009 年版)编制,部分内容如下:

(1)2023 年 6 月 1—3 日 9:00-17:00 在该单位××市××路××楼××房间出售招标文件。投标人在提交投标保证金后才能购买招标文件。

(2)投标文件递交截止时间 6 月 30 日 10:00。开标时间与投标截止时间一致。投标文件(3 份正本,4 份副本,共 7 本)应于开标当日投标截止时间 3 小时前送达开标地点,逾期送达的,招标人将拒收(开标地点:××市××路××楼会议中心)。

(3)投标有效期自招标文件发出之日起至投标截止之日止,投标保证金应在投标有效期截止日后 30 日内保持有效。

招标投标过程中,有如下情况发生:

(1)共有 A、B、C、D、E、F 6 家单位投标,其中 A 单位在 6 月 15 日以书面形式向招标人提出招标文件相关疑问,要求招标人予以澄清。招标人于 6 月 16 日以书面形式向 A 单位发出澄清文件。

(2)7 月 1 日评标委员会提出书面评标报告,推荐 3 名中标候选人,未标明排名顺序。7 月 3 日,招标人确定 B 单位中标并公示,于 7 月 5 日向 B 单位发出中标通知书,并于 7 月 10 日与 B 单位签订了合同。

(3)招标人于 7 月 12 日将中标结果通知了其他 5 家单位,并将其投标保证金退还。

(4)招标人于 7 月 25 日向××省水利厅提交了该工程招标投标情况的书面报告。

二、问题

1. 招标人在起草招标文件中存在哪些不妥之处? 并作简要分析。

2. 从所介绍的背景资料来看,在该项目的招标投标程序中有哪些不妥之处? 请逐一说明原因。

三、分析要点

本案例主要考查组织招标的条件、招标投标过程中若干时间规定和有关问题。

招标投标活动的组织有明确的前提条件,只有具备了条件招标活动才具有合法性。水利部《水利工程建设项目招标投标管理规定》第十六条明确规定了施工招标应当具备的条件,具体包括:初步设计已经批准;建设资金来源已落实,年度投资计划已经安排;监理单位已确定;具有能满足招标要求的设计文件,已与设计单位签订适应施工进度要求的图纸交付合同或协议;有关建设项目永久征地、临时征地和移民搬迁的实施、安置工作已经落实或已有明确安排。

《中华人民共和国招标投标法实施条例》第十六条规定，资格预审文件或者招标文件的发售期不得少于5日。水利部《水利工程建设项目招标投标管理规定》第二十三条明确规定：依法必须进行招标的项目，自招标文件开始发出之日起至投标人提交投标文件截止之日止，不得少于20日。

《水利水电工程标准施工招标文件》(2009年版)4.2规定，投标人应在规定的投标截止时间前递交投标文件，逾期送达的或者未送达指定地点的投标文件，招标人不予受理。

《水利水电工程标准施工招标文件》(2009年版)2.2.1规定，投标人应仔细阅读和检查招标文件的全部内容。如发现缺页或附件不全，应及时向招标人提出，以便补齐。如有疑问，应在投标截止时间17天前以书面形式提出澄清申请，要求招标人对招标文件予以澄清；2.2.2规定，招标文件的澄清将在投标截止时间15天前，以书面形式通知所有购买招标文件的投标人，但不指明问题的来源。如果澄清通知发出的时间距投标截止时间不足15天，投标截止时间应相应延长。

《水利水电工程标准施工招标文件》(2009年版)3.7.4规定，投标文件正本1份，副本4份。

《工程建设项目施工招标投标办法》第二十九条规定，招标文件应当规定一个适当的投标有效期，以保证招标人有足够的时间完成评标和与中标人签订合同。投标有效期从投标人提交投标文件截止之日(开标日)起计算。水利工程施工招标投标有效期一般为56天。投标保证金有效期应当与投标有效期一致。

《水利水电工程标准施工招标文件》(2009年版)7.1规定，评标委员会推荐3名中标候选人，并标明推荐顺序。《中华人民共和国招标投标法实施条例》第五十四条规定，依法必须进行招标的项目，招标人应当自收到评标报告之日起3日内公示中标候选人，公示期不得少于3日。

《水利水电工程标准施工招标文件》(2009年版)7.2规定，在投标有效期内，招标人以书面形式向中标人发出中标通知书，同时将中标结果通知未中标的投标人；7.4.1规定，招标人和中标人应当自中标通知书发出之日起30天内，根据招标文件和中标人的投标文件订立书面合同；3.4规定，招标人与中标人签订合同后5个工作日内，向未中标的投标人和中标人退还投标保证金。

水利部《水利工程建设项目招标投标管理规定》第五十三条明确规定，招标人在确定中标人后，应当在15日之内按项目管理权限向水行政主管部门提交招标投标情况的书面报告。

四、答案

问题1：

(1)“2023年6月1—3日09:00-17:00在该单位××市××路××楼××房间出售招标文件”不妥，资格预审文件或者招标文件的发售期不得少于5日。

“投标人在提交投标保证金后才能购买招标文件”不妥，应该是投标人在递交投标文件的同时，按“投标人须知”前附表规定的金额、担保形式和投标文件格式规定的保证金格式递交投标保证金，并作为其投标文件的组成部分。

(2)“投标文件(3份正本，4份副本，共7本)”不妥，首先，投标文件正本应为1份，副本

4份。正本只能有1份,以保证投标的唯一性。“应于开标当日投标截止时间3小时前送达开标地点,逾期送达的,招标人将拒收”不妥,《中华人民共和国招标投标法》第二十八条规定:投标人应当在招标文件要求提交投标文件的截止时间前,将投标文件送达投标地点。第二十九条规定,投标人在招标文件要求提交投标文件的截止时间前,可以补充、修改或者撤回已提交的投标文件,并书面通知招标人。补充、修改的内容为招标文件的组成部分。

(3)“投标有效期自招标文件发出之日起至投标截止之日止”不妥,投标有效期应从招标文件规定的提交投标文件截止之日起计算。“投标保证金应在投标有效期截止日后30日内保持有效”不妥,投标保证金有效期应当与投标有效期一致。

问题2:

(1)“A单位在6月15日以书面形式向招标人提出招标文件相关疑问,要求招标人予以澄清”不妥,A单位应该在投标截止时间17天前,即6月13日以前向招标人提出。“招标人于6月16日以书面形式向A单位发出澄清文件”不妥。首先,招标文件的澄清应该在投标截止时间15天前,如果澄清通知发出的时间距投标截止时间不足15天,投标截止时间应相应延长。其次,招标人应以书面形式通知所有购买招标文件的投标人,但不指明澄清问题的来源。

(2)“7月1日评标委员会提出书面评标报告,推荐3名中标候选人,未标明排名顺序”不妥,应该标明排名顺序。“7月3日,招标人确定B单位中标并公示”合理,符合“招标人应当自收到评标报告之日起3日内公示中标候选人”的要求,但“7月5日向B单位发出中标通知书”不妥,因为招标人7月3日确定中标人需公示且公示期不得少于3日,应在7月6日及以后向B单位发出中标通知书。“7月10日与B单位签订了合同”合理,符合“招标人和中标人应当自中标通知书发出之日起30天内,根据招标文件和中标人的投标文件订立书面合同”的规定。

(3)“招标人于7月12日将中标结果通知了其他5家单位,并将其投标保证金退还”不妥,招标人应在投标有效期内,以书面形式向中标人发出中标通知书,同时将中标结果通知未中标的投标人,所以本案例中招标人应在7月6日向B单位发出中标通知书的同时,将结果告知其他5家单位。

(4)“招标人于7月25日向××省水利厅提交了该工程招标投标情况的书面报告”不妥,招标人在确定中标人后,应当在15日之内按项目管理权限向水行政主管部门提交招标投标情况的书面报告,所以本案例中不应迟于7月21日。

案例十五 工程投标、评标与中标

一、背景

某水库引水灌区输水明渠工程在具备了施工招标条件的情况下,进行施工公开招标,共有A、B、C、D、E、F、G 7家单位在投标截止时间之前提交了投标文件,招标文件中规定采用综合评估法进行评标。

投标人A根据自身技术和管理水平,结合该招标项目的特点,对主要工程量清单作出如下初步报价,如表4-28所示。

表 4-28　输水明渠工程工程量报价清单

项目编号	项目名称	单位	工程量	单价/元	合价/元
1-1	土方开挖	m^3	51 203.05	16.68	854 066.87
1-2	石方开挖	m^3	8 178.52	21.62	176 819.60
1-3	石渣回填	m^3	8 523.06	23.25	198 161.15
1-4	土方填筑	m^3	45 875.38	25.42	1 166 152.16
1-5	C20 混凝土渠道衬砌(厚 100 mm)	m^3	15 125.27	432.18	6 536 839.19
1-6	C20 混凝土路面(厚 200 mm)	m^2	36 642.62	89.26	3 270 720.26
1-7	渠道混凝土防护栏杆(高 1.1 m)	m	5 030.20	386.25	1 942 914.75
合计					14 145 673.98

为了既不影响中标,又能在中标后取得较好的收益,投标人 A 在仔细研究招标文件及图纸,并在现场踏勘后决定采用不平衡报价的策略。

评标工作于 2023 年 11 月 1 日结束,评标委员会提交了书面评标报告。根据综合得分高低,投标人 G 和 E 分别为第一名和第二名,但是投标人 G 的投标报价高于 E 的投标报价。此后发生了如下事件:

事件 1:招标人要求投标人 G 将其投标报价降为与投标人 E 相同,若投标人 G 拒绝,即认为其放弃中标,将确定投标人 E 为中标人。

事件 2:投标人 G 同意了招标人的要求,招标人于 11 月 3 日向投标人 G 发出中标通知书,并于 11 月 10 日与投标人 G 签订了合同。

事件 3:招标人于 11 月 25 日将中标结果通知了其他 6 家投标人,并将其投标保证金退还。招标人于 11 月 28 日向××省水利厅提交了该工程招标投标情况的书面报告。

二、问题

1. 简述不平衡报价法的原理及基本技巧。

2. 假定施工顺序为土石方开挖→土石回填→混凝土渠道衬砌→混凝土路面→混凝土防护栏杆,如果投标人 A 对前期结算的土方开挖、石方开挖和土方填筑项目分别在初步报价的基础上提高 10%,请计算投标人 A 调整后的各项报价。

3. 事件 1 中,招标人的做法是否合法? 为什么?

4. 事件 2 和事件 3 中,招标人的做法是否有不妥之处? 请说明理由。

计算结果保留两位小数。

三、分析要点

不平衡报价是投标人常用的报价技巧,其基本方法见本章案例六分析要点。

本案例考查确定中标人到签订合同之间的若干问题,主要涉及中标候选人的确定、招标人发出中标通知书、中标候选人公示、投标保证金的退还,以及招标人向有关部门提交招标投标情况的书面报告等内容。《中华人民共和国招标投标法》第四十三条规定:在确定中标人前,招标人不得与投标人就投标价格、投标方案等实质性内容进行谈判;第四十五条规定:中标人确定后,招标人应当向中标人发出中标通知书,并同时将中标结果通知所有未中标的投标人。第四十六条规定:招标人和中标人应当自中标通知书发出之日起三十日内,按照招标文件和中标人的投标文件订立书面合同。招标人和中标人不得再行订立背离合同实质性内容的其他协议。第四十七条规定:依法必须进行招标的项目,招标人应当自确定中标人之日起十五日内,向有关行政监督部门提交招标投标情况的书面报告。

关于中标候选人公示以及投标保证金的退还,《中华人民共和国招标投标法实施条例》第五十四条规定:依法必须进行招标的项目,招标人应当自收到评标报告之日起 3 日内公示中标候选人,公示期不得少于 3 日。投标人或者其他利害关系人对依法必须进行招标的项目的评标结果有异议的,应当在中标候选人公示期间提出。招标人应当自收到异议之日起 3 日内作出答复;作出答复前,应当暂停招标投标活动。第五十七条规定:招标人和中标人应当依照招标投标法和本条例的规定签订书面合同,合同的标的、价款、质量、履行期限等主要条款应当与招标文件和中标人的投标文件的内容一致。招标人和中标人不得再行订立背离合同实质性内容的其他协议。招标人最迟应当在书面合同签订后 5 日内向中标人和未中标的投标人退还投标保证金及银行同期存款利息。

四、答案

问题 1:

不平衡报价法的基本原理是在总价不变的前提下,调整分项工程的单价。通常对前期工程、工程量可能增加的工程等,可将原估单价调高,反之则调低。单价调整时调整幅度不宜超过±10%。

问题 2:

根据题意,土方明挖、石方开挖和土方填筑单价上调 10%,即:

土方明挖单价调整:　16.68×(1+10%)= 18.35(元/m³)

石方开挖单价调整:　21.62×(1+10%)= 23.78(元/m³)

土方填筑单价调整:　25.42×(1+10%)= 27.96(元/m³)

总计上调总价:　(854 066.87+176 819.60+1 166 152.16)×10% = 219 703.86(元)

根据不平衡报价总价不变的原则和资金时间价值原理,即:

渠道混凝土防护栏杆单价调整:　386.25×(1−10%)= 347.63(元/m)

渠道混凝土防护栏杆总价调整额:　1 942 914.75×10% = 194 291.48(元)

剩余可供调整的额度:　219 703.86−194 291.48 = 25 412.38(元)

如果,C20 混凝土路面单价调整:　89.26×(1−10%)= 80.33(元/m²)

C20 混凝土路面总价调整额:　3 270 720.26×10% = 327 072.03(元)

则 327 072.03 元>剩余可供调整的额度 25 412.38 元。

所以,C20 混凝土路面的单价应调整为

$$89.26-25\ 412.38/36\ 642.62=88.57\ 元/m^2$$

则调整后的工程量单价见表 4-29。

表 4-29　调整后的工程量单价

项目编号	项目名称	单位	调整前单价/元	调整后单价/元
1-1	土方开挖	m^3	16.68	18.35
1-2	石方开挖	m^3	21.62	23.78
1-3	石渣回填	m^3	23.25	23.25
1-4	土方填筑	m^3	25.42	27.96
1-5	C20 混凝土渠道衬砌(厚 100 mm)	m^3	432.18	432.18
1-6	C20 混凝土路面(厚 200 mm)	m^2	89.26	88.57
1-7	渠道混凝土防护栏杆(高 1.1 m)	m	386.25	347.63

问题 3：

招标人的做法不合法，根据《中华人民共和国招标投标法》规定，在确定中标人前，招标人不得与投标人就投标价格、投标方案等实质性内容进行谈判。

问题 4：

(1)“投标人 G 同意了招标人的要求，招标人于 11 月 3 日，向投标人 G 发出中标通知书”不妥，因为招标人 11 月 1 日收到评标报告后 3 日内应该公示中标候选人，公示期不得少于 3 日。

(2)“招标人于 11 月 25 日将中标结果通知了其他 6 家投标人，并将其投标保证金退还”不妥，招标人应在投标有效期内，以书面形式向中标人发出中标通知书，同时将中标结果通知未中标的投标人，所以本案例中招标人应在 11 月 3 日向 G 公司发出中标通知书的同时，将中标结果告知其他 6 家投标人，并在与中标人签订合同后 5 个工作日内，向未中标的投标人和中标人退还投标保证金及银行同期存款利息。

(3)“招标人于 11 月 28 日向××省水利厅提交了该工程招标投标情况的书面报告”不妥，招标人在确定中标人后，应当在 15 日之内按项目管理权限向水行政主管部门提交招标投标情况的书面报告。所以，本案例中不应迟于 11 月 18 日。

案例十六　工程招标法律责任及处理

一、背景

某省某大型水闸工程，招标文件按《水利水电工程标准施工招标文件》(2009 年版)编制，“投标人须知”部分内容摘录如下：

(1)投标人中标后，为保证质量须将混凝土钻孔灌注桩工程分包给××基础工程公司。

(2)未按招标文件要求提交投标保证金的，其投标文件将被拒收。

(3)距投标截止时间不足 15 日发出招标文件的澄清和修改通知，但不实质性影响投标文件编制的，投标截止时间可以不延长。

(4)投标人可提交备选投标方案,备选投标方案应予开启并评审,优于投标方案的备选投标方案可确定为中标方案。

(5)投标人拒绝延长投标有效期的,招标人有权没收其投标保证金。

在招标过程中发生如下事件:

事件1:共有A、B、C、D、E 5家投标人参加开标会议。投标人A的委托代理人在递交投标文件后离开开标会场。在评标过程中,评标委员会将其投标文件按废标处理。

事件2:招标文件中规定评标采用综合评估法,技术标和商务标各占50%。在实际评标过程中,鉴于各投标人的技术方案大同小异,为提高国家投资的经济效益,招标人决定将评标方法改为经评审的最低投标价法。

事件3:投标人B投标文件所载工期超过招标文件规定的工期,评标委员会向其发出了要求澄清的通知,该投标人按时提交了答复,认为是笔误并修改了工期,满足了要求,评标委员会认可了工期的修改。

事件4:评标委员会在评标过程中发现投标人C的投标文件报价清单中,某一项关键项目的单价与工程量的乘积较其相应总价少10万元。评标委员会讨论后决定,为保护招标人的利益,提高投资效益,向投标人C发出澄清通知,要求其确认投标总报价不变,修改其关键项目的单价。

事件5:根据综合得分高低,评标委员会推荐投标人E为第一中标候选人。招标人确定投标人E为中标人,并发出中标通知书。招标人在与投标人E签署施工承包合同之前,要求投标人E按最低投标价签订合同。

事件6:因招标人自身原因,未能与投标人E签订合同,招标人将投标保证金退还给投标人E。

二、问题

1. 根据《水利水电工程标准施工招标文件》(2009年版),投标人可对背景材料"投标人须知"中的哪些内容提出异议并说明理由。对招标文件提出的异议,招标人答复异议的要求有哪些?

2. 根据背景资料,对招标过程中发生的事件逐一进行分析评述。

3. 如果发生如下情况:A、B、C单位以书面形式向招标人提出招标文件相关疑问,要求招标人予以澄清。招标人于投标截止时间15日之前以书面形式向所有投标单位发出澄清文件,并注明问题来源。请问招标人的行为是否符合法律规定?应承担何种法律责任?

三、分析要点

本案例主要考查招标文件中"投标人须知"的内容,工程项目招标投标具体程序、评标过程及签订合同等相关问题。

首先是有关水利工程招标文件分包条款的限制性规定。水利工程施工分包分为工程分包和劳务分包,招标文件应对工程分包提出要求,包括:①招标项目是否允许分包应在招标文件中载明,招标人一般不得直接指定分包人;②招标文件不允许分包的,投标人不得提出分包;③招标文件允许分包的,允许分包的内容、分包金额、接受分包的第三人资质要求应在招标文件中规定,投标人应在投标文件中明确是否在中标后将中标项目的部分主体、非关键性工作进行分包；④投标人拟分包时，分包人的资格能力应与其分包工程的标准和规模相适应，具备相应的专业承包资质，并应在投标文件中提供分包协议、分包人的资质证书及营业执照复印件、人员和设备资料表、分包的工程项目和工程量。

投标保证金是指投标人按照招标文件的要求向招标人出具的，以一定金额表示的投标责任担保。其实质是为了避免因投标人在投标有效期内随意撤回、撤销投标或中标后不能提交履约保证金和签署合同等行为而给招标人造成损失。投标保证金除现金外，可以是银行出具的银行保函、保兑支票、银行汇票或现金支票。《水利水电工程标准施工招标文件》（2009 年版）规定投标人在递交投标文件的同时，按“投标人须知”前附表规定的金额、担保形式和投标文件格式规定的保证金格式递交投标保证金，并作为其投标文件的组成部分。

投标报价是指在工程招标发包过程中由投标人按照招标文件的要求，根据工程特点，并结合自身施工技术、装备和管理水平，依据有关计价规定自主确定的工程造价，且不能高于招标人设定的招标控制价。

《水利水电工程标准施工招标文件》（2009 年版）规定，投标人应仔细阅读和检查招标文件的全部内容。如发现缺页或附件不全，应及时向招标人提出，以便补齐。如有疑问，应在投标截止时间 17 天前以书面形式提出澄清申请，要求招标人对招标文件予以澄清。招标文件的澄清将在投标截止时间 15 天前，以书面形式通知所有购买招标文件的投标人，但不指明问题的来源。如果澄清通知发出的时间距投标截止时间不足 15 天，投标截止时间应相应延长。

《水利水电工程标准施工招标文件》（2009 年版）规定，投标人可以递交备选投标方案，只有中标人所递交的备选方案方可予以考虑。评标委员会认为中标人递交的备选方案优于其按照招标文件要求编制的投标方案时，招标人可以接受该备选投标方案。

水利部等七部委颁发的第 30 号令和第 27 号令在投标有效期方面规定，招标文件应当规定一个适当的投标有效期，以保证招标人有足够的时间完成评标和与中标人签订合同。投标有效期从投标人提交投标文件截止日起计算。在原投标有效期结束前，出现特殊情况的，招标人可以书面形式要求所有投标人延长投标有效期。投标人同意延长的，不得要求或被允许修改其投标文件的实质性内容，但应当相应延长其投标保证金的有效期；投标人拒绝延长的，其投标失败，但是投标人有权收回其投标保证金。因延长投标有效期造成投标人损失的，招标人应当给予补偿，但因不可抗力需要延长投标有效期的除外。

《中华人民共和国招标投标法实施条例》规定，如潜在投标人或者其他利害关系人对招标文件有异议，应当在投标截止时间 10 日前提出。招标人应当自收到异议之日起 3 日内作出答复；作出答复前，应当暂停招标投标活动。

《水利水电工程标准施工招标文件》（2009 年版）规定，招标人在规定的投标截止时间（开标时间）和地点公开开标，并邀请所有投标人的法定代表人或其委托代理人准时参加。投标人的法定代表人或其委托代理人未参加开标会的，招标人可将其投标文件按无效标处理。

《水利水电工程标准施工招标文件》（2009 年版）规定，评标委员会按照第三章评标办法规定的方法、评审因素、标准和程序对投标文件进行评审。第三章评标办法没有规定的方法、评审因素和标准，不作为评标依据。

《水利水电工程标准施工招标文件》（2009 年版）规定，投标文件应当对招标文件有关工期、投标有效期、质量要求、技术标准和要求、招标范围等实质性内容作出响应。投标文件不响应招标文件的实质性要求和条件的,招标人应当拒绝,并不允许投标人通过修正或撤销其不符合要求的差异,使之成为具有响应性的投标。

《中华人民共和国招标投标法实施条例》规定有下列情形之一的,评标委员会应当否决其投标:

(1)投标文件未经投标单位盖章和单位负责人签字。

(2)投标联合体没有提交共同投标协议。

(3)投标人不符合国家或者招标文件规定的资格条件。

(4)同一投标人提交两个以上不同的投标文件或者投标报价,但招标文件要求提交备选报价的除外。

(5)投标报价低于成本或者高于招标文件设定的最高投标限价。

(6)投标文件没有对招标文件的实质性要求和条件作出响应。

(7)投标人有串通投标、弄虚作假、行贿等违法行为。

《水利工程建设项目招标投标管理规定》第四十八条规定,在评标过程中,评标委员会可以要求投标人对投标文件中含义不明确的内容采取书面方式作出必要的澄清或说明,但不得超出投标文件的范围或改变投标文件的实质性内容。评标委员会以书面形式要求投标人对所提交的投标文件中不明的内容进行书面澄清或说明,或者对细微偏差进行补正时,投标人澄清和补正投标文件应遵守下述规定:①投标人不得主动提出澄清、说明或补正;②澄清、说明和补正不得改变投标文件的实质性内容(算术性错误修正的除外);③投标人的书面澄清、说明和补正属于投标文件的组成部分;④评标委员会对投标人提交的澄清、说明和补正有疑问,要求投标人进一步澄清、说明或补正的,投标人应予配合。

《水利水电工程标准施工招标文件》(2009 年版)规定,发出中标通知书后,招标人无正当理由拒签合同的,招标人向中标人退还投标保证金,并按投标保证金双倍的金额补偿投标人损失。

《中华人民共和国招标投标法》第五章法律责任及《中华人民共和国招标投标法实施条例》第六章法律责任中均进行了详细规定,具体包括:对应该招标而未招标的法律责任、招标代理机构法律责任、招标人法律责任、投标人法律责任、中标人法律责任、行政监督机关法律责任和行政处罚。

四、答案

问题 1:

(1)投标人对招标文件内容提出的异议及理由如下:

可对"将混凝土钻孔灌注桩工程分包给××基础工程公司"提出异议。理由:招标人不得指定分包商。

可对"优于投标方案的备选投标方案可确定为中标方案"提出异议。理由:投标人在提交符合招标文件规定要求的投标文件外,可以提交备选投标方案,只有中标人所递交的备选投标方案方可予以考虑。

可对"距投标截止时间不足 15 日发出招标文件的澄清和修改通知,但不实质性影响投标文件编制的,投标截止时间可以不延长"提出异议。理由:招标文件的澄清应在截止时间 15 天前,以书面形式通知所有购买招标文件的投标人,但不指明澄清问题的来源。如果澄清通知发出的时间距投标截止时间不足 15 天,投标截止时间应相应延长。在投标截止时间 15 天前,招标人可以书面形式修改招标文件,并通知所有已购买招标文件的投标人。如果修改招标文件的时间距投标截止时间不足 15 天,相应延长投标截止时间。

可对“投标人拒绝延长投标有效期的,招标人有权没收其投标保证金”提出异议。理由:在原投标有效期结束前,出现特殊情况的,招标人可以书面形式要求所有投标人延长投标有效期。投标人同意延长的,不得要求或被允许修改其投标文件的实质性内容,但应当相应延长其投标保证金的有效期;投标人拒绝延长的,其投标失败,但是投标人有权收回其投标保证金。

(2)招标人答复异议的要求如下:

招标人应当自收到异议之日起 3 日内作出答复;作出答复前,应当暂停招标投标活动。

问题 2:

事件 1 妥当。

事件 2 不妥当。评标委员会应该按照招标文件第三章评标办法中规定的方法、评审因素、标准和程序对投标文件进行评审。第三章评标办法中没有规定的方法、评审因素和标准,不作为评标依据。

事件 3 不妥当。评标委员会不应向施工单位发出要求澄清的通知,也不能认可工期修改;工期超期属于重大偏差,没有对招标文件作出实质性的响应,评标委员会不能通过投标文件澄清使其满足招标文件要求,该投标文件应该按废标处理。

事件 4 对投标人 C 的投标文件中算术错误的处理不妥当,单价与合价不一致时应以单价为准,应按关键项目的单价和工程量乘积修正其合计及其相应投标总报价,并向投标人 C 发出澄清通知要求其确认。

事件 5“招标人在与投标人 E 签署施工承包合同之前,要求投标人 E 按最低投标价签订合同”不妥当。招标人和中标人应当依照招标投标法及其实施条例的规定签订书面合同,合同的标的、价款、质量、履行期限等主要条款应当与招标文件和中标人的投标文件的内容一致。招标人和中标人不得再行订立背离合同实质性内容的其他协议。

事件 6“招标人将投标保证金退还给投标人 E”不妥当,由于招标人的原因不能签订合同,招标人向中标人退还投标保证金,并按投标保证金双倍的金额补偿投标人损失。

问题 3:

该事件中招标人于投标截止时间 15 日之前以书面形式向所有投标单位发出澄清文件是妥当的,但不能注明问题来源,因为一旦注明问题来源就意味着向他人透露了已获取招标文件的潜在投标人的名称。

《中华人民共和国招标投标法》第五章法律责任第五十二条规定:依法必须进行招标的项目的招标人向他人透露已获取招标文件的潜在投标人的名称、数量或者可能影响公平竞争的有关招标投标的其他情况的,或者泄露标底的,给予警告,可以并处一万元以上十万元以下的罚款;对单位直接负责的主管人员和其他直接责任人员依法给予处分;构成犯罪的,依法追究刑事责任。

第五章　水利工程合同价款管理

【考试大纲】

1. 合同价类型及适用条件。
2. 计量与支付。
3. 变更与索赔。
4. 合同价格调整。
5. 违约处理。
6. 合同争议的处理。
7. 投资偏差、进度偏差分析。

案例一　合同类型与工程结算

一、背景

某水利工程初步设计批准后进行招标,招标项目拟采用单价合同。某投标单位以 8 000 万元中标并签订了合同。合同关于支付的条款如下:

(1)工程预付款为签约合同价的 15%。工程预付款在合同累计完成金额达到签约合同价的 20%时开始扣款,直至合同累计完成金额达到签约合同价的 90%时全部扣清。

$$R=\frac{A}{(F_2-F_1)S}(C-F_1S) \tag{5-1}$$

式中:R 为每次进度付款中累计扣回的金额;A 为工程预付款总金额;S 为签约合同价格;C 为合同累计完成金额;F_1 为开始扣款时合同累计完成金额达到签约合同价格的比例;F_2 为全部扣清时合同累计完成金额达到签约合同价格的比例。

上述合同累计完成金额均指价格调整前未扣质量保证金的金额。

(2)质量保证金在每月进度款中扣留,扣留比例为进度款的 6%,直至达签约合同价的 3%。

(3)每月 25 日上报已完工程量的报告,月支付的最低限额为 400 万元。

项目如期开工并顺利实施,在实施过程中发生一些工程变更。当前工程款支付情况:截至上月累计已支付工程款 3 500 万元,其中工程变更引起的工程款 500 万元;本月申报工程款合计为 650 万元,含本月 20 日提交的暂未完成审核的工程变更价款 50 万元。

二、问题

1. 根据计价方式不同,常见的施工合同类型有哪几种?
2. 工程预付款为多少万元? 截至上月已扣回预付款多少万元?
3. 若按合同约定方式进行支付,则本月工程款应如何结算?

4. 若中标单位在提交合同履约担保后签订了合同。根据《建设工程质量保证金管理办法》(建质〔2017〕138 号),本案例中关于质量保证金支付的约定是否妥当?请说明理由。

三、分析要点

本案例主要考查预付款、工程进度款、工程预付款扣回、质量保证金的预留计算、质量保证金等规定。

工程预付款是发包人为了帮助承包人解决施工前期开展工作时的资金短缺,从未来的工程款中提前支付的款项。随着工程的进行,发包人按约定的方式在工程进度款中逐步扣还。由于资金具有时间价值,对于发包人来说,工程预付款属于提前支付,会导致资金成本的增加,因此工程预付款的扣回速度越快越有利,反之对承包人越有利。建设工程质量保证金(以下简称“保证金”)是指发包人与承包人在建设工程承包合同中约定,从应付的工程款中预留,用以保证承包人在缺陷责任期内对建设工程出现的缺陷进行维修的资金。缺陷是指建设工程质量不符合工程建设强制性标准、设计文件,以及承包合同的约定。缺陷责任期一般为 1 年,最长不超过 2 年,由发、承包双方在合同中约定。

发包人应当在招标文件中明确保证金预留、返还等内容,并与承包人在合同条款中对涉及保证金的预留、返还方式;预留比例、期限;是否计付利息,如计付利息,利息的计算方式;缺陷责任期的期限及计算方式;保证金预留、返还及工程维修质量、费用等争议的处理程序;缺陷责任期内出现缺陷的索赔方式;逾期返还保证金的违约金支付办法及违约责任等事项进行约定。

保证金采用的方式有工程款预留方式、工程质量保证担保方式、工程质量保险方式、履约保证金方式和发包人同意的其他保证方式。推行银行保函制度,承包人可以银行保函替代预留保证金。在工程项目竣工前,已经缴纳履约保证金的,发包人不得同时预留工程质量保证金。采用工程质量保证担保、工程质量保险等其他保证方式的,发包人不得再预留保证金。发包人应按照合同约定方式预留保证金,保证金总预留比例不得高于工程价款结算总额的 3%。合同约定由承包人以银行保函替代预留保证金的,保函金额不得高于工程价款结算总额的 3%。

采用工程款预留方式的保证金是按合同约定从承包人应得的工程进度款中相应扣减的一笔金额保留在发包人手中,作为约束承包人严格履行合同义务的措施之一。当承包人有一般违约行为使发包人受到损失时,可以从该金额内直接扣除损害赔偿费。质量保证金应从第一个付款周期开始,在发包人的进度付款中,按专用合同条款的约定扣留质量保证金,直至扣留的质量保证金总额达到专用合同条款约定的金额或比例。质量保证金的计算额度不包括预付款的支付、扣回以及价格调整的金额。

根据《建设工程价款结算暂行办法》,工程进度款结算与支付中对于工程量的计算应当符合下列规定:承包人应当按照合同约定的方法和时间,向发包人提交已完工程量的报告。发包人接到报告后 14 天内核实已完工程量,并在核实前 1 天通知承包人,承包人应提供条件并派人参加核实,承包人收到通知后不参加核实,以发包人核实的工程量作为工程价款支付的依据。发包人不按约定时间通知承包人,致使承包人未能参加核实,核实结果无效。发包人收到承包人报告后 14 天内未核实完工程量,从第 15 天起,承包人报告的工程量即视为被确认,作为工程价款支付的依据,双方合同另有约定的,按合同执行。本案例中本月 20 日提交的未完成审核的工程变更价款金额为 50 万元,属未完成审核核实的部分,而且承包人提交的报告未超过 14 天,因此本月不应计算,待下月审核确认后进入下月工程款。

根据《建设工程质量保证金管理办法》(建质〔2017〕138 号),在工程项目竣工前,已经缴纳履约保证金的,发包人不得同时预留工程质量保证金。采用工程质量保证担保、工程质量保险等其他保证方式的,发包人不得再预留保证金。对于质量保证金的预留、返还等内容处理,除非有导致合同无效的法律法规强制性规定,均应以合同条款的约定为依据。

四、答案

问题 1:

根据计价方式不同,常见的施工合同类型有单价合同、总价合同、成本加酬金合同。

问题 2:

该工程签约合同价为 8 000 万元,工程预付款比例为 15%。

工程预付款:8 000×15%=1 200.00(万元)。

截至上月累计已支付的合同款为 3 500 万元。

工程预付款起扣点为累计签约合同价格的 20%,终扣点为 90%。

截至上月累计扣回工程预付款为

$$R=\frac{A}{(F_2-F_1)S}(C-F_1S)=\frac{1\ 200}{(0.9-0.2)\times 8\ 000}\times(3\ 500-0.2\times 8\ 000)=407.14(\text{万元})$$

问题 3:

(1)本月应扣工程预付款如下。

本月完成的合同款:650-50=600(万元)。

至本月累计完成合同款:3 500+600=4 100(万元)。

至本月累计扣回工程预付款为

$$R=\frac{A}{(F_2-F_1)S}(C-F_1S)=\frac{1\ 200}{(0.9-0.2)\times 8\ 000}\times(4\ 100-0.2\times 8\ 000)=535.71(\text{万元})$$

本月应扣回工程预付款:535.71-407.14=128.57(万元)。

(2)本月应扣留质量保证金。

应扣留质量保证金总额:8 000×3%=240.00(万元)。

根据背景资料,截至上个月已扣留质量保证金:3 500×6%=210.00(万元)。

本月完成合同金额及应扣留质量保证金:600×6%=36.00(万元)。

截至上月质量保证金剩余扣留总额:240.00-210.00=30.00(万元)。

则本月应扣留质量保证金为 30.00 万元。

(3)本月结算款:本月完成合同款金额-本月应扣工程预付款-本月应预留质量保证金额,即:

$$600-128.57-30.00=441.43(\text{万元})$$

(4)按合同约定背景(3)"月支付的最低限额为 400 万元",因此本月支付工程款为 441.43 万元。

问题 4:

本案例关于支付的约定的第(2)条,质量保证金在每月进度款中扣留不妥当。根据《建设工程质量保证金管理办法》(建质〔2017〕138号),“在工程项目竣工前,已经缴纳履约保证金的,发包人不得同时预留工程质量保证金”的规定,本案例已“提交合同履约担保”,不应再同时扣留质量保证金。

案例二　计量与工程价款结算

一、背景

某水利枢纽工程全部使用国有资金建设,依据《水利工程工程量清单计价规范》(GB 50501—2007)和《水利水电工程标准施工招标文件》(2009年版)完成了水库土坝工程施工招标和合同签订。合同中工程项目总价表和分类分项工程量清单(部分)如表5-1、表5-2所示。在项目实施过程中,发包人以招标方式完成了暂估价中工程设备供应商的选择,设备采购合同价为3 000万元。承包人在开挖过程中挖到坟墓,经文物部门确认后为文物,需要承包人辅助开挖工作;开挖工作采用计日工完成,共计160万元。进度款结算与支付采用现场签证工程量和合同单价进行结算。土坝工程完工后,完成了完工工程测量,测量结果表明完工工程与图纸一致,按图纸计算的土方填筑工程量为356 600 m^3。承包人在进行工程完工结算准备工作时,核对了经监理人签证的工程量,经统计,现场签证土方填筑工程量合计362 000 m^3。土料损耗综合系数为4.5%,该工程设计干密度为1.7 t/m^3,天然干密度为1.55 t/m^3。建安工程的增值税税率为9%,施工过程除上述事件外无其他的变更、索赔和价款调整事件。

表5-1　工程项目总价

序号	项目名称	金额/万元	备注
一	分类分项工程	6 800	
1	土坝工程		
2	…	…	
二	措施项目	1 500	
…	…	…	…
三	其他项目	2 800	
1	暂列金额	300	
2	暂估价	2 500	

表 5-2 分类分项工程量清单(部分)

序号	项目编码	项目名称	计量单位	工程量	单价/元	合价/元	主要技术条款编码
1		土坝工程					
1.1		土方开挖与填筑					
1.1.1	500101003001	土方开挖	m^3	386 000	15		4
1.1.2	500101003002	土方填筑	m^3	360 000	20		4
			…	…			
1.2		石方开挖工程					
1.2.1	500102003001	石方明挖	m^3	64 566			5
…	…	…	…	…			…

二、问题

1. 承包人在投标报价时需要考虑土方平衡,若表 5-2 中开挖的土方可全部满足填筑要求,土方开挖工程量能否满足填筑需求工程量?

2. 办理完工结算时,土方填筑工程价款为多少元?

3. 辅助文物开挖工作的计日工 160 万元价款,应如何处理?

4. 办理完工结算时,其他项目价款为多少元?

三、分析要点

本案例考查工程计量、暂列金额、暂估价、工程价款结算等相关知识。

在水利工程中土方开挖是按自然方计量,土方填筑是按成品方(压实方)计量。《水利工程工程量清单计价规范》(GB 50501—2007)规定,土石方填筑工程工程量清单项目的工程量计算规则,应按招标设计图示尺寸计算填筑体的有效压实方体积计量。施工过程中增加的超填量、施工附加量、填筑体及基础的沉陷损失和填筑操作损耗等所产生的费用,应摊入有效工程量的工程单价中;抛投水下的抛填物,石料抛投体积按抛投石料的堆方体积计算,钢筋笼块石或混凝土块抛投体积按抛投钢筋笼或混凝土块的规格尺寸计算的体积计量。

压实成品方与自然方的换算,要根据技术要求和施工必需的损耗,按下式计算:

$$每100压实成品方需要的自然方量=100\times(1+A)\times设计干密度/天然干密度$$

其中,A 为土料损耗综合系数,包括开挖、上坝运输、雨后清理、边坡削坡、接缝削坡、施工沉陷、取土坑、试验坑和不可避免的压坏等损耗因素。土料损耗综合系数根据不同的施工方法和坝料按规定取值,使用时不再调整。

《水利工程工程量清单计价规范》(GB 50501—2007)第 4.0.11 条规定,工程量清单的合同结算工程量,除另有约定外,应按本规范及合同文件约定的有效工程量进行计算。合同履行过程中需要变更工程单价时，按本规范和合同约定的变更处理程序办理。《水利水电工程标准施工招标文件》(2009 年版)通用合同条款 17.1.4 规定，已标价工程量清单中的单价子目工程量为估算工程量。结算工程量是承包人实际完成的，并按合同约定的计量方法进行计量的工程量。监理确认的签证工程量反映的是签证时点的工程量，并不是最终工程量。招标文件中的工程量清单仅是投标人投标报价的共同基础。除另有约定外，工程量清单中的工程量是根据招标设计图纸按《水利工程工程量清单计价规范》计算规则计算的用于投标报价的估算工程量，不作为最终结算工程量。最终结算工程量是承包人实际完成并符合技术标准和要求(合同技术条款)和《水利工程工程量清单计价规范》计算规则等规定，按施工图纸计算的有效工程量。

(1)暂列金额指已标价的工程量清单中所列的暂列金额，用于在签订协议书时尚未确定或不可预见变更的施工及其所需材料、工程设备、服务等的金额，包括以计日工方式支付的金额。暂列金额只能按照监理人的指示使用，并对合同价格进行相应调整。

(2)合同价格指承包人按合同约定完成了包括缺陷责任期内的全部承包工作后，发包人应付给承包人的金额，包括在履行合同过程中按合同约定进行的变更和调整。

(3)暂估价指发包人在工程量清单中给定的用于支付必然发生但暂时不能确定价格的材料、设备以及专业工程的金额。发包人在工程量清单中给定暂估价的材料、工程设备和专业工程属于依法必须招标的范围并达到规定的规模标准的，若承包人不具备承担暂估价项目的能力或具备承担暂估价项目的能力但明确不参与投标的，由发包人和承包人组织招标；若承包人具备承担暂估价项目的能力且明确参与投标的，由发包人组织招标。暂估价项目中标金额与工程量清单中所列金额差以及相应的税金等其他费用列入合同价格。必须招标的暂估价项目招标组织形式、发包人和承包人组织招标时双方的权利义务关系在专用合同条款中约定。

发包人在工程量清单中给定暂估价的材料和工程设备不属于依法必须招标的范围或未达到规定的规模标准的，应由承包人按《水利水电工程标准施工招标文件》(2009 年版)5.1 条“承包人提供的材料和工程设备”的约定提供经监理人确认的材料、工程设备的价格与工程量清单中所列的暂估价的金额差以及相应的税金等其他费用列入合同价格。发包人在工程量清单中给定暂估价的专业工程不属于依法必须招标的范围或未达到规定的规模标准的由监理人按照《水利水电工程标准施工招标文件》(2009 年版)15.4 条“变更的估价原则”进行估价，但专用合同条款另有约定的除外。经估价的专业工程与工程量清单中所列的暂估价的金额差以及相应的税金等其他费用列入合同价格。

四、答案

问题 1：

土坝填筑所需开挖的土方量：360 000×(1+4.5%)×1.7÷1.55＝412 606(m^3)。

显然，412 606 m^3>386 000 m^3，说明开挖的土方量不够填筑量，需要考虑借土。在投标报价时，需要考虑借土的费用，并将借土费用摊到单价中。

问题 2：

土方填筑工程价款：356 600×20＝7 132 000(元)。

问题3:

辅助文物开挖工作的计日工160万元价款,应作为暂列金额计入其他项目进行支付。

问题4:

暂列金额为160万元。

暂估价项目:2 500+(3 000-2 500)×(1+9%)=3 045(万元)。

其他项目价款合计:160+3 045=3 205(万元)。

办理完工结算时,其他项目价款为3 205万元。

案例三 工程预付款、进度款、完工结算(一)

一、背景

某河道工程施工合同总工期为16个月,签约合同价为15 000万元。在实施过程中发生工程变更并调整了合同价款,第2个月、5个月、8个月分别增加合同价款200万元、100万元、200万元,各月完成的工程价款见表5-3。工程按合同工期完工,进度款按月结算。

表5-3 各月完成的工程价款表 单位:万元

时间	第1月	第2月	第3月	第4月	第5月	第6月	第7月	第8月
月完成额	500	700	800	1 000	1 100	1 300	1 200	1 300
时间	第9月	第10月	第11月	第12月	第13月	第14月	第15月	第16月
月完成额	1 200	1 200	1 100	1 000	900	900	800	500

合同中有关约定如下:

(1)工程预付款为签约合同价的10%,材料预付款为签约合同价的3%。

(2)工程预付款扣回:在合同累计完成金额达到签约合同价的10%时开始扣款,直至合同累计完成金额达到签约合同价的90%时全部扣清,扣款金额满足式(5-1)。

(3)材料预付款从第一个付款周期开始按9个月平均扣回。

(4)质量保证金为签约合同价的3%,进度款中不扣留,工程完工结算时,由承包人提供质量保证金保函,同时退还履约保函。

二、问题

1. F_1、F_2的取值对承包人会产生什么影响?

2. 工程预付款、材料预付款分别是多少万元?

3. 分别计算第2个月、3个月、14个月、15个月发包人应支付给承包人的工程款是多少万元?

4. 在工程完工结算时,发包人支付给承包人的价款总额是多少万元?

三、分析要点

本案例主要考查预付款、工程进度款、完工付款的规定,以及工程预付款扣回计算的规定。

合同专用条款中,对预付款支付的规定如下:付款时间应在合同协议书签订后,由承包人向发包人提交了发包人认可的工程预付款担保,并经监理人出具付款证书报送发包人批准后予以支付。

《水利水电工程标准施工招标文件》(2009 年版)专用合同条款关于工程预付款扣回采用式(5-1)。

四、答案

问题 1:

F_1、F_2 的取值实际上决定工程预付款的扣回速度,F_1、F_2 的取值越大工程预付款的扣回速度越慢,反之越快。对于承包人而言,工程预付款能减少流动资金的投入,由于资金具有时间价值,所以工程预付款扣回速度越慢,资金占压的时间越长,因此 F_1、F_2 的取值越大对承包人越有利。

问题 2:

工程预付款=签约合同价×10%=15 000×10%=1 500(万元)

材料预付款=签约合同价×3%=15 000×3%=450(万元)

问题 3:

工程预付款扣回:

预付款起扣时合同累计完成金额=15 000×10%=1 500(万元)

预付款扣完时合同累计完成金额=15 000×90%=13 500(万元)

材料预付款扣回:

第 1~9 月,每月扣回金额:450÷9=50(万元)。

(1)第 2 个月完成合同金额为 700 万元,至本月底合同累计完成金额=500+700=1 200(万元)<1 500 万元,或 1 200/15 000=8%<10%,未达到工程预付款起扣点。

本月材料预付款扣回 50 万元。

第 2 个月发包人应支付给承包人的工程款:700−50=650(万元)。

(2)第 3 个月完成合同金额为 800 万元,至本月底合同累计完成金额=500+700+800=2 000(万元)>1 500 万元,或 2 000/15 000=13.33%>10%,达到工程预付款起扣点。

本月工程预付款扣回金额=工程预付款累计扣回金额

$$=\frac{A}{(F_2-F_1)S}(C-F_1S)$$

$$=\frac{1\ 500}{(90\%-10\%)\times 15\ 000}(2\ 000-10\%\times 15\ 000)$$

$$=63(万元)$$

本月材料预付款扣回 50 万元。

第 3 个月发包人应支付给承包人的工程款:800−50−63=687(万元)。

(3)第 14 个月完成合同金额为 900 万元,至上月底累计完成合同金额(第 1~13 个月累计完成金额)=13 300(万元)<13 500 万元。

至本月底合同累计完成金额=13 300+900=14 200(万元)>13 500 万元,或 14 200/

15 000 = 94.67% > 90%，因此工程预付款在本月全部扣清。

本月工程预付款扣回金额 = 1 500 - 至上月底工程预付款累计扣回金额

$$= 1\,500 - \frac{1\,500}{(90\% - 10\%) \times 15\,000}(13\,300 - 10\% \times 15\,000)$$

$$= 25(\text{万元})$$

本月无材料预付款扣回。

第 14 个月发包人应支付给承包人的工程款为：900 - 25 = 875(万元)。

(4)第 15 个月完成合同金额为 800 万元，本月无材料预付款扣回、无工程预付款扣回。

第 15 个月发包人应支付给承包人的工程款是 800 万元。

问题 4：

工程完工结算时有：

发包人支付给承包人的价款总额 = 签约合同价 + 工程变更金额

= 15 000 + (200 + 100 + 200)

= 15 500(万元)

案例四　工程预付款、进度款、完工结算(二)

一、背景

某堤防工程的 A 标段工程施工采用《水利水电工程标准施工招标文件》(2009 年版)格式和要求进行招标，B 施工单位提交了合同履约担保并以人民币 2 500 万元(其中安全生产措施费为 62.5 万元)签订了施工合同。合同工期为 8 个月，工程保修期一年，考虑到工期较短，不考虑物价波动引起的价格调整。签订的施工合同中有关工程计量与支付相关条款约定如下：

(1)工程预付款的总金额为签约合同价的 10%，一次支付给承包人。

(2)工程材料预付款的额度和预付办法约定：工程材料预付款按发票值的 90%与当月进度款一并支付。

(3)工程预付款在合同累计完成金额达到签约合同价格的 10%时开始扣款，直至合同累计完成金额达到签约合同价的 90%时全部扣清。

工程预付款扣回采用《水利水电工程标准施工招标文件》(2009 年版)专用合同条款 17.2.3 款规定的式(5-1)扣还。

(4)工程材料预付款的扣回与还清约定：材料预付款按发票值的 90%与当月进度款一并支付，从付款的下一个月开始起扣，6 个月内扣完，每月扣还 1/6。

(5)除完工结算外，月支付的最低限额为 100 万元，当最后 1 个月不足 100 万元时，转完工结算时一起结清。

在合同实施过程中第 1 个月提供的进场材料发票面值为 300 万元，完成工程款 100 万元；第 2 个月完成工程款 150 万元；第 3 个月完成工程款 360 万元；第 4 个月完成工程款 700 万元；第 5 个月完成工程款 750 万元；第 6 个月完成工程款 320 万元；第 7 个月完成工程款 100 万元；第 8 个月完成工程款 20 万元。不考虑合同实施中变更、索赔等事件。

二、问题

1. 按照合同约定，承包人具备什么条件，监理人方可出具工程预付款付款证书？

2. 按照合同约定，计算 1~8 月各月应支付的工程款。

3. 如果月进度款达不到最低限额，能否延迟到下个月支付农民工工资？

4. 承包人应在什么时间提交完工付款申请单、最终付款申请单？完工付款申请单包括哪些内容？

三、分析要点

本案例主要考查预付款、工程进度款、完工付款和最终结清支付的规定，工程预付款扣回、质量保证金的扣除计算、质量保证金退还的规定。

工程价款计量与支付，首先以合同约定为主要依据，在合同无约定或约定不清楚的条件下再按标准合同文件和行业主管部门的文件为依据。

预付款用于承包人为合同工程施工购置材料、工程设备、施工设备、修建临时设施以及组织施工队伍进场等，分为工程预付款和工程材料预付款。预付款必须专用于合同工程。预付款的额度和预付办法在专用合同条款中约定。

为了避免发包人的支付风险，通常采用预付款保函（担保），预付款保函（担保）具体规定如下：①承包人应在收到第一次工程预付款的同时向发包人提交工程预付款担保，担保金额应与第一次工程预付款金额相同，工程预付款担保在第一次工程预付款被发包人扣回前一直有效；②工程材料预付款的担保在专用合同条款中约定；③预付款担保的担保金额可根据预付款扣回的金额相应递减。

预付款在进度付款中扣回，扣回与还清办法在专用合同条款中约定。在颁发合同工程完工证书前，由于不可抗力或其他原因解除合同时，预付款尚未扣清的，尚未扣清的预付款余额应作为承包人的到期应付款。

合同专用条款中，对预付款支付的规定如下：付款时间应在合同协议书签订后，由承包人向发包人提交了发包人认可的工程预付款担保，并经监理人出具付款证书报送发包人批准后 14 天内予以支付。

国务院《保障农民工工资支付条例》规定农民工有按时足额获得工资的权利。任何单位和个人不得拖欠农民工工资。建设单位与施工总承包单位依法订立书面工程施工合同，应当约定工程款计量周期、工程款进度结算办法以及人工费用拨付周期，并按照保障农民工工资按时足额支付的要求约定人工费用。人工费用拨付周期不得超过 1 个月。施工总承包单位应当按照有关规定开设农民工工资专用账户，专项用于支付该工程建设项目农民工工资。建设单位应当向施工单位提供工程款支付担保。金融机构应当优化农民工工资专用账户开设服务流程，做好农民工工资专用账户的日常管理工作；发现资金未按约定拨付等情况的，及时通知施工总承包单位，由施工总承包单位报告人力资源社会和保障行政部门及相关行业工程建设主管部门，并纳入欠薪预警系统。

根据《国务院办公厅关于全面治理拖欠农民工工资问题的意见》（国办发〔2016〕1 号），全面规范企业工资支付行为，规定要求：不得以工程款未到位等为由克扣或拖欠农民工工资，不得将合同应收工程款等经营风险转嫁给农民工；建立健全农民工工资（劳务费）专用账户管理制度。在工程建设领域,实行人工费用与其他工程款分账管理制度,推动农民工工资与工程材料款等相分离。建设单位应按照工程承包合同约定的比例或施工总承包企业提供的人工费用数额,将应付工程款中的人工费单独拨付到施工总承包企业开设的农民工工资(劳务费)专用账户。农民工工资(劳务费)专用账户应向人力资源社会和保障部门及交通、水利等工程建设项目主管部门备案,并委托开户银行负责日常监管,确保专款专用。

根据《水利水电工程标准施工招标文件》(2009 年版),竣工(完工)付款申请单的约定:①承包人应在合同工程完工证书颁发后 28 天内,按专用合同条款约定的份数向监理人提交完工付款申请单,并提供相关证明材料。完工付款申请单应包括下列内容:完工结算合同总价、发包人已支付承包人的工程价款、应预留的质量保证金、应支付的完工付款金额。②监理人对完工付款申请单有异议的,有权要求承包人进行修正和提供补充资料。经监理人和承包人协商后,由承包人向监理人提交修正后的完工付款申请单。

竣工(完工)付款证书及支付时间约定:①监理人在收到承包人提交的完工付款申请单后的 14 天内完成核查,提出发包人到期应支付给承包人的价款送发包人审核并抄送承包人。发包人应在收到后 14 天内审核完毕,由监理人向承包人出具经发包人签认的完工付款证书。监理人未在约定时间内核查,又未提出具体意见的,视为承包人提交的完工付款申请单已经监理人核查同意。发包人未在约定时间内审核又未提出具体意见的,监理人提出发包人到期应支付给承包人的价款视为已经发包人同意。②发包人应在监理人出具完工付款证书后的 14 天内,将应支付款支付给承包人。发包人不按期支付的,按专用合同条款的约定,将逾期付款违约金支付给承包人。③承包人对发包人签认的完工付款证书有异议的,发包人可出具完工付款申请单中承包人已同意部分的临时付款证书。存在争议的部分,按合同“争议的解决”条款的约定办理。④完工付款涉及政府投资资金的,按照国库集中支付等国家相关规定和专用合同条款的约定办理。

最终结清申请单的约定:①工程质量保修责任终止证书签发后,承包人应按监理人批准的格式提交最终结清申请单,提交最终结清申请单的份数在专用合同条款中约定;②发包人对最终结清申请单内容有异议的,有权要求承包人进行修正和提供补充资料,由承包人向监理人提交修正后的最终结清申请单。

最终结清证书和支付时间的约定:①监理人收到承包人提交的最终结清申请单后的 14 天内,提出发包人应支付给承包人的价款送发包人审核并抄送承包人。发包人应在收到后 14 天内审核完毕,由监理人向承包人出具经发包人签认的最终结清证书。监理人未在约定时间内核查,又未提出具体意见的,视为承包人提交的最终结清申请已经监理人核查同意;发包人未在约定时间内审核又未提出具体意见的,监理人提出应支付给承包人的价款视为已经发包人同意。②发包人应在监理人出具最终结清证书后的 14 天内,将应支付款支付给承包人。发包人不按期支付的,按合同专用条款的约定,将逾期付款违约金支付给承包人。③承包人对发包人签认的最终结清证书有异议的,按合同“争议的解决”条款的约定办理。④最终结清付款涉及政府投资资金的,按照国库集中支付等国家相关规定和专用合同条款的约定办理。

合同工程完工验收通过后,发包人向承包人发送合同工程完工验收鉴定书。承包人应及时完成合同工程完工验收鉴定书载明应由承包人处理的遗留问题。合同工程完工验收通过后，发包人与承包人应在30个工作日内组织专人负责工程交接，双方交接负责人应在交接记录上签字。承包人应按验收鉴定书约定的时间及时移交工程及其档案资料。在工程移交时，承包人应向发包人递交工程质量保修书。在承包人递交了工程质量保修书、完成施工场地清理以及提交有关资料后，发包人应在30个工作日内向承包人颁发合同工程完工证书。合同工程完工验收或投入使用验收后，发包人与承包人应办理工程交接手续，承包人应向发包人递交工程质量保修书。缺陷责任期（工程质量保修期）满后30个工作日内，发包人应向承包人颁发工程质量保修责任终止证书，并退还剩余的质量保证金，但保修责任范围内的质量缺陷未处理完成的应除外。工程质量保修责任终止证书签发后，承包人应按监理人批准的格式提交最终结清申请单。

根据《企业安全生产费用提取和使用管理办法》，建设单位应当在合同中单独约定并于工程开工日一个月内向承包单位支付至少50%企业安全生产费用。工程竣工决算后结余的企业安全生产费用，应当退回建设单位。因此，首月支付时，应支付的工程款无论是否达最低支付标准，都应支付不少于50%企业安全生产费用。

四、答案

问题1：

按照合同规定，承包人向发包人提交了经发包人认可的工程预付款保函后，监理人方可出具工程预付款付款证书。

问题2：

工程预付款起扣时应累计完成工程款：2500×10%＝250.00（万元）。

各月工程款付款如下：

第1个月：

（1）应付完成工程量工程款为100万元。

（2）应支付材料预付款：300×90%＝270.00（万元）。

第1月应支付工程款：100+270.00+62.5×50%＝401.25（万元）。

第2个月：

（1）应付完成工程量工程款为150万元。

（2）应扣材料预付款：270÷6＝45.00（万元）。

第2个月应支付工程款：150−45＝105（万元）。

第3个月：

（1）应付完成工程量工程款为360万元。

（2）应扣材料预付款：270÷6＝45.00（万元）。

（3）应扣工程预付款：

$$R=\frac{A}{(F_2-F_1)S}(C-F_1S)$$

$$= \frac{250}{(90\% - 10\%) \times 2\,500} \times (610 - 0.1 \times 2\,500)$$
$$= 45.00(\text{万元})$$

第3个月应支付工程款:360-45-45=270(万元)。

第4个月:

(1)应付完成工程量工程款为700万元。

(2)应扣材料预付款:270÷6=45.00(万元)。

(3)应扣工程预付款:

至本月底累计扣回预付款:

$$R = \frac{A}{(F_2 - F_1)S}(C - F_1 S)$$
$$= \frac{250}{(90\% - 10\%) \times 2\,500} \times (1\,310 - 0.1 \times 2\,500)$$
$$= 132.50(\text{万元})$$

因此,本月应扣工程预付款:132.50-45.00=87.50(万元)。

第4个月应支付工程款:700-45.00-87.50=567.50(万元)。

第5个月:

(1)应付完成工程量工程款为750万元。

(2)应扣材料预付款:270÷6=45.00(万元)。

(3)应扣工程预付款:

至本月底累计扣回预付款:

$$R = \frac{A}{(F_2 - F_1)S}(C - F_1 S)$$
$$= \frac{250}{(90\% - 10\%) \times 2\,500} \times (2\,060 - 0.1 \times 2\,500)$$
$$= 226.25(\text{万元})$$

因此,本月应扣工程预付款:226.25-132.50=93.75(万元)。

第5个月应支付工程款:750-45.00-93.75=611.25(万元)。

第6个月:

(1)应付完成工程量工程款为320万元。

(2)应扣材料预付款:270÷6=45.00(万元)。

(3)应扣工程预付款:工程预付款扣完时,应累计完成的工程款为2 500×90%=2 250.00(万元)。

至本月底累计完成工程款:2 060+320=2 380(万元)>2 250万元。

因此,工程预付款应全部扣回,本月应扣:2 500×10%-226.25=23.75(万元)。

第6个月应支付工程款:320-45.00-23.75=251.25(万元)。

第7个月:

(1)应付完成工程量工程款为 100 万元。

(2)应扣材料预付款:270÷6=45.00(万元)。

(3)工程预付款已扣完,本月不再扣。

第 7 个月应支付工程款:100-45=55(万元)<100 万元(月支付最低限额),本月不支付,结转到下月。

第 8 个月:

(1)应付完成工程量工程款为 20 万元。

(2)材料预付款已全部扣回,本月不再扣。

(3)工程预付款已扣完,本月不再扣。

第 8 个月应支付工程款:20+55=75(万元)<100 万元(月支付最低限额),本月不支付,转到完工结算时支付。

问题 3:

不能延迟支付农民工工资,根据国家有关规定,不得以工程款未到位等为由克扣或拖欠农民工工资,不得将合同应收工程款等经营风险转嫁给农民工。建设单位应按照工程承包合同约定的比例或施工总承包企业提供的人工费用数额,将应付工程款中的人工费单独拨付到施工总承包企业开设的农民工工资(劳务费)专用账户,以确保农民工工资按时发放。

问题 4:

承包人应在工程接收证书颁发后 28 天内,向监理人提交完工付款申请单,并提供相关证明材料。在接到保修责任终止证书后的 28 天内,承包人应提交最终付款申请单。完工付款申请单应包括完工结算合同总价、发包人已支付承包人的工程价款、应预留的质量保证金(若有)、应支付的完工付款金额。

案例五　工程变更与索赔处理(一)

一、背景

某水利枢纽工程全部使用国有资金建设,工程共分为 A、B 两个标段,依据《水利工程工程量清单计价规范》(GB 50501—2007)和《水利水电工程标准施工招标文件》(2009 年版)完成了施工招标,分别与甲、乙两个承包单位签订了施工合同,承包单位甲承包 A 标段,承包单位乙承包 B 标段。在工程施工过程中发生如下事件。

事件 1:在工程施工期间,由于上游突发洪水,经全力抗洪抢险后,基坑还是不可避免地过水,淹毁承包单位甲的用于固结灌浆的水泥 5 t 和灌浆泵两台;淹毁承包单位乙停在基坑中价值 2.5 万元的空压机 1 台和进场的临时道路。

事件 2:在 A 标段施工过程中,承包单位在按照既定施工计划进行土方开挖作业的过程中发现了疑似古代陶器和石器的物品,经文物部门鉴定确认这些物品确实属于古代文物;文物部门勘定范围后需承包单位甲配合进行保护性开挖工作。在监理人指示下,承包单位甲为该工作投入 40 天共计 30 万元计日工。同时调整了原来的施工方案并经监理人审批。

事件3:在工程施工期间,项目所在地发生了当年以来最强降雨,强降雨导致施工现场的土壤变得松软,增加了施工难度。

事件4:B标段在厂房施工时,由于建设单位一直没能确定进厂房的交通桥方案,导致关键线路上的厂房电梯安装工作推迟了30天开始施工。

事件5:在施工中由于B标段的厂房交通平台施工需要,经监理人指示承包单位甲将A标段的大坝混凝土浇筑的缆机入仓方案,平均强度为680 m^3/d,改为自卸汽车入仓,平均强度为480 m^3/d。

事件6:施工期间钢材价格上涨,使得A标段的分类分项工程量清单中的锚杆造价增加了8%,以及措施项目清单中总价承包的基坑排水的造价增加4%。

二、问题

根据上述背景和事件,承包单位甲、乙能否就以上事件进行索赔?如果能,请分析说明可索赔的具体内容。如果不能,请说明理由。

三、分析要点

本案例考查不利物质、异常气候、不可抗力、工程变更和索赔的内容等。

工程索赔是在工程承包合同履行中,当事人一方由于另一方未履行合同所规定的义务或者出现了应当由对方承担的风险而遭受损失时,向另一方提出赔偿要求的行为。在实际工作中,"索赔"是双向的,既包括承包人向发包人的索赔,也包括发包人向承包人的索赔。但在工程实践中,发包人索赔数量较少,而且处理方便。

索赔产生的原因:①当事人违约。当事人违约常常表现为没有按照合同约定履行自己的义务。发包人违约常常表现为没有为承包人提供合同约定的施工条件、未按照合同约定的期限和数额付款等。监理工程师未能按照合同约定完成工作,如未能及时发出图纸、指令等,也视为发包人违约。承包人违约的情况则主要是没有按照合同约定的质量、期限完成施工,或者由于不当行为给发包人造成其他损害。②不可抗力。不可抗力又可以分为自然事件和社会事件。自然事件主要是不利的自然条件和客观障碍,如在施工过程中遇到了经现场查勘无法发现、发包人提供的资料中也未提到的、无法预料的情况,如地下水、地质断层等。社会事件则包括国家政策、法律、法令的变更,战争、罢工等。③合同缺陷。合同缺陷表现为合同文件规定不严谨甚至矛盾、合同中的遗漏或错误。在这种情况下,监理工程师应当给予解释,如果这种解释将导致成本增加或工期延长,发包人应当给予补偿。④合同变更。合同变更表现为设计变更、施工方法变更、追加或者取消某些工作、合同规定的其他变更等。⑤工程师指令。监理工程师指令有时也会产生索赔,如监理工程师指令承包人加速施工、进行某项工作、更换某些材料、采取某些措施等。⑥其他第三方原因。其他第三方原因常常表现为与工程有关的第三方的问题而引起的对本工程的不利影响。

按索赔目的可以将工程索赔分为工期索赔和费用索赔。①工期索赔。由于非承包人责任的原因而导致施工进程延误,要求批准顺延合同工期的索赔,称为工期索赔。工期索赔形式上是对权利的要求,以避免在原定合同竣工日不能完工时,被发包人追究拖期违约责任。一旦获得批准合同工期顺延后,承包人不仅免除了承担拖期违约赔偿费的严重风险,而且可能提前工期得到奖励,最终仍反映在经济收益上。②费用索赔。费用索赔的目的是要求经济补偿。当施工的客观条件改变导致承包人增加开支,要求对超出计划成本的附加开支给予补偿,以挽回不应由承包人承担的经济损失。

按索赔事件的性质可以将工程索赔分为工程延误索赔、工程变更索赔、合同被迫终止索赔、工程加速索赔、意外风险和不可预见因素索赔、其他索赔。①工程延误索赔。因发包人未按合同要求提供施工条件,如未及时交付设计图纸、施工现场、道路等,或因发包人指令工程暂停或不可抗力事件等原因造成工期拖延的,承包人对此提出索赔。这是工程中常见的一类索赔。②工程变更索赔。由于发包人或监理工程师指令增加或减少工程量或增加附加工程、修改设计、变更工程顺序等,造成工期延长和费用增加,承包人对此提出索赔。③合同被迫终止索赔。由于发包人或承包人违约以及不可抗力事件等原因造成合同非正常终止,无责任的受害方因其蒙受经济损失而向对方提出索赔。④工程加速索赔。由于发包人或监理工程师指令承包人加快施工速度、缩短工期,引起承包人人力、财、物的额外开支而提出的索赔。⑤意外风险和不可预见因素索赔。在工程实施过程中,因人力不可抗拒的自然灾害、特殊风险及一个有经验的承包人通常不能合理预见的不利施工条件或外界障碍,如地下水、地质断层、溶洞、地下障碍物等引起索赔。⑥其他索赔。如因货币贬值、汇率变化、物价、工资上涨、政策法令变化等原因引起的索赔。

索赔的依据:①招标文件、施工合同文本及附件,其他双方签字认可的文件(如备忘录、修正案等),经认可的工程实施计划、各种工程图纸、技术规范等。这些索赔的依据可在索赔报告中直接引用。②双方的往来信件及各种会谈纪要。在合同履行过程中,发包人、监理人和承包人定期或不定期的会谈所作出的决议或决定,是合同的补充,应作为合同的组成部分,但会谈纪要只有经过各方签署后才可作为索赔的依据。③进度计划和具体的进度及项目现场的有关文件。进度计划和具体的进度安排是和现场有关变更索赔的重要证据。④气象资料、工程检查验收报告和各种技术鉴定报告,工程中送停电、送停水、道路开通和封闭的记录和证明。⑤国家有关法律、法令、政策文件,官方的物价指数、工资指数,各种会计核算资料,材料的采购、订货、运输、进场、使用方面的凭据。

索赔费用的组成。对于不同原因引起的索赔,承包人可索赔的具体费用内容是不完全一样的。但归纳起来,索赔费用的要素与工程造价的构成基本类似,可索赔费用的内容一般可以包括以下几个方面:①人工费。人工费包括增加工作内容的人工费、停工损失费和工作效率降低的损失费等累计,其中增加工作内容的人工费应按照计日工费计算,而停工损失费和工作效率降低的损失费按窝工费计算。②设备费。设备费可采用机械台班费、机械折旧费、设备租赁费等几种形式。当工作内容增加引起设备费索赔时,设备费的标准按照机械台班费计算。因窝工引起的设备费索赔,当施工机械属于施工企业自有时,按照机械折旧费计算索赔费用。当施工机械是施工企业从外部租赁时,索赔费用的标准按照设备租赁费计算。③材料费。④保函手续费。工程延期时,保函手续费相应增加,反之,取消部分工程且发包人与承包人达成提前竣工协议时,承包人的保函金额相应折减,则计入合同价内的保函手续费也应扣减。⑤贷款利息。⑥保险费。⑦管理费。⑧利润。

工期索赔,一般是指承包人依据合同对由于非自身原因导致的工期延误向发包人提出的工期顺延要求。承包人向发包人提出工期索赔的具体依据主要包括:①合同约定或双方认可的施工总进度规划;②合同双方认可的详细进度计划;③合同双方认可的对工期的修改文件;④施工日志、气象资料;⑤发包人或监理工程师的变更指令;⑥影响工期的干扰事件;⑦受干扰后的实际工程进度等。

不同的索赔事件可索赔的费用是不同的,应根据索赔事件的实际情况进行索赔计算。

索赔成立的条件。承包人工程索赔成立的基本条件包括:①索赔事件已造成了承包人直接经济损失或工期延误;②造成费用增加或工期延误的索赔事件是因非承包人的原因发生的;③承包人已经按照工程施工合同规定的期限和程序提交了索赔意向通知、索赔报告及相关证明材料。

《水利水电工程标准施工招标文件》(2009 年版)的通用合同条款中,按照引起索赔事件的原因不同,对一方当事人提出的索赔可能给予合理补偿工期、费用和(或)利润的情况,分别作出了相应的规定。其中,引起承包人的索赔事件及可补偿内容如表 5-4 所示。

表 5-4 《水利水电工程标准施工招标文件》(2009 年版)中承包人的索赔事件及可补偿内容

序号	条款号	索赔事件	可补偿内容		
			工期	费用	利润
1	1.6.1	迟延提供图纸	√	√	√
2	1.10.1	施工中发现文物、古迹	√	√	
3	2.3	迟延提供施工场地	√	√	√
4	4.11	施工中遇到不利物质条件	√	√	
5	5.2.4	提前向承包人提供材料、工程设备		√	
6	5.2.6	发包人提供材料、工程设备不合格或迟延提供或变更交货地点	√	√	√
7	8.3	承包人依据发包人提供的错误资料导致测量放线错误	√	√	√
8	9.2.6	因发包人原因造成承包人人员工伤事故		√	
9	11.3	因发包人原因造成工期延误	√	√	√
10	11.4	异常恶劣的气候条件导致工期延误	√		
11	11.6	承包人提前竣工		√	
12	12.2	发包人暂停施工造成工期延误	√	√	√
13	12.4.2	工程暂停后因发包人原因无法按时复工	√	√	√
14	13.1.3	因发包人原因导致承包人工程返工	√	√	√
15	13.5.3	监理人对已经覆盖的隐蔽工程要求重新检查且检查结果合格	√	√	√
16	13.6.2	因发包人提供的材料、工程设备造成工程不合格	√	√	√

续表 5-4

序号	条款号	索赔事件	可补偿内容		
			工期	费用	利润
17	14.1.3	承包人应监理人要求对材料、工程设备和工程重新检验且检验结果合格	√	√	√
18	16.2	基准日后法律的变化		√	
19	18.4.2	发包人在工程竣工前提前占用工程	√	√	√
20	18.6.2	因发包人的原因导致工程试运行失败		√	√
21	19.2.3	工程移交后因发包人原因出现的缺陷修复		√	√
22	19.4	工程移交后因发包人原因出现的缺陷修复后的试验和试运行		√	
23	21.3.1(4)	因不可抗力停工期间应监理人要求照管、清理、修复工程		√	
24	21.3.1(4)	因不可抗力造成工期延误	√		
25	22.2.2	因发包人违约导致承包人暂停施工	√	√	√

对于总价承包的项目，按《水利水电工程标准施工招标文件》(2009 年版)约定，总价子目的计量和支付应以总价为基础，不因 16.1 款中的因素而进行调整。承包人实际完成的工程量，是进行工程目标管理和控制进度支付的依据。除按照第 15 条约定的变更外，总价子目的工程量是承包人用于结算的最终工程量。

《水利工程工程量清单计价规范》(GB 50501—2007)第 4.0.11 条规定，工程量清单的合同结算工程量，除另有约定外，应按本规范及合同文件约定的有效工程量进行计算。合同履行过程中需要变更工程单价时，按本规范和合同约定的变更处理程序办理。《水利水电工程标准施工招标文件》(2009 年版)通用合同条款 17.1.4 规定：已标价工程量清单中的单价子目工程量为估算工程量。结算工程量是承包人实际完成的，并按合同约定的计量方法进行计量的工程量。

《水利水电工程标准施工招标文件》(2009 年版)通用合同条款 1.1.5.4 规定，暂列金额：指已标价的工程量清单中所列的暂列金额，用于在签订协议书时尚未确定或不可预见变更的施工及其所需材料、工程设备、服务等的金额，包括以计日工方式支付的金额。通用合同条款 15.6"暂列金额"规定，暂列金额只能按照监理人的指示使用，并对合同价格进行相应调整。

四、答案

事件 1：突发洪水属于不可抗力事件，在不可抗力事件中，根据不可抗力事件索赔处理的原则，承包人可以获得工期的索赔，将得不到利润的索赔；费用方面，承包人的损失由承包人承担，发包人的损失由发包人承担。因此，承包单位甲可以获得固结灌浆的 5 t 水泥的费用索赔,以及工期的补偿,但两台灌浆泵的损失不能获得补偿。承包单位乙将可以获得工期补偿,但价值 2.5 万元的空压机和进场的临时道路得不到补偿。

事件 2:施工中发现文物,承包人可以提出工期和费用补偿。因此,承包单位甲可以获得调整方案后的费用补偿,若调整方案后工期增加,还可以获得工期补偿。30 万元计日工由监理人的指示按正常价款结算,在暂列金额价款中进行支付。

事件 3:当年以来最强降雨,能否获得补偿,要看该降雨是否属于异常恶劣的气候条件。若属于异常恶劣的气候条件,则可以获得因该次降雨影响而增加工期的补偿。异常恶劣的气候条件的费用补偿原则是承包人承担自己和临时工程的损失,发包人承担发包人的工程损失。若不属于异常恶劣的气候条件,承包人将得不到工期、费用补偿。

事件 4:由于发包人引起的厂房电梯安装工作推迟,按索赔原则,承包人对关键线路上电梯安装工作可以获得工期补偿,若有费用增加,则可以获得费用补偿和利润补偿。

事件 5:由于监理指示导致施工方案发生改变,属于工程变更情形,可以提出索赔主张。若两种方案有差异,则可以按合同专用条款中有关变更约定处理。两种方案的平均强度有差异,说明工期有变化;原方案平均强度为 680 m^3/d 大于新方案的 480 m^3/d,说明工期增加,因此可以提出工期索赔。若大坝混凝土浇筑是关键线路上的项目,工期索赔成立;若是非关键线路上的项目,则需要根据增加的浇筑时长与总自由时差的大小来判断。增加的浇筑时长与总自由时差相比,如果前者大于后者,获得增加的浇筑时长与总自由时差的差值的工期补偿;如果前者小于或等于后者,则工期索赔不成立。

事件 6:根据《水利水电工程标准施工招标文件》(2009 年版)的合同文件约定,总价子目的计量和支付应以总价为基础,不因第 16.1 款中的因素而进行调整。承包人实际完成的工程量,是进行工程目标管理和控制进度支付的依据。除按照第 15 条约定的变更外,总价子目的工程量是承包人用于结算的最终工程量。因此,锚杆按合同中关于变更的约定处理,但总价承包的措施项目清单中基坑排水项目得不到补偿。

案例六　工程变更与索赔处理(二)

一、背景

某水利枢纽大坝基坑开挖及支护工程,施工合同工期 10 个月,签约合同价为 43 425 909.15 元,大坝基坑开挖及支护工程已标价工程量清单如表 5-5 所示。

表 5-5　大坝基坑开挖及支护工程已标价工程量清单

编号	项目名称	单位	数量	单价/元	合价/元
1	大坝基坑开挖及支护工程				43 425 909.15
1.1	基坑开挖工程				37 916 324.62
1.1.1	砂卵石开挖	m^3	189 791	23.80	4 517 025.80
1.1.2	石方明挖	m^3	578 443	57.74	33 399 298.82
1.2	支护工程				5 509 584.53
1.2.1	喷混凝土厚 20 cm	m^3	2 457	943.85	2 319 039.45

续表 5-5

编号	项目名称	单位	数量	单价/元	合价/元
1. 2. 2	挂网钢筋Φ 8	t	153	7 465. 59	1 142 235. 27
1. 2. 3	排水孔Φ 50, L=4 m	m	17 185	28. 17	484 101. 45
1. 2. 4	砂浆锚杆Φ 28, L=6 m	根	4 483	348. 92	1 564 208. 36

合同有关约定如下：

(1)已标价工程量清单中的单价子目工程量为估算工程量。结算工程量是承包人实际完成的，并按合同约定的计量方法进行计量的工程量。

(2)当增加或减少合同中关键项目的工程量超过其工程总量的15%时，属于工程变更：①本合同关键项目为砂卵石开挖、石方明挖。②单价调整方式。工程量变化超过15%以内部分，单价不做调整，超过15%以上部分，应进行价格调整。③若不改变施工方案，根据工程量变化情况相应调整工期。

在合同履行过程中发生了如下事件：

事件1：原设计建基面高程的地质条件不能满足承载力要求，增加石方明挖工程量197 100 m^3，施工方案不变。

事件2：为控制投资，提高投资效益，设计单位对喷混凝土厚度进行优化设计，调整为喷15 cm厚混凝土，工程量为1 840 m^3。

事件3：在基坑开挖过程中，坝肩处岩石裂隙比较发育且有小的断层，经过技术经济比较，设计单位决定增加45根预应力锚索(预应力锚索2 000 kN，L=30 m)。

事件4：设计单位根据现场地质条件，调整了砂浆锚杆和排水孔工程量。砂浆锚杆数量减少190根，排水孔工程量增加3 584 m。

二、问题

1. 根据《水利水电工程标准施工招标文件》(2009年版)，除合同另有约定外，因变更引起的单价调整，其估价原则是什么？

2. 分别指出事件1~4中的各项变化是否属于工程变更，并说明理由。

3. 假设石方明挖工程原定工期为5个月，每月均衡施工。根据事件1，承包人可以提出工期索赔多少个月？双方商定，石方明挖工程工程量超过15%以上部分，工程单价调整系数为0.9，调整后石方明挖的综合单价为多少元/m^3？

4. 经审定，喷混凝土(厚15 cm)工程单价为968.78元/m^3，预应力锚索(2 000 kN，L=30 m)工程单价为26 144.67元/根。不考虑质量保证金扣留，本合同完工结算金额为多少元？

三、分析要点

根据《水利水电工程标准施工招标文件》(2009年版)，变更的范围和内容如下。

在履行合同中发生以下情形之一，应按照本款规定进行变更：

(1)取消合同中任何一项工作，但被取消的工作不能转由发包人或其他人实施。

(2)改变合同中任何一项工作的质量或其他特性。

(3)改变合同工程的基线、标高、位置或尺寸。

(4)改变合同中任何一项工作的施工时间或改变已批准的施工工艺或顺序。

(5)为完成工程需要追加的额外工作。

(6)增加或减少专用合同条款中约定的关键项目工程量超过其工程总量的一定数量百分比。

上述第(1)~(6)项的变更内容引起工程施工组织和进度计划发生实质性变动和影响其原定的价格时,才予以调整该项目的单价。第(6)项情形下单价调整方式在专用合同条款中约定。

变更的估价原则如下:

除专用合同条款另有约定外,因变更引起的价格调整按照本款约定处理。

(1)已标价工程量清单中有适用于变更工作的子目时,采用该子目的单价。

(2)已标价工程量清单中无适用于变更工作的子目时,但有类似子目的,可在合理范围内参照类似子目的单价,由监理人商定或确定变更工作的单价。

(3)已标价工程量清单中无适用或类似子目的单价,可按照成本加利润的原则,由监理人商定或确定变更工作的单价。

四、答案

问题1:

根据《水利水电工程标准施工招标文件》(2009年版),除合同另有约定外,因变更引起的单价调整,其估价原则是:

(1)已标价工程量清单中有适用于变更工作的子目时,采用该子目的单价。

(2)已标价工程量清单中无适用于变更工作的子目时,但有类似子目的,可在合理范围内参照类似子目的单价,由监理人商定或确定变更工作的单价。

(3)已标价工程量清单中无适用或类似子目的单价,可按照成本加利润的原则,由监理人商定或确定变更工作的单价。

问题2:

(1)事件1属于工程变更,因为石方明挖是本合同的关键项目,且因非承包人原因增加的工程量超过了合同工程量的15%。

(2)事件2属于工程变更,根据《水利水电工程标准施工招标文件》(2009年版),改变合同中任何一项工作的质量或其他特性,属于工程变更。

(3)事件3属于工程变更,根据《水利水电工程标准施工招标文件》(2009年版),为完成工程需要追加的额外工作,属于工程变更。

(4)事件4不属于工程变更,虽然排水孔增加的工程量超过了合同工程量的15%,但不是本合同关键项目。

问题3:

(1)假设石方明挖工程原定工期为5个月,每月均衡施工,每月石方开挖工程量为

$$578\ 443 \div 5 = 115\ 688.60(m^3)$$

事件 1 中石方明挖工程量增加 197 100 m^3,施工方案不变。因石方明挖是本合同的关键项目,所以承包人可以提出的工期索赔为

$$197\ 100 \div 115\ 688.60 = 1.70(月)$$

(2)石方明挖综合单价为

$$[578\ 443 \times (1+15\%) \times 57.74 + (197\ 100 - 578\ 443 \times 15\%) \times 57.74 \times 0.9] \div (578\ 443 + 197\ 100) = 56.92(元/m^3)$$

问题 4:

(1)砂卵石开挖结算金额为 4 517 025.80 元。

(2)石方明挖结算金额为

$$578\ 443 \times (1+15\%) \times 57.74 + (197\ 100 - 578\ 443 \times 15\%) \times 57.74 \times 0.9 = 44\ 142\ 786.90(元)$$

(3)喷混凝土(厚 15cm)结算金额:1 840×968.78=1 782 555.20(元)。

(4)挂网钢筋(ϕ8)结算金额为 1 142 235.27 元。

(5)排水孔(ϕ50,L=4 m)结算金额:(17 185+3 584)×28.17=585 062.73(元)。

(6)砂浆锚杆(ϕ28,L=6 m)结算金额:(4 483−190)×348.92=1 497 913.56(元)。

(7)预应力锚索(2 000 kN,L=30 m)结算金额:26 144.67×45=1 176 510.15(元)。

不考虑质量保证金扣留,本合同完工结算金额为

$$4\ 517\ 025.80 + 44\ 142\ 786.90 + 1\ 782\ 555.20 + 1\ 142\ 235.27 + 585\ 062.73 + 1\ 497\ 913.56 + 1\ 176\ 510.15 = 54\ 844\ 089.61(元)$$

案例七　工程变更与索赔处理(三)

一、背景

某挡水建筑物基坑开挖工程,合同工期 180 天。由于地下水较为丰富,为保证正常的施工条件,须采取基坑降水措施,招标文件中规定,基坑降水措施按项计列费用。承包人在投标时,根据招标文件提供的基坑最大渗流量 19 200 m^3/d 的数据,基坑四周设 4 个排水井,每个排水井配置 1 套抽水设备(技术参数:流量 800 m^3/h),每天按照 2 个单元时间安排抽水,即 12 h 抽水一次。承包人报价为 787 320.00 元。

施工过程中发生了如下事件:

事件 1:施工期间,由于连降 10 天暴雨,导致施工难度增加,施工工效降低,进度有所延迟,且基坑排水量增加。为此,承包人向监理提出工期和相关费用的索赔。

事件 2:施工进行 60 天后,由于开挖高程的降低,基坑渗水量迅速增加,4 台抽水设备无法满足要求。经发包人和监理人及承包人共同在现场测量,渗水量稳定在 35 000 m^3/d 左右。为保证顺利施工,监理人指示承包人提出解决方案,承包人根据渗水流量,每个集水井增加同种型号设备 1 台,共 4 台。随后承包人向监理人提出变更该项目的合同价格。

二、问题

1. 针对事件 1:作为监理单位造价工程师,对承包人提出的工期和费用的索赔要求,该

如何处理?

2. 针对事件 2:承包人提出变更合同价的要求是否合理? 承包人按照总设备数量及原报价提出变更合同价为 1 574 640.00 元(原报价的 2 倍),此报价存在什么问题? 合理的报价应该为多少?

三、分析要点

工程索赔是指在工程建设过程中,对于并非自己的过错而遭受的实际损失,根据合同应该由对方承担责任而提出的补偿要求。由于工程建设的复杂性,索赔事件的发生是难以避免的,因此索赔是一种正常的商务活动,是合同执行中重要的内容之一。《中华人民共和国民法典》第五百八十三条规定:当事人一方不履行合同义务或者履行合同义务不符合约定的,在履行义务或者采取补救措施后,对方还有其他损失的,应当赔偿损失。这是开展索赔工作的法律依据。

索赔事件处理的关键要素在于:①非自己的过错,即并不意味着一定存在他人的过错,自然条件、社会条件等的变化而导致索赔事件的发生,索赔仍然是成立的。②事件的发生确实造成了实际损失。有些行为、事件的发生并不一定会造成损失,而只有造成实际损失,索赔才有可能成立。③索赔是合同赋予的权利,即必须以合同为依据。④索赔是对损失的补偿。索赔是补偿性质的,即对损失进行补偿。

由于水利水电工程受自然条件的影响较大,施工阶段条件复杂,影响的因素较多,工程变更是难以避免的。不利的地质、水文等条件变化会导致施工方案发生变化,往往也会引起工程造价的变化。本案例事件 2 的发生虽然采用"项"进行报价,但渗流量发生了较大变化,维持原合同价格显然失去了合同公平的原则,但合同价调整应该遵循变更的估价原则,即已标价工程量清单中有适用于变更工作的子目。

四、答案

问题 1:

索赔事件的处理首先是索赔权的论证,即索赔的合同依据。该事件通常在专用条件中明确界定"异常恶劣的气候条件",达到标准则具有合法的合同依据,达不到标准则可以理解为"有经验的承包人能够预料到",承包人应该知道该地区正常的气象情况,即便承包人由于该事件的发生造成了实际损失也无法获得索赔。

问题 2:

承包人提出变更合同价的要求合理,因为基坑渗水量迅速增加是承包人无法预见的,属于不利自然条件的变化。

承包人变更价款计算有两个问题:一是不能按整个工期(180 天)进行计算,因为事件发生在 60 天后,影响时间应为 120 天,应该分段计算;二是基坑渗水量增加后,没有考虑每天设备台时和总台时的变化,因为设备的台时数与基坑渗水量有密切关系。

根据合同价调整应该遵循的估价原则,即已标价工程量清单中有适用于变更工作的子目的,按原价执行。合同价调整应该分段计算。

(1)渗流量发生变化前(60 天)。根据渗流量 19 200 m^3/d 配置的 4 台同型号抽水设备(技术参数:流量 800 m^3/h),工期 180 天,以及承包人报价为 787 320.00 元,可以分析其原报价水平,即台时单价。

设备总台时数:19 200×180÷800=4 320.00(h)。

每天台时数:4 320÷180=24(h)。则每台设备台时数:24÷4=6(h)。

设备台时单价:787 320.00÷4 320.00=182.25(元)。

由于前60天没有发生变化,因此此期间渗流量、每天台时数没有发生变化。

前60天台时合价:24×60×182.25=262 440.00(元)。

(2)渗流量发生变化后(120天)、可导致每天设备的工作时间也发生了变化。

变化后设备总台时数:(35 000×120)÷800=5 250.00(h)。

变化后每天台时数:5 250.00÷120=43.75(h)。

每台设备台时数:43.75÷8=5.47(h)。

变化后台时合价:43.75×120×182.25=956 812.50(元)。

(3)变更合同价应调整:262 440.00+956 812.50=1 219 252.50(元)。

案例八 工程索赔处理(一)

一、背景

某水利枢纽工程,混凝土大坝施工采用缆机浇筑方案。施工单位A承揽左岸缆机平台危岩体的处理工程,工期为40天。5月18日,监理在发包人同意后给施工单位A发出开工通知,开工通知中载明的开工日期为5月26日。施工单位A根据工程的特点和工期要求提交了施工方案和计划5月26日进场的人员、设备清单,并且施工方案和清单均得到监理人认可和同意。施工方案采用串行作业工序,无并行作业工序。进场人员和设备清单情况如下:

(1)施工机械配置:油动移动式空压机2台,Y28手风钻6部,XZ-30型潜孔钻3部,CAT320C液压反铲1台,5 t载重汽车1辆。

(2)施工人员配置:管理人员2人,技术人员2人,专职质量、安全人员3人,技术工人18人(包括机上工人),普工20人。

5月26日施工单位A的人员和施工设备进场。由于前期施工单位B工期延误,导致施工场地要在5天后才能正式移交给施工单位A。施工单位A在施工10天后接到监理人指令,由于缆机及轨道安装需停工5天,缆机及轨道安装的第二天,接到监理人指示,缆机平台的临时道路需要整修耗时2天。各类机械一类、二类费用见表5-6。

表5-6 各类机械一类、二类费用 单位:元

设备名称	空压机	手风钻	潜孔钻	液压反铲	载重汽车
一类费用	80.93	6.98	90.27	324.09	68.53
二类费用	237.44	65.09	223.38	641.69	253.28
台班费	318.37	72.07	313.65	965.78	321.81

注:表中费用均不含增值税。

二、问题

1. 施工单位 A 能索赔工期多少天?

2. 假定合同约定窝工费按当地工资标准为每天 30 元。根据索赔费用计算的一般原则,施工单位 A 最终能索赔费用多少元?(承包人报价的利润水平为 7%,不考虑增值税)

三、分析要点

索赔案例的分析首先应从索赔的概念出发,即非承包人原因导致的损失,根据合同有权利得到补偿。工期索赔通常都会伴随着费用的索赔。

索赔费用的组成。对于不同原因引起的索赔,可索赔的具体费用内容是不完全一样的。但归纳起来,索赔费用的要素与工程造价的构成基本类似,可索赔费用的内容一般可以包括以下几个方面:①人工费。人工费包括增加工作内容的人工费、停工损失费和工作效率降低的损失费等累计,其中增加工作内容的人工费应按照计日工费计算,而停工损失费和工作效率降低的损失费按窝工费计算。②设备费。设备费可采用机械台班费、机械折旧费、设备租赁费等几种形式。当工作内容增加引起设备费索赔时,设备费的标准按照机械台班费计算。因窝工引起的设备费索赔,当施工机械属于施工企业自有时,按照机械折旧费计算索赔费用。当施工机械是施工企业从外部租赁时,索赔费用的标准按照设备租赁费计算。③材料费。④保函手续费。工程延期时,保函手续费相应增加,反之,取消部分工程且发包人与承包人达成提前竣工协议时,承包人的保函金额相应折减,则计入合同价内的保函手续费也应扣减。⑤贷款利息。⑥保险费。⑦管理费。⑧利润。

工期索赔,一般是指依据合同对由于非自身原因导致的工期延误向发包人提出的工期顺延要求。

施工机械使用费的索赔通常包含由于完成合同之外的额外工作所增加的机械使用费;非承包人原因导致工效降低所增加的机械使用费;由于发包人或监理工程师指令错误或迟延导致机械停工的台班闲置费。闲置费一般按照一类费用计算,因为台班费中还包括机械使用费。人员窝工费也不能按照人工单价计算,窝工费仅仅是一种补偿。窝工费没有统一的计算规则,可以按照当地最低工资水平计算。

四、答案

问题 1:

前期施工单位 B 工期延迟,晚提交施工场地 5 天;监理人指令,避让缆机及轨道安装需停工 5 天,均属于非承包人原因导致的延误,工期索赔成立。根据监理人指示,缆机平台临时道路整修耗时 2 天则与本项目无关。因此,工期索赔为 10 天。

问题 2:

工期延误通常会产生人员窝工费、机械闲置费及合理的利润。

根据背景资料,人员窝工费按照每人每天 30 元的标准计算,人员窝工费为

$$(2+2+3+18+20)\times30\times10=13\ 500.00(\text{元})$$

机械闲置不产生使用费,机上人工费用已在人员窝工费中考虑,因此机械闲置费只计算一类费用。根据表 5-6 中的各种机械的一类费用,则机械闲置费为

$80.93\times2\times10+6.98\times6\times10+90.27\times3\times10+324.09\times1\times10+68.53\times1\times10=8\ 671.70$(元)

合理的利润应与承包人在报价水平上相一致，即 7%，则合理利润为

$$(13\ 500.00+8\ 671.70)\times7\%=1\ 552.02(\text{元})$$

总索赔费用为

$$13\ 500.00+8\ 671.70+1\ 552.02=23\ 723.72(\text{元})$$

案例九　工程索赔处理(二)

一、背景

某大型水利枢纽左岸尾水洞由导流洞改造而成，导流洞长度为 1 600 m。承包人以 1 600 000 元中标导流洞工程的施工任务，投标文件的技术部分对导流洞采用双向开挖施工；合同计划 6 月 1 日开工，次年 7 月 31 日完工(工期:426 日历天)，假设均衡施工。承包人为此配置好施工资源，做好双向开挖施工方案经监理人同意，在收到开工通知后按通知的开工日期(6 月 1 日)将人员和施工设备安排到施工现场。但由于发包人未能及时提供渣场，实际开工时间推迟 10 天，即 6 月 10 日开工；在施工过程中，由于承包人原因导致当年的施工进度延误 41 天。

发包人根据截至当年年末的水文气象等资料数据，预测次年洪水汛期到来时间可能比招标时预计的时间提前，因此决定导流工程完工时间提前到次年 5 月 15 日；监理工程师根据发包人的决定，要求承包人修改施工方案以满足次年 5 月 15 日完工的目标。经监理人审核批准的新的施工方案主要内容：通过新增加 1 个施工支洞来增加 2 个工作面；新增加的 2 个工作面人员和施工机械的配置与原来 2 个工作面的配置相同。新的施工方案于次年 1 月 10 日执行，24 日新增 2 个工作面，25 日 4 个工作面同时施工到次年 5 月 15 日(2 月按 28 天计算)。截至次年 1 月 10 日，上下游两段共完成 650 m 的施工。

该工程招标文件中的工程量清单(部分)如表 5-7、表 5-8 所示。

表 5-7　分类分项工程量清单(部分)

序号	项目编码	项目名称	计量单位	工程数量	主要技术条款编码
1		左岸导流洞工程			
1.1		土方开挖工程			
1.1.1	500101003001	土方开挖	m^3	2 664	4
1.1.2	500101003002	…	…	…	4
1.2		石方开挖工程			
1.2.1	500102003001	石方洞挖	m^3	64 566	5
…	…	…	…	…	…

表 5-8 措施项目清单

序号	项目名称	备注
1	进退场费	总价承包
2	临建措施项目	总价承包
3	专项措施项目	总价承包
3.1	渣场维护与管理	总价承包
3.2	专项试验	总价承包
3.3	环境保护和水土保持专项措施费	总价承包
3.4	安全文明施工专项措施费	总价承包
3.5	保险费	总价承包
4	其他措施项目	总价承包

施工过程中无其他变更事件,承包人根据上述事件,提出相关费用的索赔报告,其中索赔总费用为 97.738 万元,费用明细如下:

(1)施工降效费 142 500 元。施工降效费按赶工部分造价的 15%计算,计算过程如下:已完成 650 m,须赶工 950 m[1 600−650=950 (m)],根据合同价计算每米导流洞综合单价为 1 000 元[1 600 000÷1 600=1 000(元)],施工降效费为 142 500 元[950×1 000×15%=142 500(元)]。

(2)因增加工作面而增加的施工支洞费用,共计 523 800 元,含新增工作面的资源投入所需的费用。施工支洞按招标文件的分类分项工程量清单和措施项目清单相同列项进行报价,费用构成和价格水平与原标报价一致。

(3)赶工增加人员进、退场费用为 37 600 元。

(4)赶工增加人员保险费用为 28 130 元。

(5)赶工造成施工人员加班工资为 218 720 元。

(6)赶工增加机械设备进、退场费用为 26 630 元。

二、问题

1. 在发包人提出赶工之前,承包人可以提出哪些索赔要求?
2. 根据背景资料,对承包人提出的赶工费用补偿要求逐一进行分析。
3. 对于合理的补偿要求,怎样进行审核?
4. 若建设单位要求 4 月 20 日完工,是否认定施工单位赶工降效?为什么?

三、分析要点

本案例主要考查索赔的概念、索赔事件造成的损失的认定、发包人和承包人工期延误的处理规定、赶工费用的计算原则,以及工程造价的组成内容。

在履行合同过程中,由于发包人的原因造成工期延误的,承包人有权要求发包人延长工期和(或)增加费用,并支付合理利润。需要修订合同进度计划的,按专用条款的约定办理。由于承包人原因,未能按合同进度计划完成工作,或监理人认为承包人施工进度不能满足合同工期要求的,承包人应采取措施加快进度,并承担加快进度所增加的费用。

发包人要求承包人提前完工,或承包人提出提前完工的建议能够给发包人带来效益的,应由监理人与承包人共同协商采取加快工程进度的措施和修订合同进度计划。发包人应承担承包人由此增加的费用,并向承包人支付专用合同条款约定的相应奖金。

赶工费,又称赶工措施费,是指当发包方要求的工期少于合理工期或者工程项目由于自然、地质及外部环境的影响导致工期延误,承包方为满足发包方的工期要求,通过采取相应的技术及组织措施所发生的,应由发包方负担的费用,包括为赶工所额外增加的人工费、材料费、机械费、管理费和税金等。

施工降效指新施工方案施工效率与原施工方案施工效率相比,效率降低。在施工方案不变的条件下,只要施工条件、施工资源和工期没有变化,施工效率不变;如果施工条件、施工资源和工期发生了变化,就有可能存在施工效率的变化,但是否能够获得赶工降效补偿则需要根据发包人的延误责任和承包人的延误责任作进一步分析。一般认为经批准的资源投入是承包人效率最优的资源投入,在此条件下的施工效率是承包人的最优效率;承包人按合同要求的工期,安排施工资源投入和施工方案的设计,因此原施工方案是承包人的最优施工效率的方案。在施工效率没有改变的条件下(最优效率),要求完成的工期大于或等于最优效率下的工期减承包人责任的延误工期加上发包人责任的延误工期,则可以认定没有施工赶工降效;反之,则认定为施工赶工降效。

如果在相同大小的工作面上投入的资源与计划投入资源是相同的,即各工作面的施工效率相同。例如:本案例通过新增加 1 个施工支洞来增加 2 个工作面的措施来缩短工期,新增加的 2 个工作面人员和施工机械的配置与原来 2 个工作面的配置相同,说明新增的 2 个工作面的施工效率与计划的效率应该相同;是否认定施工降效,则按上述原则分析计算。

四、答案

问题 1:

由于发包人的原因,工程开工时间推迟 10 天,承包人已为开工配置了施工资源,因此承包人有权得到工期和相应费用的索赔。

工期索赔 10 天。费用应包含施工人员的窝工费、机械设备的闲置费和合理的利润。

问题 2:

(1)施工降效费 142 500 元,该项费用不合理。承包人提出的赶工施工方案仅仅是“增加 1 个施工支洞以增加 2 个工作面”,每个工作面上的施工资源配置并没有变化,是否可以认定为赶工降效补偿,作如下分析:

原计划施工效率:1 600÷426=3.756(m/d)。

新方案与原方案相比,新增 2 个工作面,新增加的 2 个工作面人员和施工机械的配置与原来 2 个工作面的配置相同。因此,新方案施工效率:3.756×2=7.512(m/d)。

新工作面形成至要求的完工时间:即次年 1 月 25 日至 5 月 15 日,共 111 天。

次年 1 月 10 日至 1 月 24 日新工作面形成,共 15 天。

实际剩余工作量:1 600-650-3.756×15=893.66(m)。

需要工期:893.66÷7.512=119(d)。

由于承包人的延误责任为 41 天,发包方未能及时提供渣场而发生的延误责任为 10 天。(责任工期是指合理工期减承包人延误责任加发包人延误责任后的工期)

所以,剩余工作量的责任工期:119-41+10=88(d)<111 d。

扣除承包人的延误责任加上发包人延误责任,完成剩余工作量所需的责任工期共为 88 天,小于新工作面形成至要求的完工时间(5 月 15 日)的 111 天,因此不能认定施工降效。所以,承包人提出的施工降效费 142 500 元不合理。

(2)因增加工作面而增加的施工支洞费用 523 800 元。该项费用合理,由于施工方案改变属于工程变更,应按合同约定方式处理。施工支洞属于新增加的工作内容,是为了满足 5 月 15 日完工所必须采取的措施,且得到了监理人的批准。费用标准应该按照变更合同价的调整原则进行确定。

(3)赶工增加人员进、退场费用。该项费用不合理,应该包含在变更的费用中,属于重复计价。施工支洞费用 523 800 元中已包含了增加人员的进、退场费。

(4)赶工增加人员保险费用。该项费用不合理,应该包含在变更的费用中,属于重复计价。施工支洞费用 523 800 元中已包含了增加人员的保险费用。

(5)赶工造成施工人员加班工资。该项费用不合理,因为新增加的 2 个工作面人员和施工机械的配置与原来 2 个工作面的配置相同,也就是说增加工作面后各工作面的施工效率与新增工作面之前的效率没有改变,不需要再延长工作时间来赶工。

(6)赶工增加机械设备进、退场费用。该项费用不合理,应该包含在变更的费用中,属于重复计价。施工支洞费用 523 800 元中已包含了增加机械设备的进、退场费。

问题 3:

(1)因增加工作面而增加的施工支洞费用审核。工程量应按设计图纸进行计算,工程单价应按照变更合同价的调整原则进行确定,即原来工程量清单中有适用于变更工作的子目的,采用该子目的单价;有类似子目的,可在合理范围内参照类似子目的单价,由监理人确定变更工作的单价;工程量清单中无适用或类似子目的单价,可按照成本加利润的原则,由监理人确定变更工作的单价。

(2)新增工作面,投入新的资源费用:按投标标准,核算新增人员和新增施工设备的相关费用。

(3)由于发包人要求承包人提前完工,发包人应承担承包人由此增加的相关费用。

问题 4:

若建设单位要求在 4 月 20 日完工,施工单位存在赶工降效,因为按照增加一组与原配置相同的资源并除去因施工单位原因导致工期延误的部分,施工单位无法按照正常效率于 4 月 20 日完工。具体过程如下:

原计划施工效率:1 600÷426=3.756(m/d)。

剩余工作量:1 600-650=950(m)。

新方案施工效率:3.756×2=7.512(m/d)。

新工作面形成至要求的完工时间,即次年 1 月 25 日至 4 月 20 日,共 86 天。

次年 1 月 10 日至 1 月 24 日新工作面形成,共 15 天。

实际剩余工作量:1 600-650-3.756×15=893.66(m)。

需要工期:893.66÷7.512=119(d)。

所以,剩余工作量的工期=119-41+10=88(d)>86d。

因此,认定施工降效,施工降效费用按合同专用条款的约定处理。

案例十 工程变更及合同价调整(一)

一、背景

某水利枢纽工程招标,挡水建筑物基础石方明挖项目清单工程量45万m^3,为招标图纸工程量。合同中基础石方明挖工程单价为39.05元/m^3。

合同通用条款中关于变更范围约定:

(1)规定的权限内监理人认为有必要,可以指示承包人进行下列变更工作,承包人应执行:增加或减少合同的工程量。

(2)上述条款所规定范围内的变更项目引起工程量清单中所列项目的工程量增减时,承包人施工方案未发生实质性变化,不调整该项目的单价。

合同专用条款中有关合同价款的条款约定如下:

当实际工程量增减超过合同量的15%,且施工方案发生实质性改变时,按以下方式计算结算款额:实际工程量超过合同量的15%时,超过合同工程量15%的部分,重新调整单价,由监理工程师商定或确定;若工程量减少,按下式计算总工程款:

$$C = Q_1 \times P + (Q_0 - Q_1) \times \Delta P$$

式中:C为结算款;Q_1为实际完成工程量;Q_0为清单工程量;P为合同单价;ΔP为补偿单价,当减少的工程量小于或等于15%时,ΔP取合同价的6.4%,当减少的工程量大于15%时,ΔP的取值由监理工程师商定或确定。

二、问题

1. 合同文件中如此规定是否合理?

2. 当实际工程量超过合同量的15%时,重新调整单价的基本原则是什么? ΔP补偿单价应考虑哪些因素?如何确定?

3. 当实际工程量为55万m^3时,该项工程结算费用为多少万元?经监理工程师商定,超过合同工程量15%部分,重新调整单价为36.08元/m^3。

4. 当实际工程量为42.5万m^3时,结算费用为多少万元?

三、分析要点

本案例考查:①《水利水电工程标准施工招标文件》(2009年版)中关于工程量变更及调价的相关规定;②合同价格调整的基本原则方法;③工程量变动时结算价格的计算。

《水利水电工程标准施工招标文件》(2009年版)中关于工程量变更有如下规定:在履行合同中发生以下情形之一,应按照本条规定进行变更:

增加或减少专用合同条款中约定的关键项目工程量超过其工程总量的一定数量的百分比。变更内容引起工程施工组织和进度计划发生实质性变动和影响其原定的价格时,才予以调整该项目的单价。工程量变更单价调整方式在专用合同条款中约定。

《水利水电工程标准施工招标文件》(2009 年版)中确定变更估价的基本原则:除专用合同条款另有约定外,因变更引起的价格调整按照本款约定处理。

已标价工程量清单中有适用于变更工作的子目的,采用该子目的单价。

已标价工程量清单中无适用于变更工作的子目,但有类似子目的,可在合理范围内参照类似子目的单价,由监理人按第 3.5 款商定或确定变更工作的单价。

已标价工程量清单中无适用或类似子目的单价,可按照成本加利润的原则,由监理人按第 3.5 款商定或确定变更工作的单价。

合同价格调整的几个基本原则:①价格调整要贴近市场的变化,价格调整不可能也没必要完全反映市场的变化,但在进行价格调整时,应尽量贴近市场的变化。②价格调整要体现风险共担的原则。价格风险是双方共同面临的风险,在可调价合同中,一般约定一定的幅度,作为承包人的风险,超出约定幅度提出分担的方式和价格的调整方式。价格调整与风险的分担方式均应在合同中明确。③价格调整的方法应科学、合理。价格调整涉及合同双方的利益,要公平公正地解决价格的调整,就必须要求价格调整的方法科学、合理。同时,价格调整的方法也需要双方协商一致。

四、答案

问题 1:

(1)通用条款中关于变更范围的约定合理。

①根据《水利水电工程标准施工招标文件》(2009 年版),增加或减少专用合同条款中约定的关键项目工程量超过其工程总量的一定数量的百分比属于变更,当上述项目的变更内容引起工程施工组织和进度计划发生实质性变动和影响其原定的价格时,才予以调整该项目的单价。本案例中合同文件的相关规定与此一致,因此不违规。

②挡水建筑物基础石方开挖施工中一般无需用特殊的施工机械,不需采用特殊的安全防护措施,当工程量变化不大、不致影响施工方案时,不存在产生超额利润或措施费、大型设施安拆费补偿不足的问题。

③影响基础石方工程量变动的重要因素是地质缺陷等不可预见的因素,一旦发生可额外要求补偿,本案例中相关规定与风险分担基本原则一致。

(2)专用条款中关于合同价格调整的约定合理。

当工程量变动须调整价格时,应在专用条款中约定;合同价格的变动在规定的幅度之内时,由于其影响较小,风险由双方分担,不再为此调整合同价格,调整的范围是指超过幅度的部分,一般由监理工程师确定或商定变更工作的单价。

问题 2:

当实际工程量超过合同量的 15%时,由于固定成本已分摊,超工程量中不存在固定成本的分摊问题,超过部分单价应降低。当实际工程量减少超过 15%时,固定成本分摊相应增加,因此须补偿固定成本分摊不足的问题,单价应调高或采用价格补偿,即 ΔP。在确定 ΔP 时,主要考虑承包人因工程量减少而无法回收的固定成本部分,包含未能摊销完的措施费、大型设备进出场费、安装拆卸费及管理费等固定费用。

问题 3：

当实际工程量为 55 万 m^3 时，根据合同超过估算工程量 15%以上部分：

$$55-45\times(1+15\%)=3.25(\text{万 } m^3)$$

总结算费用为

$$45\times(1+15\%)\times39.05+3.25\times36.08=2\ 138.10(\text{万元})$$

问题 4：

当实际工程量为 42.5 万 m^3 时，总结算费用为

$$\begin{aligned}C &= Q_1\times P+(Q_0-Q_1)\times\Delta P\\ &=42.5\times39.05+(45-42.5)\times39.05\times6.4\%\\ &=1\ 665.87(\text{万元})\end{aligned}$$

案例十一　工程变更及合同价调整(二)

一、背景

某调水工程 A 标段工程施工，该标段土方开挖运输合同工程量 1 671 263.00 m^3，合同单价(含税)为 20.00 m^3/元；混凝土工程合同工程量 232 406.00 m^3，合同单价(含税)为 300.00 元/m^3。在合同实施过程中，设计单位根据开挖现场的地质情况与发包人以及监理人研究后，对原设计方案进行了优化，并以设计变更通知单的形式下达给承包人。工程施工完成后经审核确定实际完成的土方开挖工程量 1 584 563.73 m^3；混凝土工程量 188 761.00 m^3。承包人针对工程量发生变化的情况，认真研究合同条款，拟提出合同价的调整工作。

专用合同条款约定“15.1 变更的范围和内容：(6)增加或减少合同中关键项目的工程量超过其总工程量的 15%，土方工程、混凝土工程为关键项目”。

二、问题

1. 工程量发生变化对承包人会产生何种影响？根据背景资料，承包人应如何应对？

2. 根据“报价=(固定成本+工程量×单位变动成本)×(1+利润率)×(1+税率)”，假设混凝土施工方案中，固定成本占总造价的 30%，利润率为 7%，税率为 9%，那么单位变动成本为多少元/m^3？当混凝土工程量减少到 188 761.00 m^3 时，单价应调整为多少？

3. 该标段的土方工程和混凝土工程的最终工程价款为多少？

三、分析要点

本案例考查变更的范围和内容、关键项目工程量变化的条件下工程价款的确定。

根据《水利工程标准施工招标文件》(2009 年版)通用合同条款的“15.1 变更的范围和内容”，在履行合同中发生以下情形之一，应按照本条规定进行变更：

(1)取消合同中任何一项工作，但被取消的工作不能转由发包人或其他人实施。

(2)改变合同中任何一项工作的质量或其他特性。

(3)改变合同工程的基线、标高、位置或尺寸。

(4)改变合同中任何一项工作的施工时间或改变已批准的施工工艺或顺序。

(5)为完成工程需要追加的额外工作。

(6)增加或减少专用合同条款中约定的关键项目工程量超过其工程总量的一定数量的百分比。

上述第(1)~(6)项的变更内容引起工程施工组织和进度计划发生实质性变动和影响其原定的价格时,才予以调整该项目的单价。第(6)项情形下单价调整方式在专用合同条款中约定。

按通用合同条款中“(6)增加或减少专用合同条款中约定的关键项目工程量超过其工程总量的一定数量的百分比”和专用合同条款“15.1 变更的范围和内容:(6)增加或减少合同中关键项目的工程量超过其总工程量的 15%,土方工程、混凝土工程为关键项目”的约定,土方工程和混凝土工程都属关键项目,有可能属“(6)增加或减少专用合同条款中约定的关键项目工程量超过其工程总量的一定数量的百分比”情况的变更,因此必须计算增减工程量,若增减工程量超过专用条款约定的 15%,则为变更且要重新商定工程单价,否则不为变更。

对于工程量变化小于约定的变化百分比的项目,工程价款按合同单价与实际工程量的乘积计算;对于工程量变化大于约定的变化百分比的项目,用监理人与发包人和承包人协商确定的新单价与实际工程量的乘积计算。其确定的原则:关键项目增加或减少的工程量超过合同约定部分调整单价,增加时超出的部分工程量单价调减固定成本分摊费用;减少时核减的工程量部分单价调增固定成本分摊费用。对于合同有约定风险分担的具体条款时,超过承包人承担的范围才可进行补偿。

四、答案

问题 1:

工程量发生变化对承包人一般会产生两个方面的影响:一是工程量的变化可能导致工期的变化,当工程量发生较大变化时,有可能导致施工方案的调整。二是工程量的变化可能导致成本的变化,当工程量增加时,由于固定成本不会随工程量的增加而增加,对承包人有利;反之,当工程量减少时,对承包人不利,固定成本不会随着工程量的减少而减少,即单位固定成本分摊增加。

本案例中,土方工程和混凝土工程的工程量都发生了变化,但不是工程变的更应该以合同约定为依据,合同约定为“增加或减少合同中关键项目的工程量超过其总工程量的 15%”时才属于工程变更,即存在合同价调整的问题。

土方工程工程量变化率为

$$(1\ 671\ 263.00-1\ 584\ 563.73)\div 1\ 671\ 263.00\times 100\% = 5.19\%$$

显然,5.19%<15%,土方工程工程量变化不属于工程变更。

混凝土工程工程量变化率为

$$(232\ 406.00-188\ 761.00)\div 232\ 406.00\times 100\% = 18.78\%$$

显然,18.78%>15%,混凝土工程工程量变化属于工程变更,承包人应该提出合同价调整。

问题 2:

混凝土工程报价:232 406.00×300=69 721 800.00(元)。

固定成本：69 721 800.00×30%＝20 916 540.00（元）。

根据报价＝（固定成本＋工程量×单位变动成本）×（1＋利润率）×（1＋税率），则

69 721 800.00＝（20 916 540.00＋232 406.00×单位变动成本）×（1＋7%）×（1＋9%）

解得：单位变动成本为 167.22 元/m^3。

由于混凝土工程量减少，混凝土工程报价应调整。

混凝土工程总价为

（20 916 540.00＋188 761.00×167.22）×（1＋7%）×（1＋9%）＝61 208 770.40（元）

混凝土工程单价调整为

61 208 770.40÷188 761.00＝324.27（元/m^3）

问题 3：

由于土方工程不属于工程变更，结算款按原报价和实际完成工程量进行结算。

1 584 563.73×20＝31 691 274.60（元）

土方工程和混凝土工程的最终工程价款为

31 691 274.60＋61 208 770.40＝92 900 045.00（元）

案例十二　工程变更及合同价调整（三）

一、背景

某水利枢纽工程船闸上游引航道土石方开挖工程在合同履行过程中，发生以下情况：

（1）承包人发现系船柱基础开挖在工程量清单中没有单独列项，承包人认为系合同新增项目，属于工程变更，于是提出变更合同价的调整，发包人认为招标图纸中明示了系船柱基础尺寸，认为其工程量已包含在引航道土石方开挖工程量中，拒绝了承包人提出变更的要求。

（2）由于发包人提供的弃渣场发生变化，新弃渣场最远端比原渣场远了 3 km（新渣场的平均运距未超出招标文件），承包人向监理工程师致函，要求变更土石方单价并提出新的单价；施工过程中，发现边坡地质条件比原来勘探的条件好，为此设计单位优化设计，增大了锚杆间距，经计算新方案比原方案减少了 20%的锚杆数量；监理工程师给承包人下发了新的设计图纸。承包人认为此事涉及设计变更和工程量发生了实质性变化，向监理工程师致函，提出变更合同中的锚杆单价。

二、问题

1. 作为发包人合同管理人员，对于背景（1）描述的情况，如何处理？

2. 根据背景（2）的描述，请从造价工程师的角度分析承包人提出的变更。

三、分析要点

在合同履行过程中，产生合同纠纷，合同双方常常站在各自的立场上对某一事件有不同的看法和理解，处理这些纠纷必须以合同为依据。通用合同条件通常对合同的组成和合同的优先解释顺序有明确规定，是解决合同纠纷的重要依据。《水利水电工程标准施工招标

文件补充文本》规定,组成合同的各项文件应互相解释,互为说明,除专用合同条款另有约定外,解释合同文件的优先顺序如下:

(1)合同协议书。

(2)中标通知书。

(3)投标函及投标函附录。

(4)专用合同条款。

(5)通用合同条款。

(6)技术标准和要求。

(7)图纸。

(8)已标价工程量清单。

(9)其他合同文件。

工程变更是合同履行过程中常见的现象,但是工程变更也要有合同依据,一般情况下,工程变更会涉及合同价的调整,调不调、怎样调同样也必须按照合同的约定进行。《水利水电工程标准施工招标文件》(2009年版)规定,在履行合同中发生以下情形之一,应按照本条规定进行变更:

(1)取消合同中任何一项工作,但被取消的工作不能转由发包人或其他人实施。

(2)改变合同中任何一项工作的质量或其他特性。

(3)改变合同工程的基线、标高、位置或尺寸。

(4)改变合同中任何一项工作的施工时间或改变已批准的施工工艺或顺序。

(5)为完成工程需要追加的额外工作。

(6)增加或减少专用合同条款中约定的关键项目工程量超过其工程总量的一定数量的百分比。

上述第(1)~(6)条的变更内容引起工程施工组织和进度计划发生实质性变动和影响其原定的价格时,才予以调整该项目的单价。第(6)条情形下单价调整方式在专用合同条款中约定。

在分析和处理合同纠纷时,应该按照合同相关条款进行分析和确认,所谓"讲事实,摆道理",就是确认事件发生的客观性,寻找处理事件的依据(合同)。

四、答案

问题1:

首先是工程变更的确认问题,图纸是合同的重要组成部分,图纸中已明示了系船柱基础尺寸;其次,根据合同的优先解释顺序,图纸优于工程量清单,当它们产生矛盾时应以图纸为准。系船柱基础开挖工程量是否包含在引航道土石方开挖工程量中,应以合同约定为准。

问题2:

从造价工程师的角度分析要点如下。

关于运距变化问题的处理要点:

(1)新渣场的平均运距未超出招标文件,最远端运距变化不会引起工程施工组织发生实质性变动,不属于工程变更。

(2)在土石方施工中关键工序在于开挖和装载,新渣场的平均运距未超出招标文件,最远端运距变化不会影响进度计划。

(3)虽然由于发包人原因改变运距,但新渣场的平均运距未超出招标文件,因此单价不予调整。

关于工程量减少问题的处理要点:

设计单位优化设计,增大了锚杆间距,新方案锚杆数量比原方案减少了20%。是否属于变更,分析如下:

(1)锚杆是否属于专用条款中约定的关键项目。

(2)锚杆工程量变化幅度是否超过专用条款约定的百分比。

(3)锚杆工程量减少是否引起工程施工组织和进度计划发生实质性变动,影响原定的价格。

锚杆工程量减少20%,一般不会引起工程施工组织和进度计划发生实质性变动,也不影响原定的价格,只是简单的数量增减,因此价格不予调整。具体项目应具体分析。

案例十三　物价变化引起的合同价调整(一)

一、背景

某水利工程项目施工承包合同采用《水利水电工程标准施工招标文件》(2009年版)的合同条款。合同中对因人工、材料和施工机械设备等价格波动因素对合同价的影响,采用通用合同条款16.1款规定的调价公式。合同中规定的定值权重$A=0.15$,可调值因子的变值权重B_n、基本价格指数F_{0n}和现行价格指数F_{tn}如表5-9所示。

表5-9　可调值因子的变值权重B_n、基本价格指数F_{0n}和现行价格指数F_{tn}

可调值因子	变值权重B_n	基本价格指数F_{0n}	现行价格指数F_{tn}
材料	0.45	100	120
人工	0.25	150	168
施工机械设备	0.15	130	156

在合同实施过程中,某结算月完成工程量,按工程量清单中单价计算金额为1 000万元;该月完成了监理工程师指令的工程变更,并经检验合格,由于工程量清单中没有与此工程变更相同或相近的项目,故根据实际情况协商结果,项目法人应支付变更项目金额为150万元;该月应支付材料预付款100万元。除此,无其他应扣或应支付款额。本月相应的各可调值因子的现行价格指数如表5-9所示。

二、问题

该月应支付给承包人的款额为多少万元?

三、分析要点

本案例考查采用价格指数调整由于物价波动引起合同价格的调整计算。

在施工合同中应设置价格调整条款,价格调整分为物价波动引起的价格调整和法律变化引起的价格调整。由于物价波动原因引起合同价格需要调整的,其价格调整方式在专用合同条款中约定。物价波动引起的价格调整有采用价格指数调整价格差额和采用造价信息调整价格差额两种方式。其中,采用价格指数调整价格差额是因人工、材料和设备等价格波动影响合同价格时,根据投标函附录中的价格指数和权重表约定的数据,按价格调整公式计算差额并调整合同价格。价格调整公式如下:

$$\Delta P = P_0\left[A + \left(B_1 \frac{F_{t1}}{F_{01}} + B_2 \times \frac{F_{t2}}{F_{02}} + B_3 \frac{F_{t3}}{F_{03}} + \cdots + B_n \frac{F_{tn}}{F_{0n}}\right) - 1\right]$$

式中:ΔP 为需调整的价格差额;P_0 为预付款、工程进度款和最终结清证书及支付时间等约定的付款证书中承包人应得到的已完成工程量的金额,此项金额应不包括价格调整、不计质量保证金的预留和支付、预付款的支付和扣回,《水利水电工程标准施工招标文件》(2009 年版)15 条约定的变更及其他金额已按现行价格计价的,也不计在内;A 为定值权重(不调部分的权重);B_1、B_2、B_3、…、B_n 分别为各可调因子的变值权重(可调部分的权重),为各可调因子在投标函投标总报价中所占的比例;F_{t1}、F_{t2}、F_{t3}、…、F_{tn} 分别为各可调因子的现行价格指数,指进度付款证书和支付时间、竣工付款证书及支付时间、最终结清证书和支付时间等条款约定的付款证书相关周期最后一天的前 42 天的各可调因子的价格指数;F_{01}、F_{02}、F_{03}、…、F_{0n} 分别为各可调因子的基本价格指数,指基准日期(投标截止时间前 28 天)的各可调因子的价格指数。在计算调整差额时得不到现行价格指数的,可暂用上一次价格指数计算,并在以后的付款中按实际价格指数进行调整。当按“变更的范围和内容”条款约定的变更导致原定合同中的权重不合理时,由监理人与承包人和发包人协商后进行调整。由于承包人原因未在约定的工期内竣工的,则对原约定竣工日期后继续施工的工程,在使用上述价格调整公式时,应采用原约定竣工日期与实际竣工日期的两个价格指数中较低的一个作为现行价格指数。

采用造价信息调整价格差额。在施工期内,因人工、材料、设备和机械台班价格波动影响合同价格时,人工费、机械使用费按国家或省(自治区、直辖市)建设行政管理部门、行业建设管理部门或其授权的工程造价管理机构发布的人工成本信息、机械台班单价或机械使用费系数进行调整;需要进行价格调整的材料,其单价和材料数应由监理人复核,监理人确认需要调整的材料单价及数量,作为调整工程合同价格差额的依据。

工程造价信息的来源及价格调整的项目和系数在专用合同条款中约定。

四、答案

价格调整差额:

$$\Delta P = P_0\left[A + \left(B_1 \times \frac{F_{t1}}{F_{01}} + B_2 \times \frac{F_{t2}}{F_{02}} + B_3 \times \frac{F_{t3}}{F_{03}} + \cdots + B_n \times \frac{F_{tn}}{F_{04}}\right) - 1\right]$$

$$= 1\,000 \times \left[0.15 + \left(0.45 \times \frac{120}{100} + 0.25 \times \frac{168}{150} + 0.15 \times \frac{156}{130}\right) - 1\right]$$

$$= 1\,000 \times [0.15 + (0.54 + 0.28 + 0.18) - 1] = 150(\text{万元})$$

工程量清单中项目调价后款额:1 000+150=1 150(万元)。

工程变更项目按现行价格支付款额为 150 万元。

材料预付款为 100 万元。

综上,该月应支付给承包人款额:1 150+150+100=1 400(万元)。

案例十四　物价变化引起的合同价调整(二)

一、背景

某水利枢纽岸边溢洪道工程招标,招标范围包括上游引水渠开挖和混凝土溢流堰,工程内容包括土石方开挖、边坡支护、帷幕灌浆和混凝土浇筑。合同采用可调价合同形式,工期 19 个月,当年 6 月开工,次年 12 月完成。工程价款根据工程量清单报价按月进度付款,物价波动引起的价格变化,采用价格指数调整价格差额,调整方法为调值公式法。承包人按招标文件要求,根据人工费、主要材料费、主要机械使用费和管理费所占比重,提出不同分项工程的调价因子和权重如表 5-10 所示,基本价格指数均为 100。

表 5-10　不同分项工程的调价因子和权重

工程类别	人工费	主要材料费	主要机械使用费	管理费用	定值权重
土方工程	0.08	0.05	0.48	0.08	0.31
石方工程	0.10	0.15	0.45	0.08	0.22
边坡支护	0.15	0.28	0.16	0.07	0.34
灌浆工程	0.20	0.35	0.20	0.07	0.18
混凝土工程	0.15	0.40	0.25	0.06	0.14

调值公式为

$$P = P_0\left(\alpha + \beta_1 \frac{A}{A_0} + \beta_2 \frac{B}{B_0} + \beta_3 \frac{C}{C_0} + \beta_4 \frac{D}{D_0}\right)$$

式中:P 为需调整的价格差额;P_0 为预付款、工程进度款和最终结清证书和支付时间等约定的付款证书中承包人应得到的已完成工程量的金额,此项金额应不包括价格调整、不计质量保证金的预留和支付、预付款的支付和扣回,《水利水电工程标准施工招标文件(2009 年版)》15 条约定的变更及其他金额已按现行价格计价的,也不计在内;α 为定值权重;β_1、β_2、β_3、β_4 分别为人工费、主要材料费、主要机械使用费、管理费用的权重;A_0、B_0、C_0、D_0 分别为人工费、主要材料费、主要机械使用费、管理费用的基本价格指数;A、B、C、D 分别为人工费、主要材料费、主要机械使用费、管理费用的现行价格指数。

6 月完成合同额为 2 700 万元,其中土方工程 300 万元、石方工程 1 800 万元、边坡支护工程 600 万元。

12 月完成合同额为 2 850 万元,其中边坡支护工程 300 万元、灌浆工程 550 万元、混凝土工程 2 000 万元(含水泥材料费)。

二、问题

1. 定值权重和变值权重的取值对承包人会产生什么影响?

2. 6月的结算款应为多少万元?

3. 假设混凝土工程中,由业主供应水泥,混凝土单价中水泥价值占20%,那么,材料费权重和定值权重应不应该调整?12月的结算款为多少万元?

经业主和监理批准的6月和12月价格指数见表5-11。

表5-11　6月和12月价格指数

调价因子	A	B	C	D
6月价格指数	105	110.2	103.5	102.6
12月价格指数	109	120.3	106.7	105.2

三、分析要点

本案例考查由于物价波动引起合同价格需要调整的计算。在施工合同中应设置价格调整条款,价格调整分为物价波动引起的价格调整和法律变化引起的价格调整。由于物价波动原因引起合同价格需要调整的,其价格调整方式在专用合同条款中约定。物价波动引起的价格调整有采用价格指数调整价格差额和采用造价信息调整价格差额两种方式。

价格调整的意义在于通过价格调整使工程造价更加符合市场变化,使价格较准确地反映其价值;同时,通过价格调整可避免发包人和承包人不必要的损失,维护了双方的正当权益,实现了商品的公平交易。

价格调整实际上是承包人和发包人在物价风险上的分担方式。在可调合同价的合同中,应明确价格调整的方法;在固定合同价的合同中,虽然表面上对合同价不予调整,但实际上是把物价风险转嫁到承包方,而承包方在合同价中已经考虑了物价的风险,这种价格的调整不是在合同实施过程中进行的,而是在确定合同价时考虑的。

对于大型复杂的工程可按不同的工程类别,采用多个调价公式计算价差,因为不同的工程类别其定值权重和变值权重是不同的,而权重是影响价格调整最为敏感的因素之一。定值权重和变值权重的取值实际上体现了风险分担的原则,定值权重实际上代表了承包人应承担的风险,变值权重则由发包人承担。因此,当物价处于上涨时,定值权重越小对承包人越有利;当物价处于下降时,定值权重越大对承包人越有利。

价格调整最基本的原则就是当物价上涨时一方遭受了损失,根据合同另一方应给予补偿。对于业主提供的材料,物价上涨的损失已经由业主承担,在工程款结算和进行价格调整时应当予以扣除。

四、答案

问题1:

定值权重和变值权重的取值实际上体现了风险分担的原则,定值权重实际上代表了承包人应承担的风险,变值权重则由发包人承担。因此,当物价处于上涨时,定值权重越小对承包人越有利;当物价处于下降时,定值权重越大对承包人越有利。

问题2:

根据6月完成的合同额和基本价格指数及现行价格指数,土方工程结算价为

$$300\times(0.31+0.08\times\frac{105}{100}+0.05\times\frac{110.2}{100}+0.48\times\frac{103.5}{100}+0.08\times\frac{102.6}{100})=308.394(万元)$$

石方工程结算价为

$$1\ 800\times(0.22+0.10\times\frac{105}{100}+0.15\times\frac{110.2}{100}+0.45\times\frac{103.5}{100}+0.08\times\frac{102.6}{100})=1\ 868.634(万元)$$

边坡支护结算价为

$$600\times(0.34+0.15\times\frac{105}{100}+0.28\times\frac{110.2}{100}+0.16\times\frac{103.5}{100}+0.07\times\frac{102.6}{100})=626.088(万元)$$

6月结算款为

$$308.394+1\ 868.634+626.088=2\ 803.116(万元)$$

问题3：

由于水泥由业主供应，应在工程款中扣除，水泥价值占混凝土价格的20%，则混凝土工程中扣除水泥价款：2 000×20%＝400（万元）。

同时，在进行价格调整时，混凝土工程中主要材料的权重也需要调整。由表5-10可知，混凝土中主要材料的权重为0.40，则：

混凝土主要材料权重：0.4－0.2＝0.2。

混凝土定值权重：0.14＋0.2＝0.34。

边坡支护结算价为

$$300\times\left(0.34+0.15\times\frac{109}{100}+0.28\times\frac{120.3}{100}+0.16\times\frac{106.7}{100}+0.07\times\frac{105.2}{100}\right)=325.41(万元)$$

灌浆工程结算价为

$$550\times\left(0.18+0.20\times\frac{109}{100}+0.35\times\frac{120.3}{100}+0.20\times\frac{106.7}{100}+0.07\times\frac{105.2}{100}\right)=608.35(万元)$$

混凝土工程结算价为

$$2\ 000\times\left(0.34+0.15\times\frac{109}{100}+0.20\times\frac{120.3}{100}+0.25\times\frac{106.7}{100}+0.06\times\frac{105.2}{100}\right)-400=1\ 747.94(万元)$$

12月结算款为

$$325.41+608.35+1\ 747.94=2\ 681.70(万元)$$

案例十五　违约责任及处理

一、背景

某承包人承包引水补水工程，分Ⅰ、Ⅱ两个施工区段，按《水利工程标准施工招标文件》合同条款签订施工合同，签约合同价为3 000万元。两个施工区段均在最早开工时间开工，合同约定完工日期Ⅰ区段为2023年3月1日，Ⅱ区段为2023年8月31日。总进度计划中，Ⅰ区段为非关键线路上的项目，其自由时差为10天，总时差为10天；Ⅱ区段为关键线路上的项目。Ⅰ区段工程造价为1 000万元，2023年3月1日完工，完工证书上写明的实际完工日期为2023年3月1日，签发完工证书日期为2023年3月10日；Ⅱ区段工程造价为

2 000 万元,2023 年 10 月 10 日完工,完工证书上写明的实际完工日期为 2023 年 10 月 10 日,签发完工证书日期为 2023 年 10 月 15 日。各区段工程质量保证金为各自工程造价的 3%。合同中对工期延误的处罚规定:Ⅰ区段工期每延误 1 天,按该区段造价的 2‰进行赔偿;Ⅱ区段工期每延误 1 天,按该区段造价的 3‰进行赔偿。在 2023 年 11 月,Ⅰ区段发生引水渠道漏水情况,对漏水渠道修补,共计需 20 万元。合同规定保修期为 1 年,逾期完工违约金最高限额为合同价的 5%。

二、问题

1. 分析该工程承包人是否存在违约责任?并确定违约处理方案。

2. 按《水利工程标准施工招标文件》合同条款约定,所预留质量保证金应何时退还?应给承包人退还多少?

3. 若该工程承包人在签订承包合同前已提交了履约担保,按现行的规定,则该工程的质量保证金预留和退还应如何处理?

三、分析要点

本案例主要考查竣工日期的时间点、缺陷责任期(工程质量保修期)的起算时间、违约责任的判别、违约金的计算、缺陷责任、质量保证金退还的规定。

(一)竣工日期

根据《水利水电工程标准施工招标文件》(2009 年版),竣工日期即合同工程完工日期,指约定工期届满时的日期。实际完工日期以合同工程完工证书中写明的日期为准。

(二)承包人违约的情形

关于违约情形的约定,在《水利水电工程标准施工招标文件》(2009 年版)中,以下为承包人违约的情形:

(1)承包人违反转让(第 1.8 款)或分包(第 4.3 款)条款的约定,私自将合同的全部或部分权利转让给其他人,或私自将合同的全部或部分义务转移给其他人。

(2)承包人违反第 5.3 款或第 6.4 款的约定,未经监理人批准,私自将已按合同约定进入施工场地的施工设备、临时设施或材料撤离施工场地。

(3)承包人违反第 5.4 款的约定使用了不合格材料或工程设备,工程质量达不到标准要求,又拒绝清除不合格工程。

(4)承包人未能按合同进度计划及时完成合同约定的工作,已造成或预期造成工期延误。

(5)承包人在缺陷责任期(工程质量保修期)内,未能对合同工程完工验收鉴定书中所列的缺陷清单的内容或缺陷责任期(工程质量保修期)内发生的缺陷进行修复,而又拒绝按监理人指示再进行修补。

(6)承包人无法继续履行或明确表示不履行或实质上已停止履行合同。

(7)承包人不按合同约定履行义务的其他情况。

(三)对承包人违约的处理

《水利水电工程标准施工招标文件》(2009 年版)对承包人违约的处理规定如下:

(1)承包人发生上述(承包人违约情形)第(6)条约定的违约情况时,发包人可通知承包人立即解除合同,并按有关法律处理。

(2)承包人发生除上述(承包人违约情形)第(6)条约定外的其他违约情况时,监理人可向承包人发出整改通知,要求其在指定的期限内改正。承包人应承担其违约所引起的费用增加和(或)工期延误。

(3)经检查证明承包人已采取了有效措施纠正违约行为,具备复工条件的,可由监理人签发复工通知复工。

(四)缺陷责任期(工程质量保修期)的起算时间

除专用合同条款另有约定外,缺陷责任期(工程质量保修期)从工程通过合同工程完工验收后开始计算。在合同工程完工验收前,已经发包人提前验收的单位工程或部分工程,若未投入使用,其缺陷责任期(工程质量保修期)亦从工程通过合同工程完工验收后开始计算;若已投入使用,其缺陷责任期(工程质量保修期)从通过单位工程或部分工程投入使用验收后开始计算。缺陷责任期(工程质量保修期)的期限在专用合同条款中约定。

(五)缺陷责任的约定

(1)承包人应在缺陷责任期内对已交付使用的工程承担缺陷责任。

(2)缺陷责任期内,发包人对已接收使用的工程负责日常维护工作。发包人在使用过程中,发现已接收的工程存在新的缺陷或已修复的缺陷部位或部件又遭损坏的,承包人应负责修复,直至检验合格。

(3)监理人和承包人应共同查清缺陷和(或)损坏的原因。经查明属承包人原因的,应由承包人承担修复和查验的费用。经查验属发包人原因的,发包人应承担修复和查验的费用,并支付承包人合理利润。

(六)关于质量保证金的约定

《水利水电工程标准施工招标文件》(2009 年版)中,对于质量保证金的约定如下:

监理人应从第一个工程进度付款周期开始,在发包人的进度付款中,按专用合同条款约定预留质量保证金,直至预留的工程质量保证金总额达到专用合同条款约定的金额或比例。质量保证金的计算额度不包括预付款的支付与扣回金额。

合同工程完工证书颁发后 14 天内,发包人将质量保证金总额的一半支付给承包人。在约定的缺陷责任期(工程质量保修期)满时,发包人在 30 个工作日内会同承包人按照合同约定的内容核实承包人是否完成保修责任。如无异议,发包人应当在核实后将剩余的质量保证金支付给承包人。在约定的缺陷责任期满时,承包人没有完成缺陷责任的,发包人有权扣留与未履行责任剩余工作所需金额相对应的质量保证金余额,并有权根据约定要求延长缺陷责任期,直至完成剩余工作。

合同工程完工验收或投入使用验收后,发包人与承包人应办理工程交接手续,承包人应向发包人递交工程质量保修书。缺陷责任期(工程质量保修期)满后 30 个工作日内,发包人应向承包人颁发工程质量保修责任终止证书,并退还剩余的质量保证金,但保修责任范围内的质量缺陷未处理完成的应除外。工程质量保修责任终止证书签发后,承包人应按监理人批准的格式提交最终结清申请单。监理人收到承包人提交的最终结清申请单后的 14 天内,提出发包人应支付给承包人的价款送发包人审核并抄送承包人。发包人应在收到后 14

天内审核完毕,由监理人向承包人出具经发包人签认的最终结清证书。监理人未在约定时间内核查,又未提出具体意见的,视为承包人提交的最终结清申请已经监理人核查同意;发包人未在约定时间内审核又未提出具体意见的,监理人提出应支付给承包人的价款视为已经发包人同意。发包人应在监理人出具最终结清证书后的 14 天内,将应支付款支付给承包人。

根据《建设工程质量保证金管理办法》(建质〔2017〕138 号),发包人应当在招标文件中明确保证金预留、返还等内容,并与承包人在合同条款中对涉及保证金的预留、返还方式;预留比例、期限;是否计付利息,如计付利息,利息的计算方式。缺陷责任期的期限及计算方式;保证金预留、返还及工程维修质量、费用等争议的处理程序;缺陷责任期内出现缺陷的索赔方式;逾期返还保证金的违约金支付办法及违约责任等事项进行约定。缺陷责任期内,实行国库集中支付的政府投资项目,保证金的管理应按国库集中支付的有关规定执行。其他政府投资项目,保证金可以预留在财政部门或发包方。缺陷责任期内,如发包方被撤销,保证金随交付使用资产一并移交使用单位管理,由使用单位代行发包人职责。在工程项目竣工前,已经缴纳履约保证金的,发包人不得同时预留工程质量保证金。采用工程质量保证担保、工程质量保险等其他保证方式的,发包人不得再预留保证金。缺陷责任期内,由承包人原因造成的缺陷,承包人应负责维修,并承担鉴定及维修费用。如承包人不维修也不承担费用,发包人可按合同约定从保证金或银行保函中扣除,费用超出保证金额的,发包人可按合同约定向承包人进行索赔。承包人维修并承担相应费用后,不免除对工程的损失赔偿责任。由他人原因造成的缺陷,发包人负责组织维修,承包人不承担费用,且发包人不得从保证金中扣除费用。缺陷责任期内,承包人认真履行合同约定的责任,到期后,承包人向发包人申请返还保证金。发包人在接到承包人返还保证金申请后,应于 14 天内会同承包人按照合同约定的内容进行核实。如无异议,发包人应当按照约定将保证金返还给承包人。对返还期限没有约定或者约定不明确的,发包人应当在核实后 14 天内将保证金返还承包人,逾期未返还的,依法承担违约责任。发包人在接到承包人返还保证金申请后 14 天内不予答复,经催告后 14 天内仍不予答复,视同认可承包人的返还保证金申请。

对于质量保证金的预留、返还等内容处理,除非有导致合同无效的法律法规强制性规定,均应以合同条款的约定为依据。

若在工程项目竣工前,已经缴纳履约保证金(或履约担保)的,发包人不得同时预留工程质量保证金。若该工程承包人在签订承包合同前已提交了履约担保,按现行的规定,则该工程的质量保证金在工程进度款支付中不能预留;在退还履约保证金或履约担保到期时预留不得高于工程价款结算总额的 3%保证金或保证金保函。

四、答案

问题 1:

承包人存在工期延误的违约责任。

Ⅰ区段合同规定完工日期为 2023 年 3 月 1 日,实际完工日期按移交证书上写明的日期为 2023 年 3 月 1 日,是正常完工时间。

Ⅱ区段合同规定完工日期为2023年8月31日，实际完工日期按移交证书上写明的日期为2023年10月10日，即延误了40天。应对这40天的延误进行违约处理。

违约金：2 000×3‰×40＝240（万元）。

最高限额：3 000×5%＝150（万元）。

显然，240万元>150万元，故对承包人给予150万元工程误期赔偿处罚。

问题2：

Ⅰ区段质量保证金总额：1 000×3%＝30.00（万元）。

2023年11月，Ⅰ区段发生引水渠道漏水情况，对漏水渠道修补，共计20万元，属需动用质量保证金的情况。

Ⅱ区段质量保证金总额：2 000×3%＝60.00（万元）。

按《水利水电工程标准施工招标文件》（2009年版）合同条款约定，质量保证金退还如下。

2023年3月24日之前（3月10日后14天内），由监理人出具质量保证金付款证书，发包人将人出具质量保证金付款证书，发条款履约担保，退还15万元。

2023年10月29日之前（10月15日后14天内），由监理人出具质量保证金付款证书，发包人将区段质量保证金付款证书，发条款履约担保，退还30万元。

2024年10月10日保修期满时，承包人应按监理人批准的格式提交最终结清申请单，监理人收到承包人提交的最终结清申请单后在14天内（2024年10月24日之前），提出发包人应支付给承包人的价款25万元[60+30−30−15−20＝25（万元）]的质量保证金余额，送发包人审核并抄送承包人。发包人应在收到后14天内审核完毕，由监理人向承包人出具经发包人签认的最终结清证书。发包人应在监理人出具最终结清证书后的14天内，将应支付款支付给承包人。

问题3：

根据《建设工程质量保证金管理办法》在工程项目竣工前，已经缴纳履约保证金的，发包人不得同时预留工程质量保证金。该工程承包人在签订承包合同前已提交了履约担保，按现行的规定，不得预留质量保证金。因此，若该工程承包人在签订承包合同前已提交了履约担保，按现行的规定，则该工程的质量保证金在工程进度款支付中不用预留。

案例十六　投资偏差、进度偏差分析

一、背景

某水利项目工程造价为5 500万元，建设工期为12个月，工程开工后，由于地质条件的变化、特殊异常的恶劣天气等，工程进度和工程造价都发生了变化。根据总进度计划，每个月计划完成的工程造价如表5-12所示，截至第8个月每月实际完成的工程造价及计划完成的工程造价如表5-13所示。

表 5-12　计划完成的工程造价　单位:万元

时间/月	1	2	3	4	5	6	7	8	9	10	11	12
拟完工程造价 C_1	100	200	300	500	600	800	800	700	600	400	300	200

表 5-13　前 8 月每月实际完成的工程造价及计划完成的工程造价　单位:万元

时间/月	1	2	3	4	5	6	7	8
已完工程计划造价 C_2	150	250	400	400	500	700	600	500
已完工程实际造价 C_3	135	225	300	350	420	600	550	450

拟完工程造价、已完工程实际造价、已完工程计划造价的时间与造价关系曲线如图 5-1 所示。

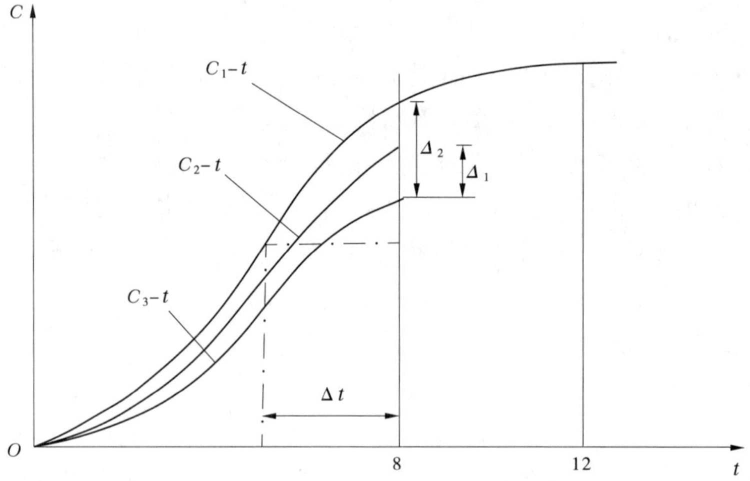

图 5-1　C-t 关系曲线

二、问题

1. 根据工程进度执行指数判断截至第 8 个月工程进度执行情况。

2. 根据工程造价执行指数判断截至第 8 个月工程造价执行情况,如果这种偏差持续下去(不考虑进度偏差),预计最终工程造价为多少?

三、分析要点

工程造价与进度的偏差分析是指在项目施工的某一时点,收集已完工程的实际造价、已完工程的计划造价和计划完成的造价等资料,通过对这些资料数据的相互比较,获得有关工程造价和工程进度执行的偏差信息,评价当前的管理效果,为下一步工程造价控制和工程进度控制提供决策依据的分析方法。

通常采用赢得值法(earned value management,EVM)来分析偏差。赢得值法是一种全面衡量工程进度和造价状况的整体方法。它基于以下基本要素：BCWP（已完工作预算费用）：某一时刻已经完成的工程量所需的预算费用。BCWS（计划工作预算费用）：某一时刻应当完成的工程量所需的预算费用。ACWP（已完工作实际费用）：某一时刻已经完成的工程量实际花费的总金额。赢得值法使用以下 4 个评价指标来分析工程造价与进度的偏差，费用偏差（cost variance，CV）指已完工作预算费用与已完工作实际费用之间的差异。公式为

$$CV = BCWP - ACWP$$

如果 CV<0，表示费用超支；如果 CV>0，表示费用节余。

进度偏差（schedule variance，SV）：已完工作预算费用与计划工作预算费用之间的差异。公式为

$$SV = BCWP - BCWS$$

如果 SV<0，表示进度延误；如果 SV>0，表示进度超前。

费用绩效指标（cost performance index，CPI）：已完工作预算费用与已完工作实际费用的比值。公式为

$$CPI = \frac{BCWP}{ACWP}$$

如果 CPI>1，表示费用节约；如果 CPI<1，表示费用超支。

进度绩效指标（schedule performance index，SPI）：已完工作预算费用与计划工作预算费用的比值。公式为

$$SPI = \frac{BCWP}{BCWS}$$

如果 SPI>1，表示进度超前；如果 SPI<1，表示进度延误。

按上述方法，工程造价与进度的偏差分析步骤如下：

（1）收集项目拟完成的工程造价（C_1）与进度计划，绘制时间和与之对应的拟完成的工程造价的曲线，如图 5-1 中 C_1-t 曲线。

（2）选择偏差分析的时间点，收集已完工程计划造价（C_2），绘制时间和与之对应的计划完成工程造价的曲线，如图 5-1 中 C_2-t 曲线。

（3）根据偏差时间分析点，收集已完工程实际造价（C_3），绘制时间和与之对应的实际完成工程造价的曲线，如图 5-1 中 C_3-t 曲线。

（4）分析工程造价偏差和执行指数。工程造价偏差，指已完工程实际造价与已完工程计划造价之间的差值，即 $CV = C_2 - C_3$。工程造价执行指数（CPI），即 $CPI = \frac{C_2}{C_3}$，当 CV>0 或 CPI>1 时，说明工程造价执行状况较好；反之，说明工程造价执行状况较差。

（5）分析工程进度偏差和执行指数。工程进度偏差，指拟完工程计划造价与已完工程计划造价之间的差值，即 $SV = C_2 - C_1$。工程进度执行指数（SPI），即 $SPI = C_2/C_1$，当 SV>0 或 SPI>1 时，说明工程进度执行状况较好；反之，说明工程进度执行状况较差。

（6）根据偏差结果分析产生偏差的原因，提出纠正偏差的措施。

四、答案

问题 1：

根据表 5-12 和表 5-13 的数据，计算截至第 8 个月的相关数据。

已完工程计划造价：

$$C_2 = 150+250+400+400+500+700+600+500 = 3\ 500(\text{万元})$$

已完工程实际造价：

$$C_3 = 135+225+300+350+420+600+550+450 = 3\ 030(\text{万元})$$

计划完成造价：

$$C_1 = 100+200+300+500+600+800+800+700 = 4\ 000(\text{万元})$$

工程进度执行偏差：

$$\text{SV} = C_2 - C_1 = 3\ 500 - 4\ 000 = -500(\text{万元}) < 0$$

工程进度执行指数：

$$\text{SPI} = 3\ 500/4\ 000 = 0.875 < 1$$

所以，工程进度执行状况较差，即进度滞后，可能因为变更和其他因素影响任务的完成。

问题 2：

根据背景资料提供的数据，工程造价执行偏差：

$$\text{CV} = C_2 - C_3 = 3\ 500 - 3\ 030 = 470(\text{万元}) > 0$$

工程造价执行指数：

$$\text{CPI} = \frac{C_2}{C_3} = \frac{3\ 500}{3\ 030} = 1.155 > 1$$

所以，工程造价执行状况较好，即工程造价控制得力。

如果后续工程持续当前的偏差水平，则预计最终工程造价：

$$5\ 500 \div 1.155 = 4\ 761.90(\text{万元})$$